编委会

主　编　韩雪涛

副主编　吴　瑛　韩广兴

编　委　张丽梅　马梦霞　朱　勇　张湘萍

　　　　王新霞　吴鹏飞　周　洋　韩雪冬

　　　　高瑞征　吴　玮　周文静　唐秀鸾

　　　　吴惠英

精彩微视频配合讲解

扫描书中的"二维码"开启全新的微视频学习模式

电子元器件识别检测与选用

数码维修工程师鉴定指导中心　组织编写
韩雪涛　主编　吴瑛　韩广兴　副主编

一本通

电子工业出版社

Publishing House of Electronics Industry

北京·BEIJING

内 容 简 介

本书采用"全图方式"系统全面地介绍常用电子元器件识别检测与选用的专业知识和技能,打破传统纸质图书的学习模式,将网络技术与多媒体技术引入纸质载体,开创"微视频"互动学习的全新体验。读者可以在学习过程中,通过扫描页面上的"二维码"即可打开相应知识技能的微视频,配合图书轻松完成学习。

本书适合初学者、专业技术人员、爱好者及相关专业的师生阅读。

扫描书中的"二维码"
开启全新的微视频学习模式

未经许可,不得以任何方式复制或抄袭本书之部分或全部内容。
版权所有,侵权必究。

图书在版编目(CIP)数据

电子元器件识别检测与选用一本通/韩雪涛主编. --北京:电子工业出版社,2017.8
ISBN 978-7-121-31942-6

Ⅰ.①电… Ⅱ.①韩… Ⅲ.①电子元器件-识别②电子元器件-检测 Ⅳ.①TN606

中国版本图书馆CIP数据核字(2017)第138070号

责任编辑:富　军
印　　刷:三河市华成印务有限公司
装　　订:三河市华成印务有限公司
出版发行:电子工业出版社
　　　　　北京市海淀区万寿路173信箱　邮编　100036
开　　本:787×1092　1/16　印张:21.25　字数:551千字
版　　次:2017年8月第1版
印　　次:2022年12月第17次印刷
定　　价:58.00元

凡所购买电子工业出版社的图书,如有缺损问题,请向购买书店调换。若书店售缺,请与本社发行部联系,联系及邮购电话:(010)88258888,88254888。
质量投诉请发邮件至zlts@phei.com.cn,盗版侵权举报请发邮件至dbqq@phei.com.cn。
本书咨询联系方式:(010)88254456。

"微视频" 扫码轻松学

前　言

　　电子元器件识别检测与选用是电工电子从业人员必须掌握的基础技能。无论是从事电子产品设计制造还是调试维修都必须了解各种类型电子元器件的种类和特点，掌握不同电子元器件的参数识别和检测选用的技能。尤其是随着科技的进步和人们生活水平的提升，电子技术和电气自动化应用技术得到了空前的发展，电工电子领域的岗位类别和从业人员的整体数量逐年增加，电工电子从业人员的技术培训都需要以元器件的识别检测与选用技能为基础。通过对元器件种类特点和功能应用方面的学习可以进一步了解电子电路的特点，通过对元器件检测技能的训练可以为电子产品调试维修打好基础，电子元器件识别检测与选用是非常基础且重要的知识技能。

　　编写本书的目的就是使读者能够在短时间内掌握电子元器件的识别检测与选用的专业知识和操作技能。为了能够编写好本书，我们依托数码维修工程师鉴定指导中心进行了大量的市场调研和资料汇总，将电子产品生产、制造、调试、维修等岗位工作中应用到元器件识别检测与选用的工作环节进行系统的资源整理，以国家职业资格标准为依据，结合岗位实际需求，全面系统地编排出适合读者自主学习的培训体系架构，在此基础上，按照上岗从业的训练模式安排电子元器件识别选用与检测应用所需的知识和技能，确保图书的实用价值。

　　在表达方式上，本书打破传统教材以文字叙述为主的特点，充分发挥图解的特点，无论是在内容制作上还是在版式设计上，都进行了全面的提升。首先，本书打破传统文字叙述的表达方式，取而代之的是"全图演示"，从元器件基础知识的讲解到元器件识别检测与选用案例的训练，所有的内容都依托大量的"图"来表现，实物照片图、操作示意图等"充满"整本图书，将读者的学习习惯由"读"变成了"看"。

　　在培训方式上，本书打破传统纸质图书的教授模式，将网络技术、多媒体技术与传统纸质载体相结合，在图书中首次加入"二维码微视频"互动学习的概念，将书中难以表达的知识点和技能点通过"微视频"的方式加以展现，读者在学习过程中可以使用手机扫描相应页面出现的"二维码"，即可通过微视频与图书互动完成学习。这种全新的互动学习理念可使读者学习效率更高，学习效果更好，学习自主性也大大提升，在"视觉震撼"的同时享受轻松、愉快的"学习过程"。

　　作为技能培训图书，本书着力操作演练和技能案例训练，大量的数据、资料和操作重点、要点都融入大量的训练案例之中，以全图的方式加以展现，将读者的技能培训方式由"想"变成了"练"。

　　另外，为了确保专业品质，本书由数码维修工程师鉴定指导中心组织编写，由全国电子行业资深专家韩广兴教授亲自指导。编写人员有行业资深工程师、高级技师和一线教师。本书无处不渗透着专业团队的经验和智慧，使读者在学习过程中如同有一群专家在身边指导，将学习和实践中需要注意的重点、难点一一化解，大大提升了学习效果。

　　值得注意的是，电子元器件的识别检测与选用是电工电子领域中的一项专业技能。要想活学活用、融汇贯通需结合实际工作岗位进行循序渐进的训练。因此，为读者提供必要的技术咨询和交流是本书的另一大亮点。如果读者在工作学习过程中遇到问题，可以通过以下方式与我们联系交流：

数码维修工程师鉴定指导中心　　　　　　　　　网址：http://www.chinadse.org
联系电话：022-83718162/83715667/13114807267　E-mail：chinadse@163.com
地址：天津市南开区榕苑路4号天发科技园8-1-401　邮编：300384

编　者

目录

第1章 电子元器件检测代换的仪表和工具 ·········· 1
1.1 指针万用表的功能特点与使用方法 ·········· 1
1.1.1 指针万用表的功能特点 ·········· 1
1.1.2 指针万用表的使用方法 ·········· 6
1.2 数字万用表的功能特点与使用方法 ·········· 8
1.2.1 数字万用表的功能特点 ·········· 8
1.2.2 数字万用表的使用方法 ·········· 13
1.3 示波器的功能特点与使用方法 ·········· 18
1.3.1 示波器的功能特点 ·········· 18
1.3.2 示波器的使用方法 ·········· 20
1.4 电烙铁的功能特点与使用方法 ·········· 22
1.4.1 电烙铁的功能特点 ·········· 22
1.4.2 电烙铁的使用方法 ·········· 23
1.5 热风焊机的功能特点与使用方法 ·········· 24
1.5.1 热风焊机的功能特点 ·········· 24
1.5.2 热风焊机的使用方法 ·········· 25

第2章 电阻器的识别选用与检测代换 ·········· 27
2.1 电阻器的种类与应用 ·········· 27
2.1.1 电阻器的种类特点 ·········· 27
2.1.2 电阻器的功能应用 ·········· 34
2.2 电阻器的识别与选用 ·········· 38
2.2.1 电阻器的参数识读 ·········· 38
2.2.2 电阻器的选用代换 ·········· 45
2.3 普通色环电阻器的检测 ·········· 49
2.3.1 普通色环电阻器的检测方法 ·········· 49
2.3.2 普通色环电阻器的实用检测案例 ·········· 50
2.4 热敏电阻器的检测 ·········· 51
2.4.1 热敏电阻器的检测方法 ·········· 51
2.4.2 热敏电阻器的实用检测案例 ·········· 52
2.5 光敏电阻器的检测 ·········· 53
2.5.1 光敏电阻器的检测方法 ·········· 53
2.5.2 光敏电阻器的实用检测案例 ·········· 54

2.6 湿敏电阻器的检测 ··· 55
　　2.6.1 湿敏电阻器的检测方法 ·· 55
　　2.6.2 湿敏电阻器的实用检测案例 ·· 56
2.7 气敏电阻器的检测 ··· 57
　　2.7.1 气敏电阻器的检测方法 ·· 57
　　2.7.2 气敏电阻器的实用检测案例 ·· 58
2.8 压敏电阻器的检测 ··· 59
　　2.8.1 压敏电阻器的检测方法 ·· 59
　　2.8.2 压敏电阻器的实用检测案例 ·· 59
2.9 可调电阻器的检测 ··· 59
　　2.9.1 可调电阻器的检测方法 ·· 60
　　2.9.2 可调电阻器的实用检测案例 ·· 61

第3章 电容器的识别选用与检测代换 ·· 63

3.1 电容器的种类与应用 ·· 63
　　3.1.1 电容器的种类特点 ·· 63
　　3.1.2 电容器的功能应用 ·· 71
3.2 电容器的识别与选用 ·· 73
　　3.2.1 电容器的参数识读 ·· 73
　　3.2.2 电容器的选用代换 ·· 77
3.3 普通电容器的检测 ··· 79
　　3.3.1 普通电容器的检测方法 ·· 79
　　3.3.2 普通电容器的实用检测案例 ·· 81
3.4 电解电容器的检测 ··· 82
　　3.4.1 电解电容器的检测方法 ·· 82
　　3.4.2 电解电容器的实用检测案例 ·· 84
3.5 可变电容器的检测 ··· 88
　　3.5.1 可变电容器的检测方法 ·· 88
　　3.5.2 可变电容器的实用检测案例 ·· 89

第4章 电感器的识别选用与检测代换 ·· 90

4.1 电感器的种类与应用 ·· 90
　　4.1.1 电感器的种类特点 ·· 90
　　4.1.2 电感器的功能应用 ·· 94
4.2 电感器的识别与选用 ·· 97
　　4.2.1 电感器的参数识读 ·· 97
　　4.2.2 电感器的选用代换 ·· 102

4.3 色环/色码电感器的检测···103
    4.3.1 色环/色码电感器的检测方法···103
    4.3.2 色环/色码电感器的实用检测案例···104
4.4 电感线圈的检测···105
    4.4.1 电感线圈的检测方法···105
    4.4.2 电感线圈的实用检测案例···106
4.5 贴片电感器的检测···107
    4.5.1 贴片电感器的检测方法···107
    4.5.2 贴片电感器的实用检测案例···107
4.6 微调电感器的检测···108
    4.6.1 微调电感器的检测方法···108
    4.6.2 微调电感器的实用检测案例···108

第5章 二极管的识别选用与检测代换··109

5.1 二极管的种类与应用···109
    5.1.1 二极管的种类特点···109
    5.1.2 二极管的功能应用···115
5.2 二极管的识别与选用···120
    5.2.1 二极管的参数识读···120
    5.2.2 二极管的选用代换···123
5.3 二极管引脚极性和制作材料的检测···130
    5.3.1 二极管引脚极性的检测方法···130
    5.3.2 二极管制作材料的检测方法···131
5.4 整流二极管的检测···132
    5.4.1 整流二极管的检测方法···132
    5.4.2 整流二极管的实用检测案例···132
5.5 发光二极管的检测···133
    5.5.1 发光二极管的检测方法···133
    5.5.2 发光二极管的实用检测案例···134
5.6 检波二极管的检测···135
    5.6.1 检波二极管的检测方法···135
    5.6.2 检波二极管的实用检测案例···135
5.7 其他二极管的检测···136
    5.7.1 稳压二极管的检测方法···136
    5.7.2 光敏二极管的检测方法···137
    5.7.3 双向触发二极管的检测方法···138

第6章 三极管的识别选用与检测代换·················140

6.1 三极管的种类与应用·················140
6.1.1 三极管的种类特点·················140
6.1.2 三极管的功能应用·················144

6.2 三极管的识别与选用·················148
6.2.1 三极管的参数识读·················148
6.2.2 三极管的选用代换·················152

6.3 NPN型三极管引脚极性的检测·················155
6.3.1 NPN型三极管引脚极性的判别方法·················155
6.3.2 NPN型三极管引脚极性的实用检测案例·················156

6.4 PNP型三极管引脚极性的检测·················158
6.4.1 PNP型三极管引脚极性的判别方法·················158
6.4.2 PNP型三极管引脚极性的实用检测案例·················159

6.5 三极管好坏的检测方法·················161
6.5.1 NPN型三极管好坏的检测方法·················161
6.5.2 PNP型三极管好坏的检测方法·················162

6.6 光敏三极管的检测·················163
6.6.1 光敏三极管的检测方法·················163
6.6.2 光敏三极管的实用检测案例·················164

6.7 三极管放大倍数的检测·················165
6.7.1 三极管放大倍数的检测方法·················165
6.7.2 三极管放大倍数的实用检测案例·················165

6.8 三极管特性参数的检测·················167
6.8.1 三极管特性参数的检测的检测方法·················167
6.8.2 三极管特性参数的实用检测案例·················168

6.9 三极管在应用电路中的检测·················170
6.9.1 三极管交流小信号放大器波形的检测方法·················170
6.9.2 三极管交流小信号放大器中三极管性能的检测方法·················171
6.9.3 三极管直流电压放大器的检测方法·················172
6.9.4 驱动三极管的检测方法·················173
6.9.5 三极管光控照明电路的检测方法·················174

第7章 场效应晶体管的识别选用与检测代换·················176

7.1 场效应晶体管的种类与应用·················176
7.1.1 场效应晶体管的种类特点·················176
7.1.2 场效应晶体管的功能应用·················179

7.2 场效应晶体管的识别与选用 ···180
　　7.2.1 场效应晶体管的参数识读···180
　　7.2.2 场效应晶体管的选用代换···184
7.3 结型场效应晶体管放大能力的检测···189
　　7.3.1 结型场效应晶体管放大能力的检测方法·····························189
　　7.3.2 结型场效应晶体管放大能力的实用检测案例·······················189
7.4 场效应晶体管在电路中的特性和工作状态的检测···························191
　　7.4.1 搭建电路测试场效应晶体管的驱动放大特性·······················191
　　7.4.2 搭建电路测试场效应晶体管的工作状态·····························192

第8章 晶闸管的识别选用与检测代换 ···194

8.1 晶闸管的种类与应用 ···194
　　8.1.1 晶闸管的种类特点···194
　　8.1.2 晶闸管的功能应用···199
8.2 晶闸管的识别与选用 ···200
　　8.2.1 晶闸管的参数识读···200
　　8.2.2 晶闸管的选用代换···203
8.3 单向晶闸管引脚极性的检测 ··205
　　8.3.1 单向晶闸管引脚极性的检测方法·····································205
　　8.3.2 单向晶闸管引脚极性的实用检测案例·······························205
8.4 单向晶闸管触发能力的检测 ··206
　　8.4.1 单向晶闸管触发能力的检测方法·····································206
　　8.4.2 单向晶闸管触发能力的实用检测案例·······························207
8.5 双向晶闸管触发能力的检测 ··209
　　8.5.1 双向晶闸管触发能力的检测方法·····································209
　　8.5.2 双向晶闸管触发能力的实用检测案例·······························210
8.6 双向晶闸管正、反向导通特性的检测·······································212

第9章 集成电路的识别选用与检测代换 ···213

9.1 集成电路的种类与应用 ··213
　　9.1.1 集成电路的种类特点··213
　　9.1.2 集成电路的功能应用··217
9.2 集成电路的识别与选用 ··218
　　9.2.1 集成电路的参数识读··218
　　9.2.2 集成电路的选用代换··223

9.3 三端稳压器的检测 227
　　9.3.1 三端稳压器的结构和功能特点 227
　　9.3.2 三端稳压器的检测方法 228
9.4 运算放大器的检测 230
　　9.4.1 运算放大器的结构和功能特点 230
　　9.4.2 运算放大器的检测方法 233
9.5 音频功率放大器的检测 235
　　9.5.1 音频功率放大器的结构和功能特点 235
　　9.5.2 音频功率放大器的检测方法 236
9.6 微处理器的检测 239
　　9.6.1 微处理器的结构和功能特点 239
　　9.6.2 微处理器的检测方法 241

第10章 变压器的识别选用与检测代换 245
10.1 变压器的种类与应用 245
　　10.1.1 变压器的种类特点 245
　　10.1.2 变压器的功能应用 248
10.2 变压器的识别与选用 250
　　10.2.1 变压器的参数识读 250
　　10.2.2 变压器的选用代换 252
10.3 变压器绕组阻值的检测 253
　　10.3.1 变压器绕组阻值的检测方法 253
　　10.3.2 变压器绕组阻值的实用检测案例 254
10.4 变压器输入、输出电压的检测 256
　　10.4.1 变压器输入、输出电压的检测方法 256
　　10.4.2 变压器输入、输出电压的实用检测案例 257
10.5 变压器绕组电感量的检测 258
　　10.5.1 变压器绕组电感量的检测方法 258
　　10.5.2 变压器绕组电感量的实用检测案例 259

第11章 电动机的识别选用与检测代换 260
11.1 电动机的种类与应用 260
　　11.1.1 电动机的种类特点 260
　　11.1.2 电动机的功能应用 266
11.2 电动机的识别与选用 267

11.2.1 电动机的参数识读 ·············267
11.2.2 电动机的选用代换 ·············272
11.3 电动机绕组阻值的检测 ·············275
11.3.1 小型直流电动机绕组阻值的粗略检测方法 ·············275
11.3.2 单相交流电动机绕组阻值的粗略检测方法 ·············276
11.3.3 电动机绕组阻值的精确检测方法 ·············277
11.4 电动机绝缘电阻的检测 ·············278
11.4.1 电动机绕组与外壳之间绝缘电阻的检测方法 ·············278
11.4.2 电动机绕组与绕组之间绝缘电阻的测方法 ·············279
11.5 电动机空载电流的检测 ·············279
11.5.1 电动机空载电流的检测方法 ·············279
11.5.2 电动机空载电流的实用检测案例 ·············280
11.6 电动机转速的检测 ·············281

第12章 其他电器部件的功能与检测 ·············282
12.1 开关的功能特点和检测方法 ·············282
12.1.1 开关的功能特点 ·············282
12.1.2 开关的检测方法 ·············283
12.2 继电器的功能特点和检测方法 ·············284
12.2.1 继电器的功能特点 ·············284
12.2.2 继电器的检测方法 ·············286
12.3 接触器的功能特点和检测方法 ·············287
12.3.1 接触器的功能特点 ·············287
12.3.2 接触器的检测方法 ·············289
12.4 光电耦合器的功能特点和检测方法 ·············290
12.4.1 光电耦合器的功能特点 ·············290
12.4.2 光电耦合器的检测方法 ·············291
12.5 霍尔元件的功能特点和检测方法 ·············292
12.5.1 霍尔元件的功能特点 ·············292
12.5.2 霍尔元件的检测方法 ·············294
12.6 晶振的功能特点和检测方法 ·············295
12.6.1 晶振的功能特点 ·············295
12.6.2 晶振的检测方法 ·············296
12.7 数码显示器的功能特点和检测方法 ·············297
12.7.1 数码显示器的功能特点 ·············297
12.7.2 数码显示器的检测方法 ·············298

12.8 扬声器的功能特点和检测方法 299
　　12.8.1 扬声器的功能特点 299
　　12.8.2 扬声器的检测方法 301
12.9 蜂鸣器的功能特点和检测方法 302
　　12.9.1 蜂鸣器的功能特点 302
　　12.9.2 蜂鸣器的检测方法 303

第13章 电子元器件检测技能综合应用训练 305

13.1 电热水壶中电子元器件的检测综合训练 305
　　13.1.1 电热水壶加热盘的检测案例 305
　　13.1.2 电热水壶蒸汽式自动断电开关的检测案例 306
　　13.1.3 电热水壶温控器的检测案例 306
　　13.1.4 电热水壶热熔断器的检测案例 306

13.2 电磁炉中电子元器件的检测综合训练 308
　　13.2.1 电磁炉炉盘线圈的检测案例 308
　　13.2.2 电磁炉电源变压器的检测案例 310
　　13.2.3 电磁炉IGBT的检测案例 311
　　13.2.4 电磁炉阻尼二极管的检测案例 312
　　13.2.5 电磁炉谐振电容的检测案例 312
　　13.2.6 电磁炉操作按键的检测案例 313
　　13.2.7 电磁炉微处理器的检测案例 314
　　13.2.8 电磁炉电压比较器的检测案例 314

13.3 电话机中电子元器件的检测综合训练 316
　　13.3.1 电话机听筒的检测案例 316
　　13.3.2 电话机话筒的检测案例 317
　　13.3.3 电话机扬声器的检测案例 317
　　13.3.4 电话机叉簧开关的检测案例 318
　　13.3.5 电话机拨号芯片的检测案例 318
　　13.3.6 电话机电路板中晶振的检测案例 321

13.4 空调器中电子元器件的检测综合训练 321
　　13.4.1 空调器贯流风扇电动机的实用检测案例 322
　　13.4.2 空调器保护继电器的实用检测案例 323
　　13.4.3 空调器三端稳压器的实用检测案例 323
　　13.4.4 空调器遥控器的实用检测案例 324
　　13.4.5 空调器光电耦合器的实用检测案例 325

第1章 电子元器件检测代换的仪表和工具

1.1 指针万用表的功能特点与使用方法

1.1.1 指针万用表的功能特点

指针万用表又称模拟万用表,利用一只灵敏的磁电式直流电流表(微安表)作为表盘。测量时,通过表盘下面的功能旋钮设置不同的测量项目和挡位,并通过表盘指针指示的方式直接在表盘上显示测量的结果。其最大的特点就是能够直观地检测出电流、电压等参数的变化过程和变化方向。

图1-1为典型指针万用表的实物外形。

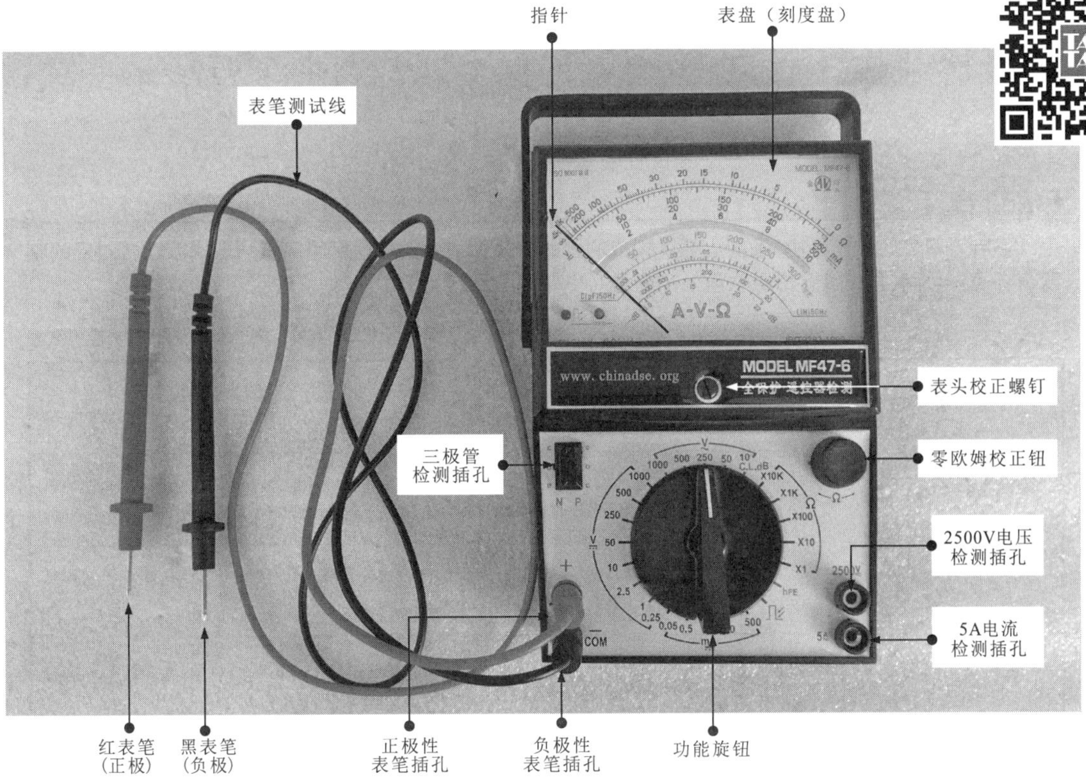

图1-1 典型指针万用表的实物外形

> **提示**
>
> 由图1-1可知,指针万用表主要由表盘(刻度盘)、指针、表头校正螺钉、三极管检测插孔、零欧姆校正钮、功能旋钮、(正/负极性)表笔插孔、2500V电压检测插孔、5A电流检测插孔及(红/黑)表笔等组成。

1 表盘（刻度盘）

表盘（刻度盘）位于指针万用表的最上方，由多条弧线构成，用于显示测量结果。由于指针万用表的功能很多，因此表盘上通常有许多刻度线和刻度值。

图1-2为典型指针万用表中的表盘。

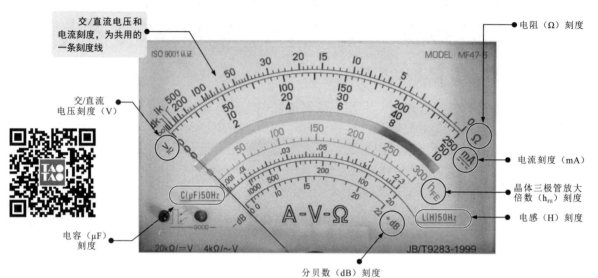

图1-2 典型指针万用表的表盘

提示

指针万用表的表盘是由5条同心弧线构成的。每一条弧线上还标识出了与量程选择旋钮相对应的刻度值。表1-1为典型指针万用表表盘（刻度盘）中各刻度线的含义。

表1-1 典型指针万用表表盘（刻度盘）中各刻度线的含义

刻度线	含义
电阻（Ω）刻度	电阻刻度位于表盘的最上面，右侧标有"Ω"标识，仔细观察不难发现，电阻刻度呈指数分布，从右到左，由疏到密。刻度值最右侧为0，最左侧为无穷大
交/直流电压刻度（V）	交/直流电压刻度位于刻度盘的第二条线，左侧标识为"V̰"，表示这条线是测量交流电压和直流电压时所要读取的刻度，0位在左侧，下方有三排刻度值与刻度相对应
电流刻度（mA）	电流刻度与交/直流电压共用一条刻度线，右侧标识为"mA"，表示这条线是测量电流时所要读取的刻度，0位在线的左侧
晶体三极管放大倍数（h_{FE}）刻度	晶体三极管刻度位于刻度盘的第四条线，右侧标有"h_{FE}"，0位在刻度盘的左侧
电容（μF）刻度	电容（μF）刻度位于刻度盘的第五条线，左侧标有"C（μF）50Hz"的标识，检测电容时，需要使用50Hz交流信号。其中，（μF）表示电容的单位为μF
电感（H）刻度	电感（H）刻度位于刻度盘的第六条线，右侧标有"L（H）50Hz"的标识，检测电感时，需要使用50Hz交流信号。其中，（H）表示电感的单位为H
分贝数（dB）刻度	分贝数刻度是位于表盘最下面的第七条线，两侧都标有"dB"，刻度线两端的"-10"和"+22"表示量程范围，主要用于测量放大器的增益或衰减值

2 表头校正螺钉

表头校正螺钉位于表盘下方的中央位置,用于指针万用表的机械调零,以确保测量的准确性。图1-3为指针万用表的表头校正螺钉。

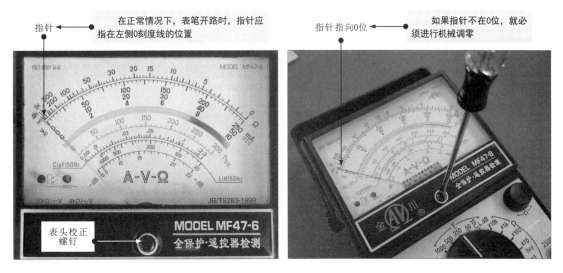

图1-3 指针万用表的表头校正螺钉

3 功能旋钮

功能旋钮位于指针万用表的主体位置（面板）,圆周标有测量功能及测量范围,通过旋转功能旋钮可选择不同的测量项目及测量挡位。

图1-4为指针万用表的功能旋钮。

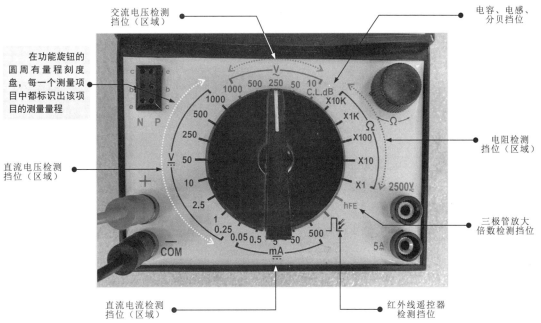

图1-4 指针万用表的功能旋钮

> **提示**
>
> 功能旋钮不同测量功能对应的测量范围不同。表1-2为不同功能旋钮的测量范围。
>
> 表1-2 不同功能旋钮的测量范围
>
> | | |
> |---|---|
> | 交流电压检测挡位（区域）（V̰） | 测量交流电压时选择该挡，根据被测的电压值，可调整的量程范围为10V、50V、250V、500V、1000V |
> | 电容、电感、分贝检测区域 | 测量电容器的电容量、电感器的电感量及分贝值时选择该挡位 |
> | 电阻检测挡位（区域）（Ω） | 测量电阻值时选择该挡，根据被测的电阻值，可调整的量程范围为×1、×10、×100、×1k、×10k。
有些指针万用表的电阻检测区域中还有一挡位的标识为"·))"（蜂鸣挡），主要用于检测二极管及线路的通、断 |
> | 晶体三极管放大倍数检测挡位（区域） | 在指针万用表的电阻检测区域中可以看到一个 h_{FE} 挡位，该挡位主要用于测量晶体三极管的放大倍数 |
> | 红外线遥控器检测挡位（⎍） | 该挡位主要用于检测红外线发射器，当功能旋钮转至该挡位时，将红外线发射器的发射头垂直对准表盘中的红外线遥控器检测挡位，并按下遥控器的功能按键，如果红色发光二极管（GOOD）闪亮，则表示该红外线发射器工作正常 |
> | 直流电流检测挡位（区域）（mA̰） | 测量直流电流时选择该挡，根据被测的电流值，可调整的量程范围为0.05mA、0.5mA、5mA、50mA、500mA、5A |
> | 直流电压检测挡位（区域）（V̰） | 测量直流电压时选择该挡，根据被测的电压值，可调整的量程范围为0.25V、1V、2.5V、10V、50V、250V、500V、1000V |

4　零欧姆校正钮

零欧姆校正钮位于表盘下方，用于调整万用表测量电阻时指针的基准0位，在使用指针万用表测量电阻前要进行零欧姆调整操作。

图1-5为指针万用表的零欧姆校正钮。

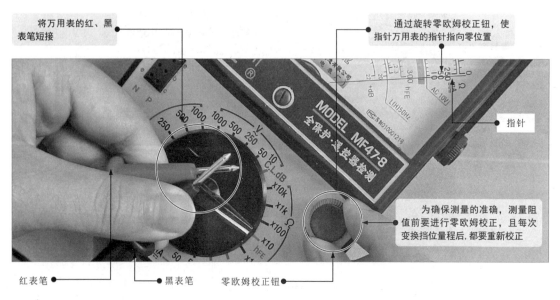

图1-5　指针万用表的零欧姆校正钮

5 三极管检测插孔

三极管检测插孔位于操作面板的右侧，专门用来检测三极管的放大倍数h_{FE}，通常在三极管检测插孔的上方标有"N"和"P"文字标识。

图1-6为指针万用表的三极管检测插孔。

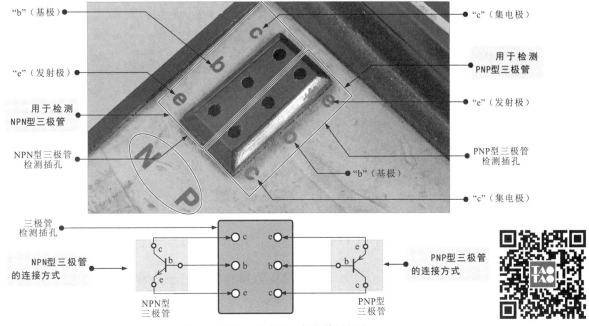

图1-6 指针万用表的三极管检测插孔

6 表笔插孔

通常在指针万用表的操作面板下面有2～4个插孔，用来与表笔相连（指针万用表的型号不同，表笔插孔的数量及位置都不相同）。指针万用表的每个插孔都有文字或符号标识。图1-7为指针万用表的表笔插孔。

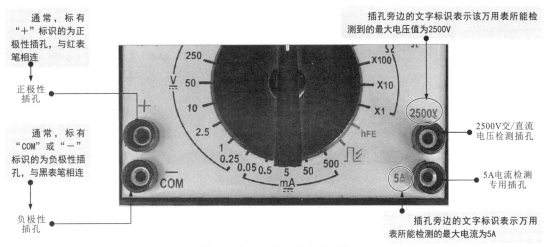

图1-7 指针万用表的表笔插孔

7　表笔

指针万用表的表笔分为红色和黑色两种，主要用于待测电路、元器件与万用表之间的连接。图1-8为指针万用表中表笔。

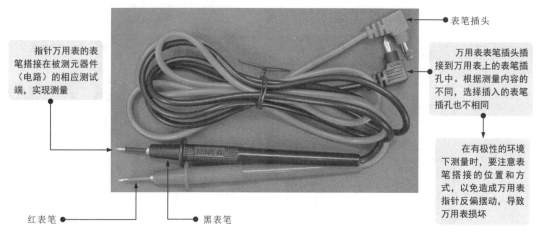

图1-8　指针万用表的表笔

1.1.2　指针万用表的使用方法

在检测电子元器件的过程中，以检测电阻值和电压值最为常见，下面重点介绍使用指针万用表检测电阻值和电压值的使用方法。

1　指针万用表检测电阻值的使用方法

检测时，可使用指针万用表检测电阻值判断电子元器件的好坏。

图1-9为指针万用表检测电阻器阻值的使用方法。

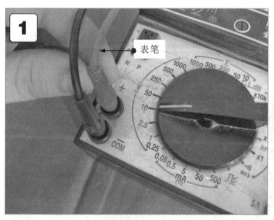 

1 连接表笔。将黑表笔插到"COM"插孔中，红表笔插到"＋"插孔中。
2 表头校正。使用一字槽螺钉旋具对万用表进行表头校正，使指针万用表开路时，指针指在左侧零刻度线上。

图1-9　指针万用表检测电阻器阻值的使用方法

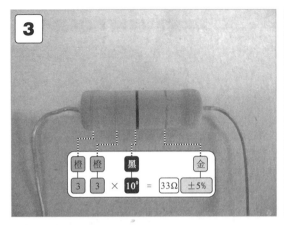
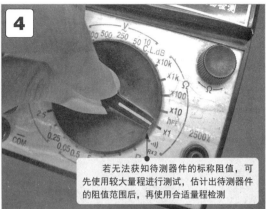
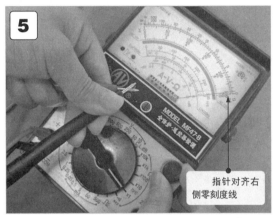
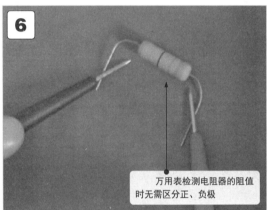
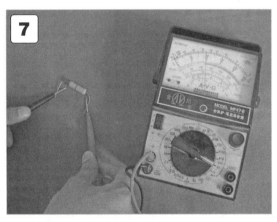

3 识读待测电阻器的标称阻值：33Ω±5%。
4 根据待测电阻器的阻值将万用表的量程旋钮调整至"×1"欧姆挡。
5 对万用表进行零欧姆调整操作。
6 将万用表的两只表笔分别搭在待测电阻器的两端。
7 读取指针所指示的测量结果。根据欧姆挡位的量程，该待测电阻器的阻值应为33（指针指示结果）×1Ω（量程）=33Ω。
8 将实测结果与标称值相比较，即可判断出所测电阻器的好坏。

图1-9 指针万用表检测电阻器阻值的使用方法（续）

2　指针万用表检测电压值的使用方法

检测时，可使用指针万用表检测电子元器件的工作电压，以此作为判断电子元器件是否正常工作的重要依据。

图1-10为指针万用表检测电压值的使用方法。

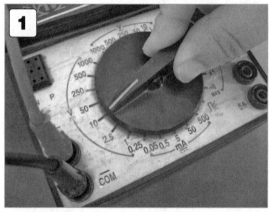
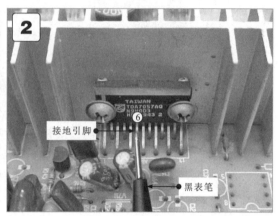
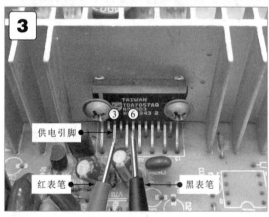

1. 检测之前，首先估测待测器件工作电压的大小，根据估测数值，选择万用表的测量挡位。
2. 找到待测器件的接地引脚或工作环境中的接地点，首先将黑表笔搭在接地引脚（或接地点）上。
3. 找到待测器件的供电引脚，将万用表的红表笔搭在该引脚上，测量直流供电电压值。
4. 读取数值，指针万用表表盘上显示的数值即为该待测器件的工作电压值（实测为5V）。

图1-10　指针万用表检测电压值的使用方法

1.2　数字万用表的功能特点与使用方法

1.2.1　数字万用表的功能特点

数字万用表是最常见的仪表之一，采用数字处理技术直接显示所测得的数值。测量时，通过液晶显示屏下面的功能旋钮设置不同的测量项目和挡位，并通过液晶显示屏直接将所测量的电压、电流、电阻等测量结果显示出来。其最大的特点就是显示清晰、直观、读取准确，既保证了读数的客观性，又符合人们的读数习惯。

图1-11为典型数字万用表的实物外形。

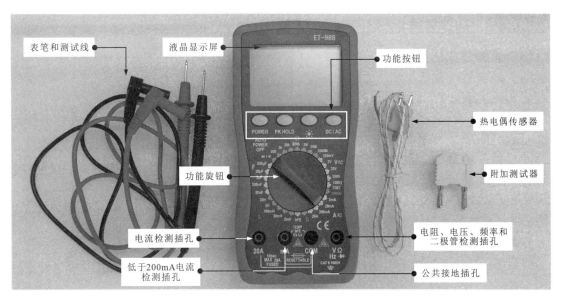

图1-11 典型数字万用表的实物外形

> **提示**
>
> 由图可知,数字万用表主要是由液晶显示屏、功能旋钮、电源按钮、峰值保持按钮、背光灯按钮、交直流切换按钮、表笔插孔(电流检测插孔、低于200mA电流检测插孔、公共接地插孔及电阻、电压、频率和二极管检测插孔)、表笔、附加测试器、热电偶传感器组成的。

1 液晶显示屏

液晶显示屏是用来显示当前测量状态和最终测量数值的,由于数字万用表的功能很多,因此在液晶显示屏上会有许多标识。它会根据用户选择的不同测量功能显示不同的测量状态。图1-12为数字万用表的液晶显示屏。

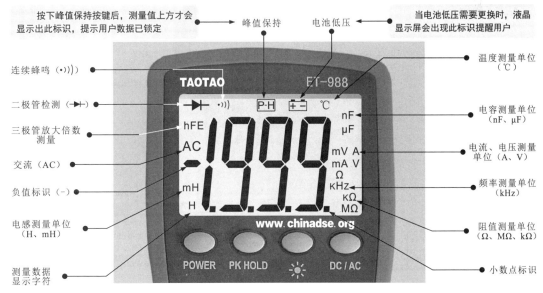

图1-12 数字万用表1的液晶显示屏

2 功能旋钮

功能旋钮位于数字万用表的主体位置（面板），通过旋转功能旋钮可选择不同的测量项目及测量挡位。在功能旋钮的圆周有多种测量功能标识，测量时，仅需转动中间的功能旋钮，使其指示到相应的挡位，即可进入相应的状态进行测量。

图1-13为数字万用表的功能旋钮。

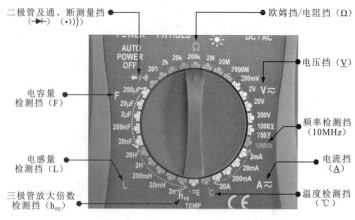

图1-13 数字万用表的功能旋钮

图1-14为典型数字万用表功能旋钮所对应的各挡位功能。一般来说，数字万用表都具有"欧姆测量""电压测量""频率测量""电流测量""温度测量""三极管放大倍数测量""电感量测量""电容量测量""二极管及通、断测量"9大功能。

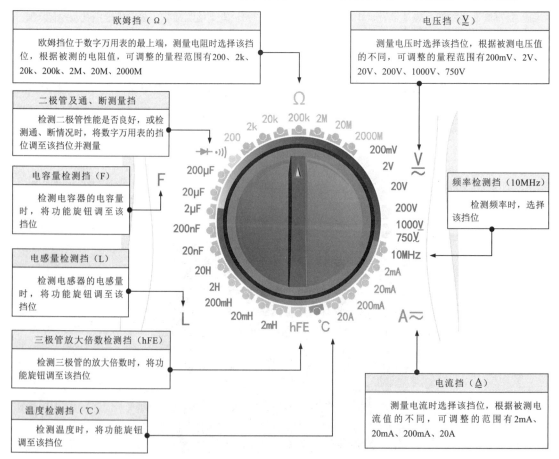

图1-14 典型数字万用表功能旋钮所对应的各挡位功能

3 功能按钮

数字万用表的功能按钮位于数字万用表液晶显示屏与功能旋钮之间,测量时,只需按动功能按钮,即可完成相关测量功能的切换及控制。数字万用表的功能按钮主要包括电源按钮、峰值保持按钮、背光灯按钮及交/直流切换按钮。每个按键可以完成不同的功能。图1-15为典型数字万用表的功能按钮。

电源按钮
电源按钮周围通常有"POWER"标识,用来启动或关断数字万用表的供电电源。很多数字万用表都具有自动断电功能,长时间不使用时,万用表会自动切断电源

峰值保持按钮
峰值保持按钮周围通常有"HOLD"标识,用来锁定某一瞬间的测量结果,方便用户记录数据

背光灯按钮
按下背光灯按钮后,液晶显示屏会点亮5s,然后自动熄灭,方便用户在黑暗的环境下观察测量数据

交/直流切换按钮
在交/直流切换按钮未被按下的情况下,数字万用表测量直流电;按下按钮后,数字万用表测量交流电

由于数字万用表启动后,时刻都在消耗电池电量,因此使用数字万用表后,一定要关断电源,以节约电量

数字万用表的功能按钮通常位于液晶显示屏与功能旋钮之间

数字万用表的液晶显示屏

数字万用表的功能旋钮

背光灯点亮时,工作电流增大,会使电池的使用寿命缩短,对个别功能的测量误差变大,因此应关注电池剩余电量

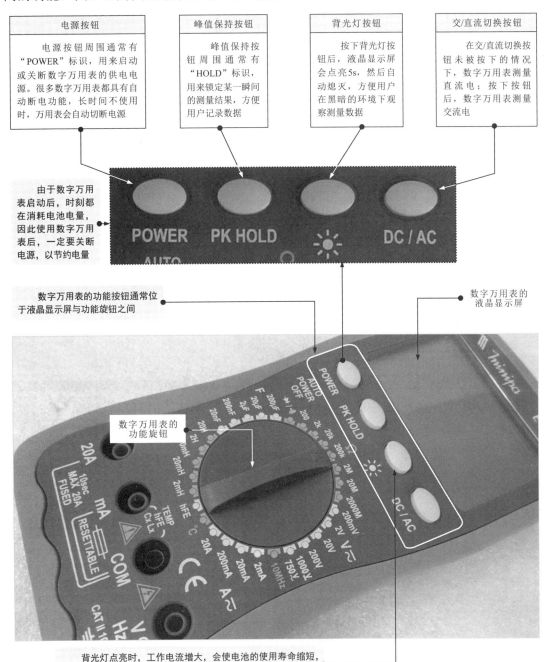

图1-15 典型数字万用表的功能按钮

4 表笔插孔

通常，在数字万用表的操作面板下面有2~4个插孔，用来与表笔相连（根据万用表型号的不同，表笔插孔的数量及位置都不相同）。万用表的每个插孔都用文字或符号标识。图1-16为典型数字万用表的表笔插孔。

标有"20A"的表笔插孔用于测量大电流（200mA~20A）；标有"mA"的表笔插孔为低于200mA电流检测插孔，还是附加测试器和热电偶传感器的负极输入端；标有"COM"的表笔插孔为公共接地插孔，主要用来连接黑表笔，还是附加测试器和热电偶传感器的正极输入端；标有"VΩHz"的表笔插孔为电阻、电压、频率和二极管检测插孔，主要用来连接红表笔

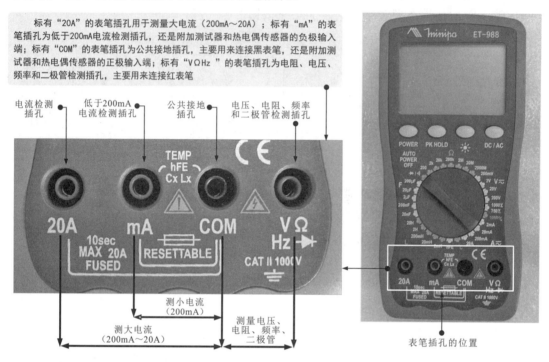

图1-16 典型数字万用表的表笔插孔

5 附加测试器

数字万用表几乎都配有一个附加测试器。其上设有插接元器件的插孔，主要用来代替表笔检测待测器件。图1-17为典型数字万用表的附加测试器。

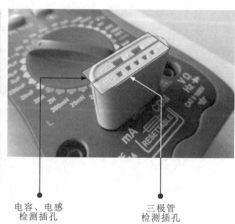

图1-17 典型数字万用表的附加测试器

1.2.2 数字万用表的使用方法

在电子元器件的检测过程中，以检测电阻值、电压值、电容量及三极管放大倍数等最为常见，这里重点介绍数字万用表检测这些参数时的使用方法。

1 数字万用表检测电阻值的使用方法

与指针万用表类似，数字万用表也可以很好地完成电阻值的检测任务，而且相比指针万用表来说，数字万用表的显示方式更加直观、准确。同时，二极管、三极管及开关按键等器件的性能也都可以通过数字万用表检测电阻值的方法进行判断。

图1-18为数字万用表检测电阻值的使用方法。

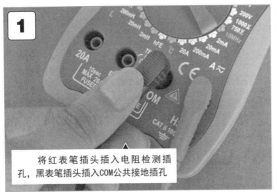

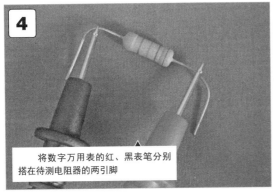
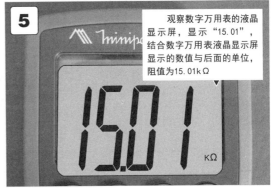

图1-18 数字万用表检测电阻值的使用方法

2 数字万用表检测电压值的使用方法

在检测电子元器件时，使用数字万用表可以检测各种电子元器件的工作电压，与指针万用表不同的是，数字万用表显示更加直观，读数更加简单。

图1-19为数字万用表检测电压值的使用方法。

① 将数字万用表的量程调整至二极管测量挡

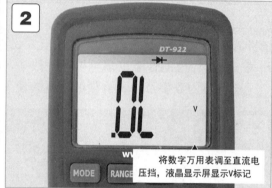
② 将数字万用表调至直流电压挡，液晶显示屏显示V标记

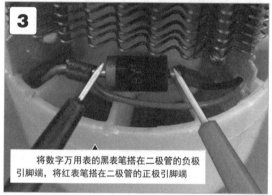
③ 将数字万用表的黑表笔搭在二极管的负极引脚端，将红表笔搭在二极管的正极引脚端

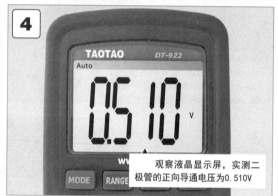
④ 观察液晶显示屏，实测二极管的正向导通电压为0.510V

图1-19　数字万用表检测电压值的使用方法

3 数字万用表检测电容量的使用方法

使用数字万用表测量电容器是否正常时，可以检测电容器的电容量，即借助附加测试器检测，将附加测试器插入数字万用表的表笔插孔中，再将电容器插入附加测试器的电容量检测插孔中检测，数字万用表液晶显示屏上即可显示出相应的数值。

图1-20为数字万用表检测电容量的使用方法。

图1-20　数字万用表检测电容量的使用方法

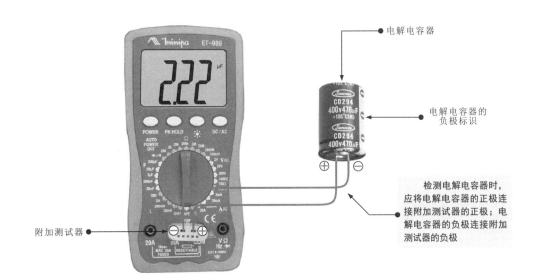

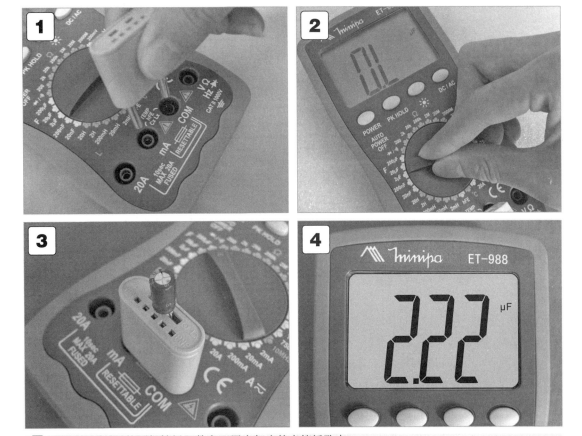

1 将附加测试器按照极性插入数字万用表相应的表笔插孔中。
2 调整数字万用表的量程至"20μF"电容挡。
3 根据引脚的极性,将电容器的引脚插入附加测试器中。
4 结合数字万用表液晶显示屏显示的数字"2.22",以及电容量的单位"μF",得到当前电容器的电容量为2.22μF。

图1-20　数字万用表检测电容量的使用方法(续)

4 数字万用表检测三极管放大倍数的使用方法

使用数字万用表测量三极管放大倍数时,可借助附加测试器,将附加测试器插入数字万用表的表笔插孔中,再将三极管插入附加测试器的三极管检测插孔中,数字万用表液晶显示屏上即可显示出相应的数值。

图1-21为数字万用表检测三极管放大倍数的使用方法。

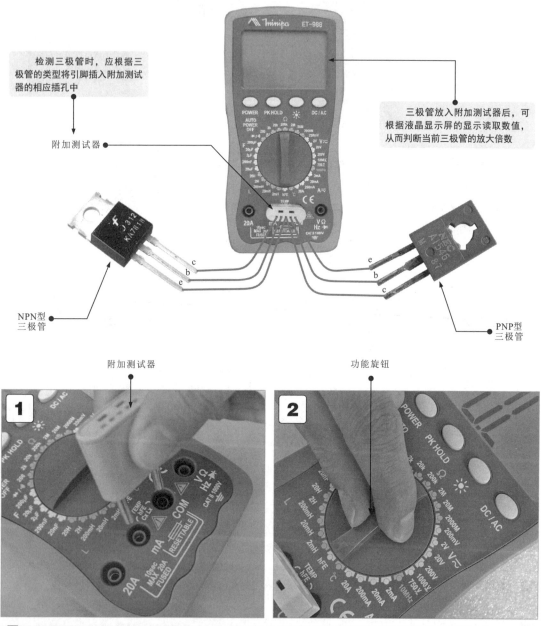

1 将附加测试器按照极性插入数字万用表相应的表笔插孔中。
2 将功能旋钮调整至晶体管放大倍数检测挡位(hFE)。

图1-21 数字万用表检测三极管放大倍数的使用方法

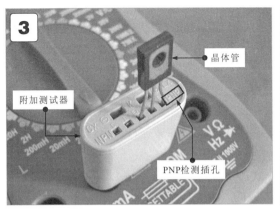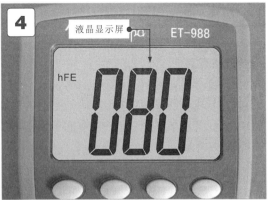

❸ 根据晶体管的类型，将晶体管的引脚插入相对应的附加测试器插孔中。
❹ 结合数字万用表液晶显示屏显示的数字"80"，得知该晶体管的放大倍数为80倍

图1-21 数字万用表检测三极管放大倍数的使用方法（续）

提示

在检测三极管的放大倍数时，应根据三极管的类型，将PNP或NPN型三极管插入对应的插孔中即可。在读取三极管的放大倍数时，可根据数字万用表显示出的数字直接读取，如液晶显示屏显示"080"，说明该三极管的放大倍数为80倍。

数字万用表除了可以检测以上的各种参数外，还可以检测电感器的电感量、频率、温度及通断状态等，从而判断被测对象是否正常。图1-22为数字万用表检测其他参数的使用方法。

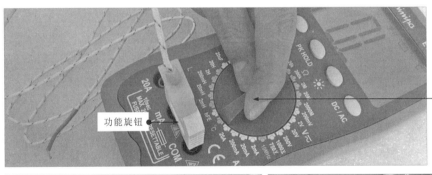

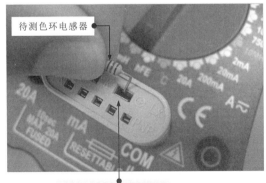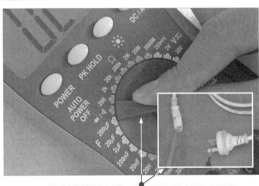

图1-22 数字万用表检测其他参数的使用方法

1.3 示波器的功能特点与使用方法

1.3.1 示波器的功能特点

示波器是一种用于观测信号波形的电子仪器。在维修家电产品的过程中，示波器可以直接观测和直接测量各功能部件的电压波形、幅度和周期，在家电产品的维修过程中起着很重要的作用。常用的示波器主要有模拟示波器和数字示波器两种。其外形如图1-23所示。

其中，图（a）为模拟示波器，图（b）为数字示波器。根据图中可知，示波器主要是由显示屏、键钮控制区域及探头连接区等构成的。

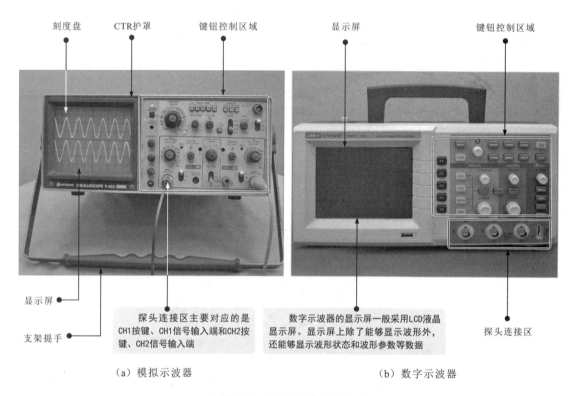

（a）模拟示波器　　　　　　　　　　　　（b）数字示波器

图1-23　示波器的实物外形

在维修家电产品的过程中，使用示波器可以方便、快捷、准确地检测出各关键测试点的相关信号并以波形的形式显示在显示屏上，通过观测各种信号的波形即可判断出故障点或故障范围，这也是维修家电内部电路板时最便捷的方法之一，如检测电磁炉、液晶电视机等家电产品。

1　用示波器检测电磁炉

用示波器检测电磁炉的控制电路板时，通常使用示波器检测控制电路板中集成电路输出的信号波形，或感应IGBT（门控管）处的波形，根据信号波形即可判断电路的好坏，如图1-24所示。

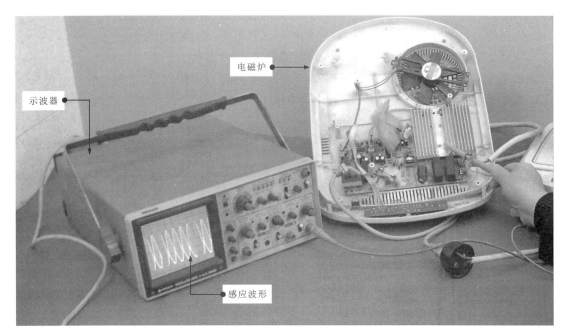

图1-24 用示波器检测电磁炉

2 用示波器检测平板电视机

示波器可以用来检测平板电视机的中频、视频、音频、控制、脉冲等信号，并根据检测结果判断故障部位。例如，使用示波器感应液晶电视机逆变器电路中升压变压器的信号波形，在正常情况下可感应到脉冲信号波形，若无法检测到波形或波形不正常，则说明前级电路中有损坏的部位，如图1-25所示。

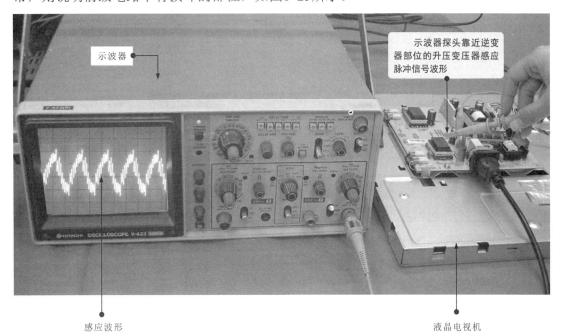

图1-25 用示波器检测平板电视机

1.3.2 示波器的使用方法

示波器作为精密的测量仪表，对使用环境及测量调整方法有严格的要求，一旦操作失误或设置不当都会直接影响测量结果，因此正确、规范的使用方法非常重要。下面以典型示波器为例，详细介绍一下使用方法。

1 连接各连接线

示波器的连接线主要有电源线和测试探头。电源线用来为示波器供电，测试探头用来检测信号。图1-26为示波器各连接线的连接方法。

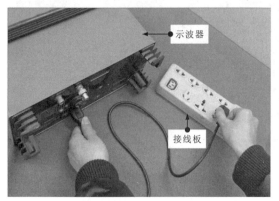
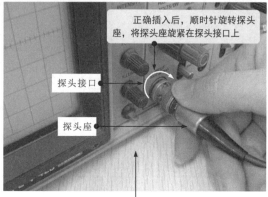

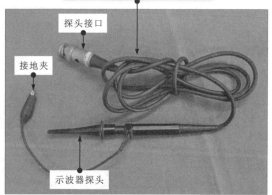

图1-26 示波器各连接线的连接方法

2 开机和测量调整操作

若是第一次使用或较长时间不使用示波器时，则在开机后需对示波器进行自校正调整。按下电源开关，开启示波器，电源指示灯亮，约10秒后，显示屏上显示出一条水平亮线，这条水平亮线就是扫描线。示波器正常开启后，为了使示波器处于最佳的测试状态，需要对示波器进行探头校正，校正时，将示波器探头连接在自身的基准信号输出端（1000 Hz、0.5 V方波信号），在正常情况下，示波器的显示窗口会显示出1000 Hz的方波信号波形。图1-27为示波器开机和测量前的调整操作。

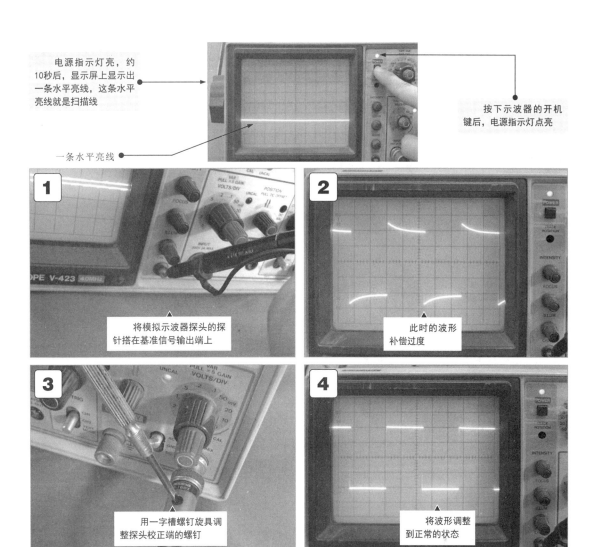

图1-27 示波器开机和测量前的调整操作

提示

连接好探头后,示波器的显示屏上显示当前所测的波形,若出现补偿不足或补偿过度的情况时,需要对探头进行校正操作。示波器波形补偿不足和补偿过度如图1-28所示。除此之外,若使用示波器检测贴片元器件时,为了方便搭在贴片元器件的引脚端,可用针头与探头连接后再进行操作。

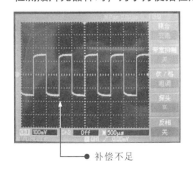
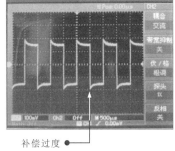

图1-28 示波器波形补偿不足和补偿过度

1.4 电烙铁的功能特点与使用方法

电烙铁是一种应用十分广泛的焊接工具,具有方便小巧、易于操作、价格便宜等特点,因此很受维修人员喜欢。在进行电路板元器件的拆焊或焊接操作时,电烙铁是最常使用到的焊接工具。下面就具体学习一下电烙铁的功能和使用方法。

1.4.1 电烙铁的功能特点

电烙铁是手工焊接、补焊、代换元器件的最常用工具之一,根据不同的加热方式可分为内热式和外热式。图1-29为常用电烙铁的实物外形。

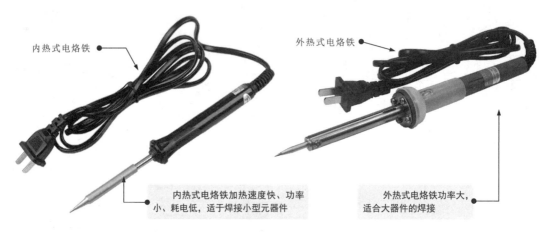

图1-29 常用电烙铁的实物外形

提示

常见的电烙铁除了以上两种外,还有恒温式电烙铁(电控式和磁控式)和吸锡式电烙铁等。其外形如图1-30所示。恒温式电烙铁可以通过电控(或磁控)的方式准确控制焊接温度,因此常应用于对焊接质量要求较高的场合;吸锡式电烙铁则将吸锡器与电烙铁的功能合二为一,非常便于拆焊、焊接。此外,根据焊接产品的要求,还有防静电式和自动送锡式等特殊电烙铁。

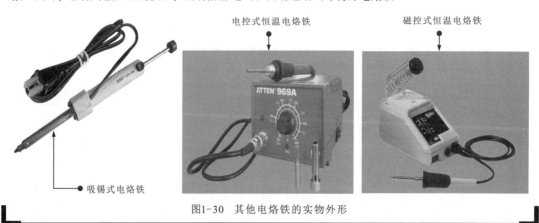

图1-30 其他电烙铁的实物外形

电烙铁的作用主要是通过热熔的方式修复电路板、安装连接功能部件或更换电子元器件等,如图1-31所示。

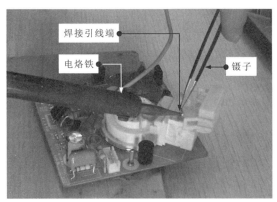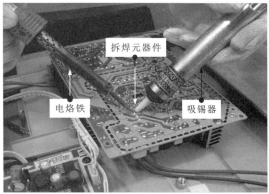

图1-31 电烙铁在家电维修中的应用

1.4.2 电烙铁的使用方法

在家电产品的维修过程中，经常要用到电烙铁对损坏的元器件进行拆焊操作，因此使用电烙铁拆焊元器件是维修人员必须掌握的操作技能。

使用电烙铁之前，应先学会电烙铁的正确握法，通常手握电烙铁时可采用握笔法、反握法和正握法三种形式，如图1-32所示。其中，握笔法是最常见的姿势；反握法动作稳定，适于操作大功率电烙铁；正握法适于操作中等功率电烙铁。

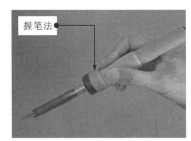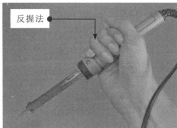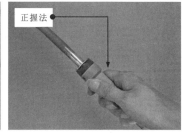

图1-32 电烙铁的正确握法

接下来就是对电烙铁进行预加热。当电烙铁达到工作温度后，要用右手握住电烙铁的握柄处，左手握住吸锡器，对需要拆焊的元器件进行拆焊。图1-33为拆焊元器件的操作方法。

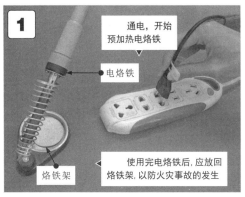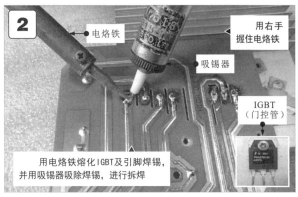

图1-33 拆焊元器件的操作方法

1.5 热风焊机的功能特点与使用方法

热风焊机是专门用来拆焊、焊接贴片元件和贴片集成电路的焊接工具,在家电产品的维修过程中应用较为广泛。

1.5.1 热风焊机的功能特点

维修人员可以通过调节热风焊机的风量和温度,选择不同的喷嘴,使热风焊机适用于各种大小、规格的贴片元件的代换。图1-34为典型热风焊机的实物外形。由图可知,热风焊机主要由主机和热风焊枪等部分构成,在进行元件的拆卸时,根据焊接部位的大小选择适合的喷嘴即可。

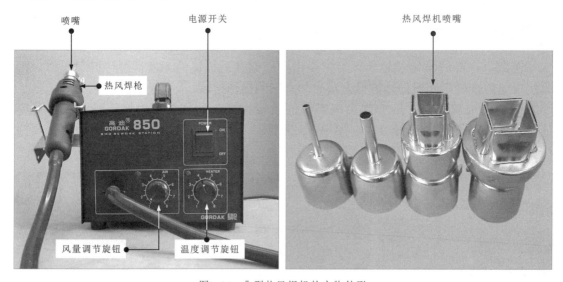

图1-34 典型热风焊机的实物外形

热风焊机的作用主要是拆焊、焊接贴片元器件。图1-35为热风焊机在家电维修中的应用。

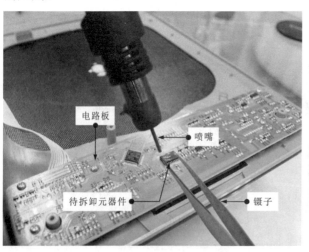

图1-35 热风焊机在家电维修中的应用

1.5.2 热风焊机的使用方法

使用热风焊机拆除贴片元器件时可分为三个步骤操作：一是通电开机；二是调整温度和风量；三是进行拆焊。

图1-36为热风焊机的通电开机操作。

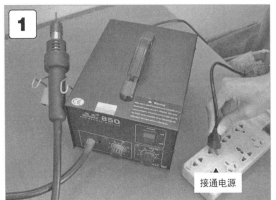
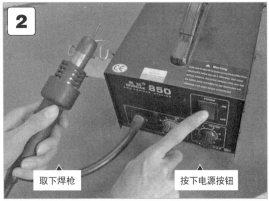

图1-36 热风焊机的通电开机操作

图1-37为热风焊机风量和温度的调整。调整热风焊机面板上的温度调节旋钮和风量调节旋钮，两个旋钮都有8个可调挡位，通常将温度旋钮调至5～6挡，风量调节旋钮调至1～2挡或4～5挡即可。

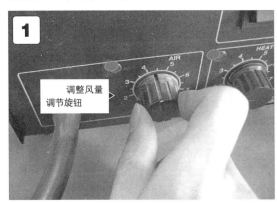
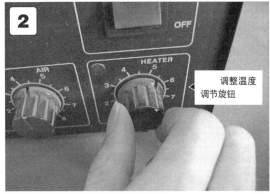

图1-37 热风焊机风量和温度的调整

提示

根据拆焊贴片元器件的类型不同，具体的风量调整范围也有所区别。表1-3为热风焊机温度和风量的调整参考数据。

表1-3 热风焊机温度和风量的调整参考数据

代换元器件名称	温度调整旋钮	风量调整旋钮
贴片式元器件	5～6级	1～2级
双列贴片式集成电路（芯片）	5～6级	4～5级
四面贴片式集成电路（芯片）	5～6级	3～4级

图1-38为使用热风焊机拆焊贴片元器件。将温度和风量调整好，等待几秒钟，待热风焊枪预热完成后，将焊枪口垂直悬空放置于贴片元器件引脚的上方，并来回移动进行均匀加热，直到引脚焊锡熔化。

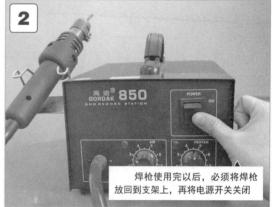

图1-38　使用热风焊机拆焊贴片元器件

提示

热风焊机在实际使用过程中，应根据贴片元器件引脚的大小和形状选择大小合适的喷嘴，如图1-39所示，更换喷嘴时，使用十字槽螺钉旋具拧松喷嘴上的螺钉，更换大小合适的喷嘴。

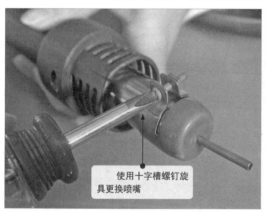
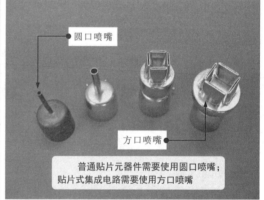

图1-39　更换喷嘴

使用热风焊机焊接元器件时，可在相应的位置上涂上一层助焊剂，然后将贴片元器件放置在规定位置上，用镊子微调贴片元器件的位置，如图1-40所示。若焊点的焊锡过少，则可先熔化一些焊锡再涂抹助焊剂。

图1-40　为需要焊接的元器件涂抹助焊剂

第2章 电阻器的识别选用与检测代换

2.1 电阻器的种类与应用

电阻器简称电阻，是利用物质对所通过的电流产生阻碍作用这一特性制成的电子元件，是电子产品中最基本、最常用的电子元件之一。

2.1.1 电阻器的种类特点

在实际的电子产品电路板中基本都应用有电阻器，通常起限流、滤波或分压等作用，如图2-1所示。

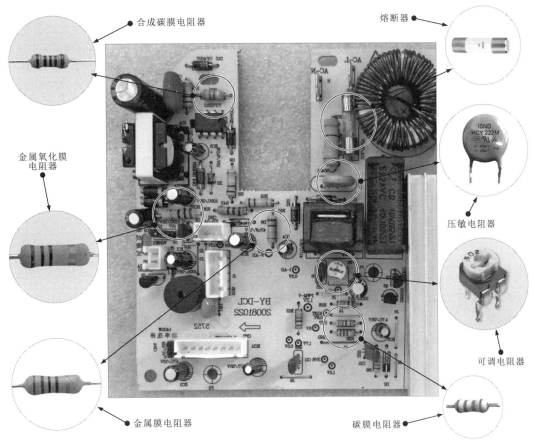

图2-1 典型电子产品中的电路板

可以看到，在电路板中安装着大量的、不同性能的电阻器。实际上，电阻器的种类很多，根据其功能和应用领域的不同，主要可分为普通电阻器、敏感电阻器、可变电阻器三大类。

1 普通电阻器

普通电阻器是一种阻值固定的电阻器。依据制造工艺和功能的不同，常见的普通电阻器有碳膜电阻器、金属膜电阻器、金属氧化膜电阻器、合成碳膜电阻器、熔断电阻器、玻璃釉电阻器、水泥电阻器、排电阻器、贴片式电阻器及熔断器等。

碳膜电阻器是将碳在真空高温条件下分解的结晶碳蒸镀沉积在陶瓷骨架上制成的，如图2-2所示。这种电阻器的电压稳定性好，造价低，在普通电子产品中应用非常广泛。

图2-2 碳膜电阻器

金属膜电阻器是将金属或合金材料在真空高温的条件下加热蒸发沉积在陶瓷骨架上制成的。图2-3为金属膜电阻器的实物外形。

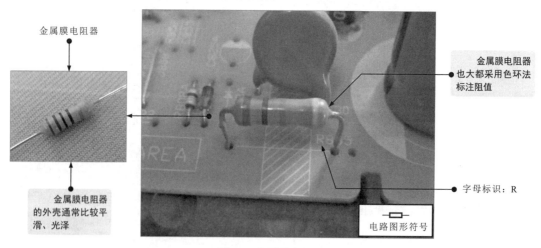

图2-3 金属膜电阻器

提示

金属膜电阻器的阻值也采用色环标注的方法，具有较高的耐高温性能、温度系数小、热稳定性好、噪声小等优点。与碳膜电阻器相比，金属膜电阻器的体积小，但价格也较高。

金属氧化膜电阻器就是将锡和锑的金属盐溶液经过高温喷雾沉积在陶瓷骨架上制成的，如图2-4所示。这种电阻器比金属膜电阻器更为优越，具有抗氧化、耐酸、抗高温等特点。

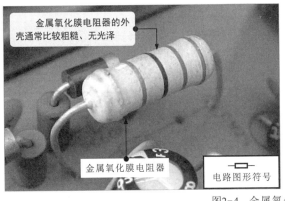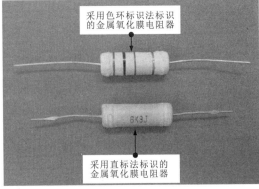

图2-4 金属氧化膜电阻器

合成碳膜电阻器是将碳黑、填料还有一些有机黏合剂调配成悬浮液，喷涂在绝缘骨架上，再进行加热聚合而成的，如图2-5所示。合成碳膜电阻器是一种高压、高阻的电阻器，通常它的外层被玻璃壳封死。这种电阻器通常采用色环标注法标注阻值。

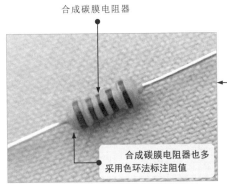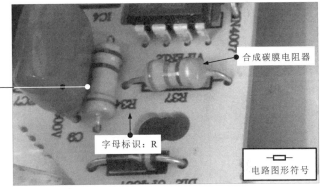

图2-5 合成碳膜电阻器

玻璃釉电阻器就是将银、铑、钌等金属氧化物和玻璃釉黏合剂调配成浆料，喷涂在绝缘骨架上，再经过高温聚合而成的，如图2-6所示。这种电阻器具有耐高温、耐潮湿、稳定、噪声小、阻值范围大等特点，通常采用直标法标注阻值。

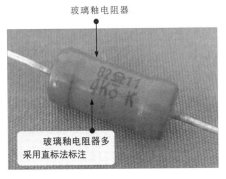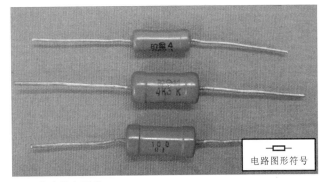

图2-6 玻璃釉电阻器

水泥电阻器是采用陶瓷、矿质材料封装的电阻器件,如图2-7所示。其特点是功率大、阻值小,具有良好的阻燃、防爆特性。

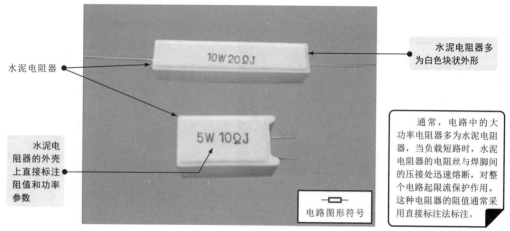

图2-7 水泥电阻器

排电阻器简称排阻。这种电阻器是将多个分立的电阻器按照一定的规律排列集成为一个组合型电阻器,也称为集成电阻器电阻阵列或电阻器网络。图2-8为排电阻器的实物外形。

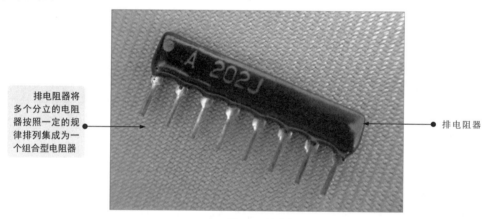

图2-8 排电阻器

为适应表面安装工艺的要求,贴片式电阻器是一种无引脚电阻器,如图2-9所示。

图2-9 贴片式电阻器

2 敏感电阻器

敏感电阻器是指可以通过外界环境的变化（如温度、湿度、光亮、电压等）改变自身阻值的大小，因此常用于一些传感器中。常用的主要有热敏电阻器、光敏电阻器、压敏电阻器、气敏电阻器、湿敏电阻器等。

热敏电阻器大多是由单晶、多晶半导体材料制成的，如图2-10所示。热敏电阻器是一种阻值会随温度的变化而自动发生变化的电阻器，有正温度系数热敏电阻器（PTC）和负温度系数热敏电阻器（NTC）两种。

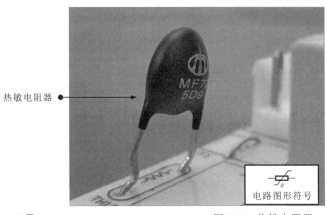

图2-10 热敏电阻器

提示

正温度系数热敏电阻器（PTC）的阻值随温度的升高而升高，随温度的降低而降低；负温度系数热敏电阻器（NTC）的阻值随温度的升高而降低，随温度的降低而升高。在电视机、音响设备、显示器等电子产品的电源电路中，多采用NTC热敏电阻器。

气敏电阻器是利用金属氧化物半导体表面吸收某种气体分子时，会发生氧化反应或还原反应而使电阻值发生改变而制成的电阻器。图2-11为气敏电阻器的实物外形。

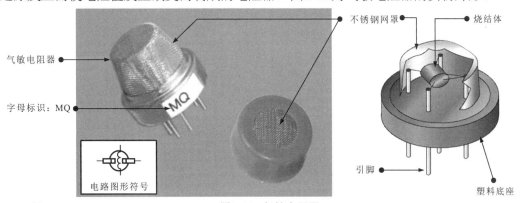

图2-11 气敏电阻器

提示

通常，气敏电阻器是将某种金属氧化物粉料添加少量铂催化剂、激活剂及其他添加剂，按一定比例烧结而成的半导体器件。它可以把某种气体的成分、浓度等参数转换成电阻变化量，再转换为电流、电压信号。它常作为气体感测元件制成各种气体的检测仪器或报警器产品，如酒精测试仪、煤气报警器、火灾报警器等。

光敏电阻器是一种由具有光导特性的半导体材料制成的电阻器，如图2-12所示。光敏电阻器的特点是当外界光照强度变化时，光敏电阻器的阻值也会随之发生变化。

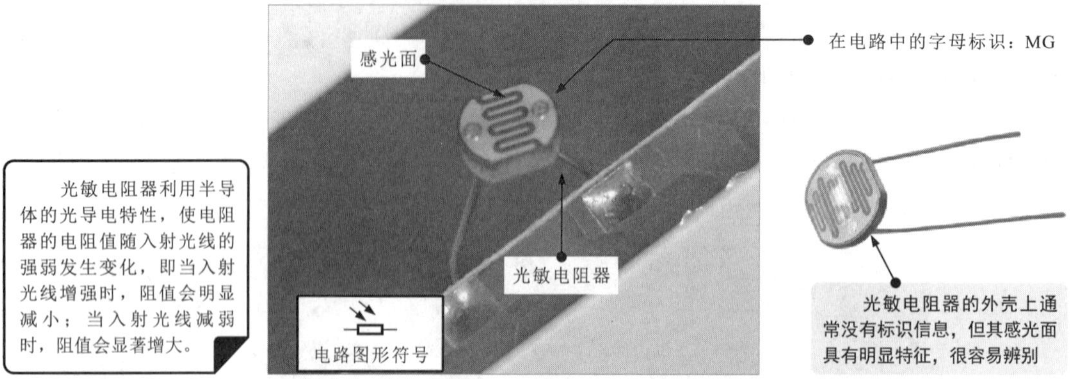

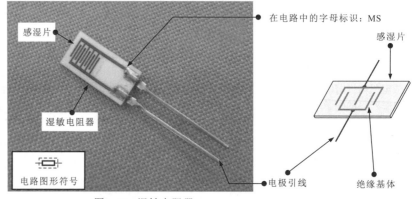

图2-12 光敏电阻器

湿敏电阻器的阻值会随周围环境湿度的变化而发生变化，常用作传感器，用来检测环境湿度。湿敏电阻器是由感湿片（或湿敏膜）、引线电极和具有一定强度的绝缘基体组成的，如图2-13所示。湿敏电阻器也可细分为正系数湿敏电阻器和负系数湿敏电阻器两种。

图2-13 湿敏电阻器

压敏电阻器是利用半导体材料的非线性特性原理制成的电阻器，如图2-14所示。压敏电阻器的特点是当外加电压施加到某一临界值时，阻值会急剧变小，常作为过压保护器件，在电视机行输出电路、消磁电路中多有应用。

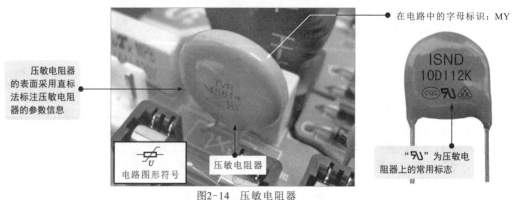

图2-14 压敏电阻器

3 可调电阻器

可调电阻器是一种阻值可任意改变的电阻器。这种电阻器的外壳上带有调节部位，可以通过手动调整阻值。图2-15为典型常见的可调电阻器。其阻值可以根据需要手动调整，一般调整好以后就不需要经常调整了。可变电阻器一般有3个引脚。其中有两个定片引脚和一个动片引脚，可变电阻器上方有一个调整旋钮，可以通过它改变动片，从而改变可变电阻器的阻值。

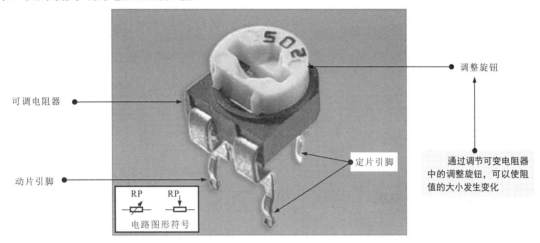

图2-15　可调电阻器

> **提示**
>
> 可变电阻器的阻值是可以调整的，通常包括最大阻值、最小阻值和可变阻值三个阻值参数。最大阻值和最小阻值都是可变电阻器调整旋钮旋转到极端时的阻值。
>
> 最大阻值与可变电阻器的标称阻值十分相近；最小阻值就是该可变电阻的最小阻值，一般为0Ω，也有的可变电阻的最小阻值不是0Ω；可变阻值是对可变电阻器的调整旋钮进行随意的调整，然后测得的阻值，该阻值在最小阻值与最大阻值之间随调整旋钮的变化而变化。

需要经常调整的可变电阻器又称为电位器，适用于阻值需要经常调整且要求阻值稳定可靠的场合，如作为电视机的音量调整器件、收音机的音量调节器件、VCD/DVD操作面板上的调节器件等。图2-16为操作电路板上的电位器。

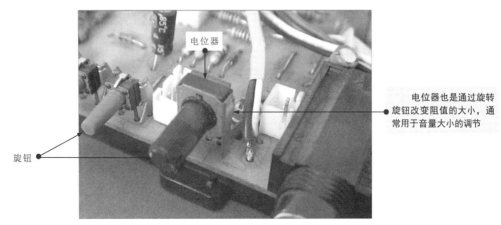

图2-16　操作电路板上的电位器

2.1.2 电阻器的功能应用

电阻器在电路中主要用来调节、稳定电流和电压,可作为分流器、分压器,也可作为电路的匹配负载,在电路中可用于放大电路的负反馈或正反馈电压/电流转换,输入过载时的电压或电流保护元件又可组成RC电路作为振荡、滤波、微分、积分及时间常数元器件等。

1 电阻器的限流功能

电阻器阻碍电流的流动是其最基本的功能。根据欧姆定律,当电阻器两端的电压固定时,电阻值越大,流过它的电流越小,因而电阻器常用作限流器件,如图2-17所示。

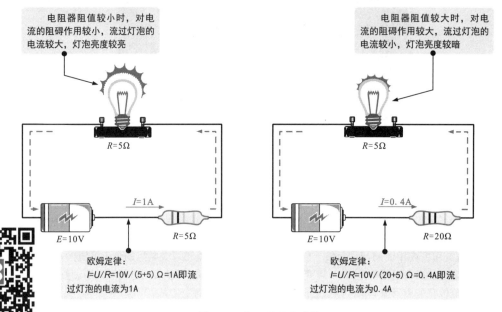

图2-17 电阻器限流功能

提示

鱼缸加热器仅需很小的电流,适度加热即可满足鱼缸水温的加热需求。电路中设置一个较大的电阻即可将加热器的电流控制为小电流,如图2-18所示。

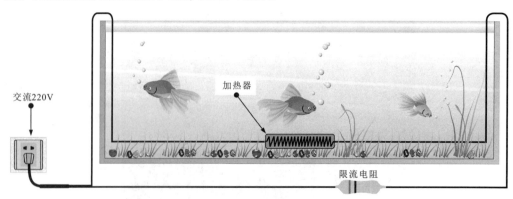

图2-18 电阻器限流功能的应用

2　电阻器的降压功能

电阻器的降压功能是通过自身的阻值产生一定的压降,将送入的电压降低后再为其他部件供电,以满足电路中低压的供电需求,如图2-19所示。

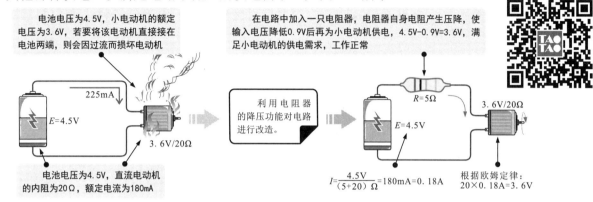

图2-19　电阻器的降压功能

3　电阻器的分流与分压功能

电路中采用两个(或两个以上)的电阻器并联接在电路中,即可将送入的电流分流,电阻器之间分别为不同的分流点,如图2-20所示。

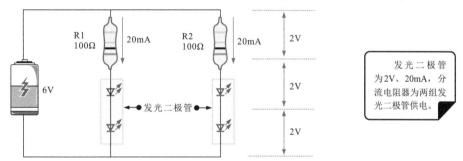

图2-20　电阻器的分流功能

如图2-21所示,电路中,三极管要处于最佳放大状态,要选择线性放大状态,静态时的基极电流和集电极电流要满足此要求,其基极电压2.8V为最佳状态,为此要设置一个电阻器分压电路R1和R2,将9V分压成2.8V为三极管基极供电。

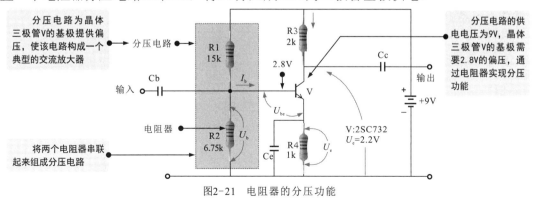

图2-21　电阻器的分压功能

4 电阻器的应用

知道电阻器的功能之后,接下来了解一下电阻器在电路中的典型应用。

图2-22为热敏电阻器的典型应用。这是一种温度检测报警电路,采用灵敏度较高的正温度系数热敏电阻器作为核心检测器件。当所感知的温度超出发生变化的范围时,便可报警提示。

该电路是由热敏电阻器(温度传感器)MF、电压比较器和音效电路等部分构成的。当外界温度降低时,MF感知温度变化后,自身阻值减小,加到IC1的3脚直流电压会下降,使IC1的7脚电压上升,IC2被触发而发出音频信号,经V1放大后,驱动扬声器。

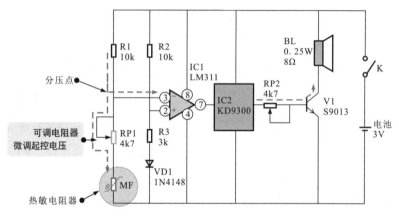

图2-22 热敏电阻器的典型应用

图2-23为光敏电阻器的典型应用。这是一种光控开关电路,通过感知外界环境的光线强度来自动控制开关,通常可选用光敏电阻器作为感知器件。

该电路是一种光控开关电路。当光照强度下降时,光敏电阻器的阻值会随之升高,使V1、V2相继导通,继电器得电,其常开触点闭合,从而实现对外电路的控制。

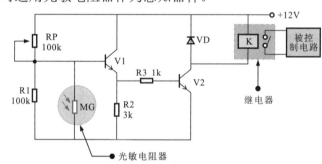

图2-23 光敏电阻器的典型应用

图2-24为湿敏电阻器的典型应用。该电路选用对湿度敏感的湿敏电阻器来感知湿度的变化,使电路监测更加及时、准确。湿度用来反映大气干湿的程度。

当环境湿度较小时,湿敏电阻器MS的电阻值较大,V1基极处于低电平状态,V1截止,V2基极电压上升而导通,红色发光二极管点亮;当湿度增加时,MS的电阻值减小,使V1饱和导通,V2截止,红色发光二极管熄灭。

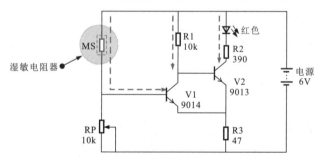

图2-24 湿敏电阻器的典型应用

图2-25为气敏电阻器的典型应用。该图为抽油烟机的检测和控制电路，使用气敏电阻器对油烟进行检测。气敏电阻器能够有效、准确地监测油烟的浓度，促使电路动作，实现自动控制。

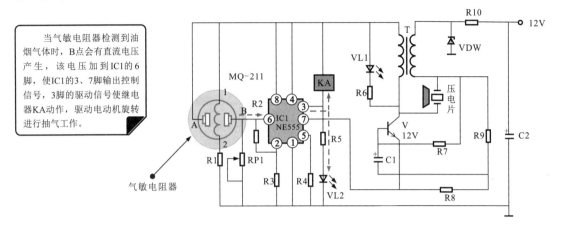

图2-25　气敏电阻器的典型应用

图2-26为压敏电阻器的典型应用。压敏电阻器设在交流220V电压输入电路中，用于检测输入电压是否过高，当输入电压过高时，压敏电阻器会短路、熔断器会熔断，可进行断电保护。

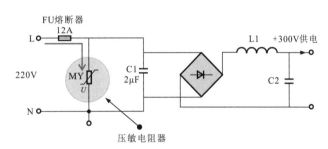

图2-26　压敏电阻器的典型应用

图2-27为可调电阻器的典型应用。电路中的时基集成电路芯片555与RC组成振荡电路，由3脚输出驱动超声波换能器件。

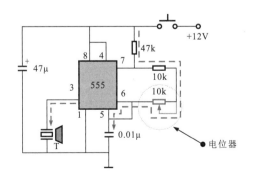

图2-27　可调电阻器的典型应用

2.2 电阻器的识别与选用

2.2.1 电阻器的参数识读

电阻器的参数识读主要是指根据电阻器本身的一些标识信息，了解识读阻值及相关参数。根据电阻器的外形特点，有些电阻器采用色环方式标注电阻器的阻值，有些电阻器则直接将阻值以数字和字母组合的方式标注在电阻器表面上。

1 色环电阻器的参数识读

色环标注法是将电阻器的参数用不同颜色的色环或色点标注在电阻器的表面上，通过识别色环或色点的颜色和位置读出电阻值。图2-28为采用色环标注法的电阻器。

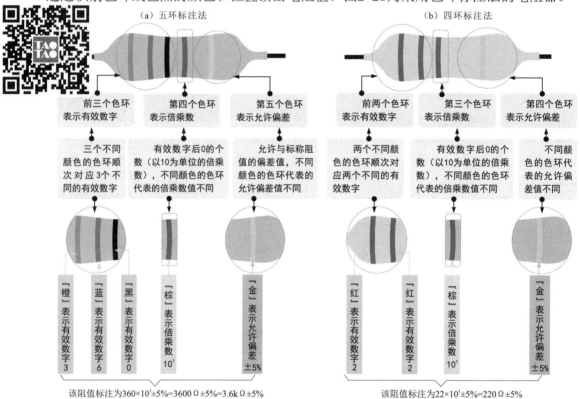

图2-28 采用色环标注法的电阻器

提示

表2-1为不同位置的色环颜色所表示的含义。

表2-1 不同位置的色环颜色所表示的含义

色环颜色	色环所处的排列位			色环颜色	色环所处的排列位		
	有效数字	倍乘数	允许偏差		有效数字	倍乘数	允许偏差
银色	—	10^{-2}	±10%	绿色	5	10^5	±0.5%
金色	—	10^{-1}	±5%	蓝色	6	10^6	±0.25%
黑色	0	10^0	—	紫色	7	10^7	±0.1%
棕色	1	10^1	±1%	灰色	8	10^8	—
红色	2	10^2	±2%	白色	9	10^9	±20%
橙色	3	10^3	—	无色	—	—	—
黄色	4	10^4	—				

在识读色环电阻时，一般可从四个方面入手找到起始端并识读，即通过允许偏差色环识读、色环位置识读、色环间距识读、电阻值与允许偏差识读，如图2-29所示。

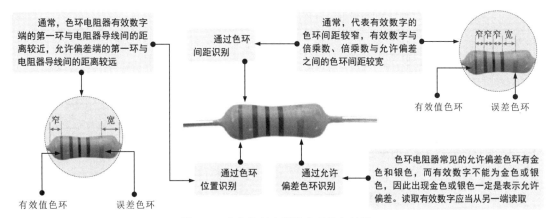

图2-29 确定色环电阻器色环的起始端

提示

图2-30为普通色环电阻器的识读，可根据以上的内容完成对色环电阻器阻值的识读。

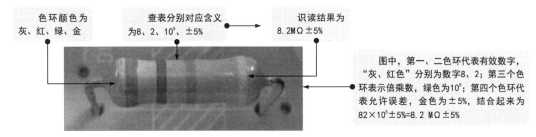

图中，第一、二色环代表有效数字，"灰、红色"分别为数字8、2；第三个色环表示倍乘数，绿色为10^5；第四个色环代表允许误差，金色为±5%，结合起来为 $82×10^5±5\%=8.2\ M\Omega±5\%$

图2-30 普通色环电阻器的识读

2 直标电阻器的参数识读

直接标注是指通过一些代码符号将电阻器的阻值等参数标注在电阻器上，通过识读这些代码符号即可了解到电阻器的电阻值及相关的参数。

图2-31为采用直接标注法的电阻器。

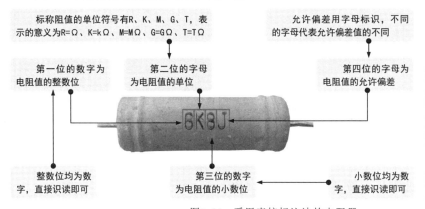

该固定电阻器的命名为"6K8J"。其中，"6"表示第一位有效数字6；"K"表示电阻器的单位为kΩ，"8"表示电阻的小数位为8；"J"表示电阻器的允许误差为±5%。因此，可以识读该电阻器上标识的信息为 6.8 kΩ±5%

图2-31 采用直接标注法的电阻器

> **提示**
>
> 普通电阻器允许偏差中的不同字母代表的意义不同，见表2-2。
>
> 表2-2　普通电阻器允许偏差中的不同字母代表的意义
>
> | 型号 | 意义 | 型号 | 意义 | 型号 | 意义 | 型号 | 意义 |
> | --- | --- | --- | --- | --- | --- | --- | --- |
> | Y | ±0.001% | P | ±0.02% | D | ±0.5% | K | ±10% |
> | X | ±0.002% | W | ±0.05% | F | ±1% | M | ±20% |
> | E | ±0.005% | B | ±0.1% | G | ±2% | N | ±30% |
> | L | ±0.01% | C | ±0.25% | J | ±5% | | |
>
> 在"数字+字母+数字"组合标注形式中，电阻器的字母符号所对应的意义见表2-3。
>
> 表2-3　电阻器的字母符号所对应的意义
>
> | 符号 | 意义 | 符号 | 意义 | 符号 | 意义 | 符号 | 意义 |
> | --- | --- | --- | --- | --- | --- | --- | --- |
> | R | 普通电阻 | MZ | 正温度系数热敏电阻 | MG | 光敏电阻 | MQ | 气敏电阻 |
> | MY | 压敏电阻 | MF | 负温度系数热敏电阻 | MS | 湿敏电阻 | MC | 磁敏电阻 |
> | ML | 力敏电阻 | | | | | | |
>
> 在"数字+字母+数字"组合标注的形式中，电阻器导电材料的符号及意义见表2-4。
>
> 表2-4　电阻器导电材料的符号及意义
>
> | 符号 | 意义 | 符号 | 意义 | 符号 | 意义 | 符号 | 意义 |
> | --- | --- | --- | --- | --- | --- | --- | --- |
> | H | 合成碳膜 | N | 无机实芯 | T | 碳膜 | Y | 氧化膜 |
> | I | 玻璃釉膜 | G | 沉积膜 | X | 线绕 | F | 复合膜 |
> | J | 金属膜 | S | 有机实芯 | | | | |
>
> 在"数字+字母+数字"组合标注的形式中，电阻器类别符号及意义见表2-5。
>
> 表2-5　电阻器类别符号及意义
>
> | 符号 | 意义 | 符号 | 意义 | 符号 | 意义 | 符号 | 意义 |
> | --- | --- | --- | --- | --- | --- | --- | --- |
> | 1 | 普通 | 5 | 高温 | G | 高功率 | C | 防潮 |
> | 2 | 普通或阻燃 | 6 | 精密 | L | 测量 | Y | 被釉 |
> | 3 | 超高频 | 7 | 高压 | T | 可调 | B | 不燃性 |
> | 4 | 高阻 | 8 | 特殊（如熔断型等） | X | 小型 | | |

另外，由于贴片元器件的体积比较小，因此也都采用直接标注法标注阻值。贴片元器件的直接标注法通常采用数字直接标注法、数字—字母直接标注法。

图2-32为贴片电阻器上几种常见标注的识读方法。

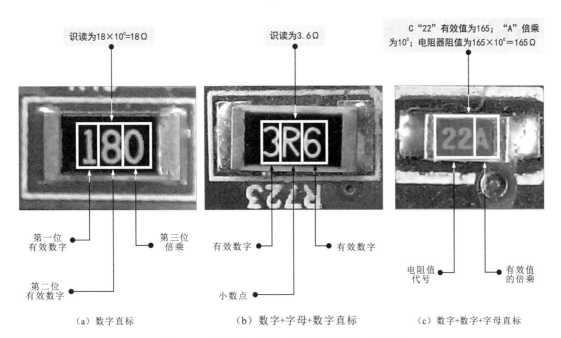

图2-32 贴片电阻器上几种常见标注的识读方法

📁 提示

前两种标注方法的识读比较简单、直观，第三种标注方法需要了解不同数字所代表的有效值，以及不同字母对应的具体倍乘数，见表2-6、表2-7。

表2-6 数字+字母直标法中数字代号的含义

代码	有效值	代码	有效值	代码	有效值	代码	有效值	代码	有效值	代码	有效值
01	100	17	147	33	215	49	316	65	464	81	681
02	102	18	150	34	221	50	324	66	475	82	698
03	105	19	154	35	226	51	332	67	487	83	715
04	107	20	158	36	232	52	340	68	499	84	732
05	110	21	162	37	237	53	348	69	511	85	750
06	113	22	165	38	243	54	357	70	523	86	768
07	115	23	169	39	249	55	365	71	536	87	787
08	118	24	174	40	255	56	374	72	549	88	806
09	121	25	178	41	261	57	383	73	562	89	852
10	124	26	182	42	267	58	392	74	576	90	845
11	127	27	187	43	274	59	402	75	590	91	866
12	130	28	191	44	280	60	412	76	604	92	887
13	133	29	196	45	287	61	422	77	619	93	909
14	137	30	100	56	294	62	432	78	634	94	931
15	140	31	105	47	301	63	422	79	649	95	953
16	143	32	210	48	309	64	453	80	665	96	976

表2-7 不同字母所代表的倍乘数含义

字母代号	A	B	C	D	E	F	G	H	X	Y	Z
倍乘数	10^0	10^0	10^2	10^3	10^4	10^5	10^6	10^7	10^{-1}	10^{-2}	10^{-3}

3　热敏电阻器标识的识读

图2-33为热敏电阻器标识的识读方法。

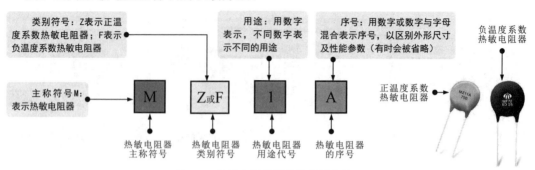

图2-33　热敏电阻器标识的识读方法

> **提示**
>
> 热敏电阻器标识的具体含义见表2-8。

表2-8　热敏电阻器标识的具体含义

M（或MS）			1	2	3	4	5	6	7	0	用数字或数字与字母的混合表示序号,以区别电阻器的外形尺寸及性能参数
热敏电阻器的代号	Z	正温度系数热敏电阻器	普通型	限流用	延迟用	测温用	控温用	消磁用	恒温型	特殊型	
			1	2	3	4	5	6	7	8	
	F	负温度系数热敏电阻器	普通型	稳压型	微波测量型	旁热式	测温用	控温用	抑制浪涌型	线性型	

4　光敏电阻器标识的识读

图2-34为光敏电阻器标识的识读方法。

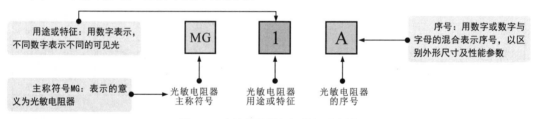

图2-34　光敏电阻器标识的识读方法

> **提示**
>
> 光敏电阻器标识的具体含义见表2-9。

表2-9　光敏电阻器标识的具体含义

MG	0	1、2、3	4、5、6	7、8、9	序号
光敏电阻器的代号	特殊	紫外光	可见光	红外光	用数字或数字与字母的混合表示序号,以区别电阻器的外形尺寸及性能参数

5　湿敏电阻器标识的识读

图2-35为湿敏电阻器标识的识读方法。

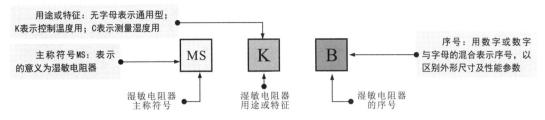

图2-35 湿敏电阻器标识的识读方法

提示

湿敏电阻器标识的具体含义见表2-10。

表2-10 湿敏电阻器标识的具体含义

第一部分：主称		第二部分：用途或特征		第三部分：序号
字母	含义	字母	含义	
MS	湿敏电阻器	无字母	通用型	序号：用数字或数字与字母的混合表示序号，以区别外形尺寸及性能参数
		K	控制温度用	
		C	测量湿度用	

6　压敏电阻器标识的识读

图2-36为压敏电阻器标识的识读方法。

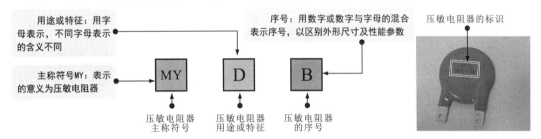

图2-36 压敏电阻器标识的识读方法

提示

压敏电阻器各参数的具体含义见表2-11。

表2-11 压敏电阻器各参数的具体含义

第一部分：主称		第二部分：用途或特征				第三部分：序号
字母	含义	字母	含义	字母	含义	
MY	压敏电阻器	无	普通型	M	防静电用	用数字表示序号，有的在序号的后面还标有标称电压、通流容量或电阻体直径、标称电压、电压误差等
		D	通用型	N	高能用	
		B	补偿用	P	高频用	
		C	消磁用	S	元件保护用	
		E	消噪用	T	特殊用	
		G	过压保护用	W	稳压用	
		H	灭弧用	Y	环型	
		K	高可靠用	Z	组合型	
		L	防雷用			

7　气敏电阻器标识的识读

图2-37为气敏电阻器标识的识读方法。

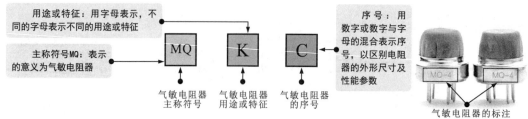

图2-37 气敏电阻器标识的识读方法

提示

气敏电阻器标识的具体含义见表2-12。

表2-12 气敏电阻器标识的具体含义

第一部分：主称		第二部分：用途或特征		第三部分：序号
字母	含义	字母	含义	
MQ	气敏电阻器	J	酒精检测用	用数字或数字与字母的混合表示序号，以区别电阻器的外形尺寸及性能参数
		K	可燃气体检测用	
		Y	烟雾检测用	
		N	N型气敏电阻器	
		P	P型气敏电阻器	

8 可调电阻器标识的识读

图2-38为可调电阻器标识的识读方法。

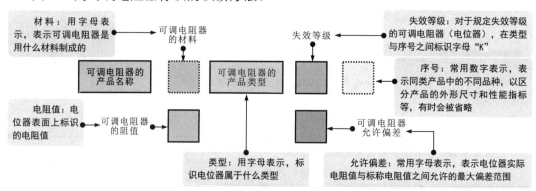

图2-38 可调电阻器标识的识读方法

提示

可调电阻器产品名称和类型字母含义见表2-13、2-14。

表2-13 可调电阻器产品名称字母含义

符号	WX	WH	WN	WD	WS	WI	WJ	WY	WF
产品名称	线绕型电位器	合成碳膜电位器	无机实芯电位器	导电塑料电位器	有机实芯电位器	玻璃釉膜电位器	金属膜电位器	氧化膜电位器	复合膜电位器

表2-14 可调电阻器类型字母含义

符号	G	H	B	W	Y	J	D	M	X	Z	P	T
产品类型	高压类	组合类	片式类	螺杆驱动预调类	旋转预调类	单圈旋转精密类	多圈旋转精密类	直滑式精密类	旋转式低功率	直滑式低功率	旋转式功率类	特殊类

2.2.2 电阻器的选用代换

若在实际应用中发现电阻器损坏，则应代换损坏的电阻器。代换电阻器时，要遵循电阻器的代换原则。

1 普通电阻器的选用与代换

在代换普通电阻器时，应尽可能选用同型号的电阻器代换，若无法找到同型号电阻器代换时，则代换电阻器的标称阻值要与所需电阻器的阻值差值越小越好。一般电路中选用电阻器允许误差为±5％～±10％；所选电阻器的额定功率应符合应用电路中对电阻器功率容量的要求。一般所选电阻器的额定功率应大于实际承受功率的两倍以上。图2-39为普通电阻器的选用与代换实例。

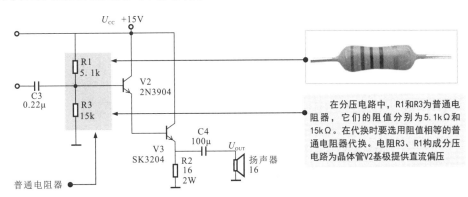

图2-39 普通电阻器的选用与代换实例

提示

对于插接焊装的电阻器，其引脚通常会穿过电路板，在电路板的另一面（背面）焊接固定，这种方式也是应用最广的一种安装方式。在代换这类电阻器时，通常使用普通电烙铁即可，如图2-40所示。在代换电阻器的操作中，不仅要确保人身安全，同时也要保证设备（或线路）不要因拆装电阻器而造成二次损坏。因此，安全拆卸和安全焊装非常重要。

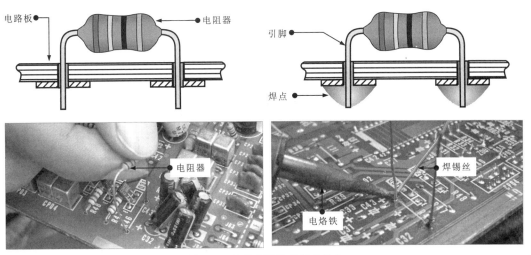

图2-40 普通电阻器的代换操作

2　熔断电阻器的选用与代换

在代换熔断电阻器时，应尽可能选用同型号的熔断电阻器代换，若无法找到同型号熔断电阻器代换时，则代换的熔断电阻器标称阻值要与所需熔断电阻器阻值差值越小越好，并且熔断电阻器的额定功率应符合应用电路对功率容量的要求。电阻值过大或功率过大，均不能起到保护作用。图2-41为熔断电阻器的选用与代换实例。

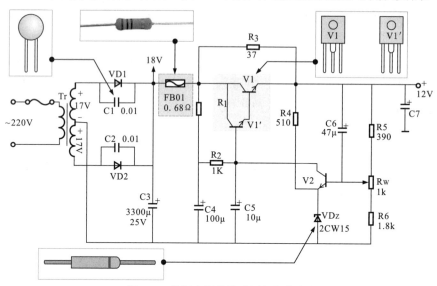

图2-41　熔断电阻器的选用与代换实例

提示

在限流保护电路中，FB01为线绕电阻器，阻值为0.68Ω。代换时，要选用阻值相等的线绕电阻器代换。线绕电阻器主要起限流作用，流过的电流较大，因而需要功率较大的电阻器（5W），该电阻器与电容配合还具有滤波作用。电路中，直流12V电源电路中设有熔断电阻器FB01（0.68Ω），如负载过大，FB01会熔断，从而起保护作用。

3　水泥电阻器的选用与代换

在代换水泥电阻器时，应尽可能选用同型号的水泥电阻器代换，若无法找到同型号水泥电阻器代换时，则代换的水泥电阻器标称阻值要与所需水泥电阻器阻值差值越小越好，且水泥电阻器的额定功率应符合应用电路对功率容量的要求。图2-42为水泥电阻器的选用与代换实例。

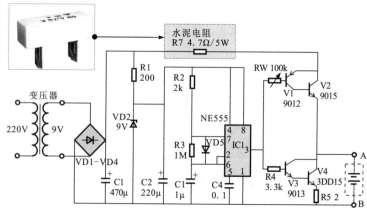

图2-42　水泥电阻器的选用与代换实例

> **提示**
>
> 图中设有水泥电阻器R7（4.7Ω/5W），主要起限流作用，使充电电流受到一定的限制，从而保持正常的稳流充电。

4　可变电阻器的选用与代换

在代换可变电阻器时，应尽可能选用同型号的电阻器代换，若无法找到同型号电阻器代换，则电阻器的标称阻值要与所需电阻器阻值差值越小越好，并且可变电阻器的额定功率应符合应用电路对功率容量的要求。阻值可变范围不应超出电路承受力。

图2-43为可变电阻器的选用与代换实例。

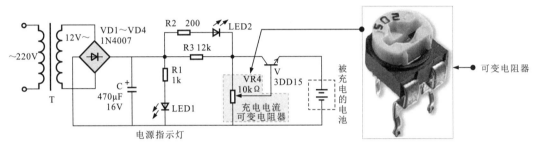

图2-43　可变电阻器的选用与代换实例

> **提示**
>
> 在电池充电器电路中，VR4为阻值可变电阻器，阻值是10kΩ，代换时，要选用阻值相等的可变电阻器。该电路为电池充电器电路，为实现可以对不同数量的电池充电，在电路中常选用10kΩ的可变电阻器或电位器作为电压调整器件。
>
> 市电经变压器T变成交流12V电压后由二极管VD1～VD4桥式整流，再经电容C滤波、电阻R3限流后由晶体三极管V和电阻器VR4调压输出。晶体三极管V和电阻器VR4组成调压电路，通过调整输出电压来满足对不同数量电池充电的需要，并控制充电电流。

5　气敏电阻器的选用与代换

在代换气敏电阻器时，尽可能选用同型号的电阻器替换，若无法找到同型号电阻器代换，电阻器的标称阻值要与所需电阻器阻值差值越小越好，并且气敏电阻器的额定功率应符合应用电路对功率容量的要求。

图2-44为气敏电阻器的选用与代换实例。

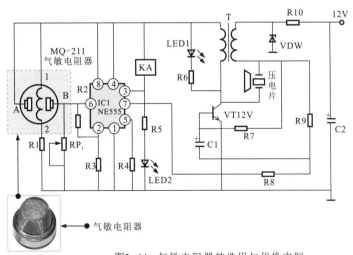

图2-44　气敏电阻器的选用与代换实例

> **提示**
>
> 在抽油烟机的控制电路中，MQ为气敏电阻器。它的型号为211。代换时，应尽量选用型号和类别相同的的气敏电阻器代换。
>
> 气敏电阻器可将油烟的浓度转换成电压送到IC1中，当空气中的油烟浓度超过允许值时，IC1的3、7脚输出控制信号。

电阻器在代换之前，要保证代换电阻器规格符合要求，在代换过程中，注意安全可靠，防止二次故障，力求代换后的电阻器能够良好、长久、稳定地工作。

由于电阻器的形态各异，安装方式也不相同，因此代换电阻器时一定要注意方法，要根据电路特点及电阻器自身特性选择正确、稳妥的代换方法。通常，电阻器都是采用焊装的形式固定在电路板上的，从焊装的形式上看，主要可以分为表面贴装和插接焊装两种形式。插接焊装形式可参考前文的介绍，下面重点学习一下表面贴装电阻器的拆卸和焊接方法。图2-45为表面贴装电阻器的拆卸和焊接方法。

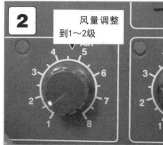

图2-45　表面贴装电阻器的拆卸和焊接方法

> **提示**
>
> 表面贴装电阻器的体积普遍较小，常用在数码电路中。在拆卸和焊接时，最好使用热风焊枪和镊子实现对电阻器的抓取、固定或挪动等操作。
>
> 在拆卸之前，应首先对操作环境进行检查，确保操作环境干燥、清洁，确保操作平台稳固、平整，确保待检修电路板（或设备）处于断电、冷却状态。
>
> 在操作前，操作者应对自身进行放电，以免静电击穿电路板上的元器件，放电后即可使用拆焊工具对电路板上的电阻器进行拆焊操作。
>
> 拆卸时，应确认电阻器针脚处的焊锡被彻底清除，才能小心地将电阻器从电路板上取下，取下时，一定要谨慎，若在引脚焊点处还有焊锡粘连的现象，应再用电烙铁及时进行清除，直至待更换电阻器被稳妥取下，切不可硬拔。
>
> 拆下后，用酒精清洁焊孔，若电路板上有氧化或未去除的焊锡，则可用砂纸等打磨，去除氧化层，为更换安装新的电阻器做好准备，对拆卸完毕后的焊孔进行清洁操作。

2.3 普通色环电阻器的检测

检测色环电阻器的阻值时，首先要识读待测色环电阻器的阻值，然后使用万用表检测色环电阻器的阻值，并将测量结果与识读的阻值比对，从而判别色环电阻器是否正常。

2.3.1 普通色环电阻器的检测方法

首先对待测色环电阻器的阻值进行识读，确定色环电阻器的标称阻值后，使用万用表检测该色环电阻器，根据测量结果判断该色环电阻器是否损坏。图2-46为色环电阻器的检测方法。

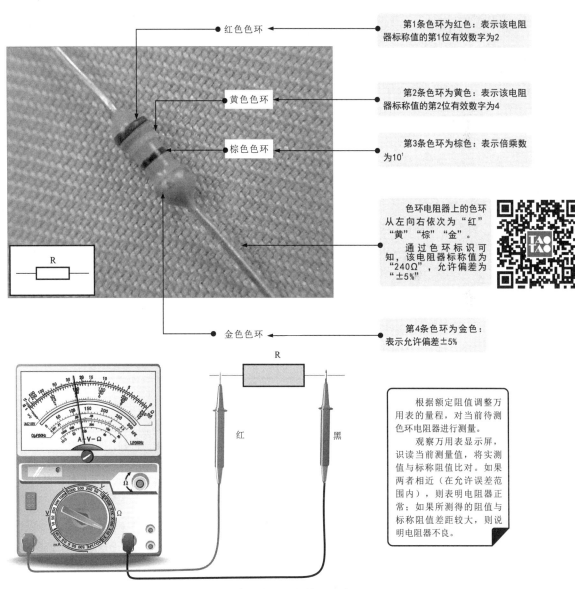

图2-46 色环电阻器的检测方法

2.3.2 普通色环电阻器的实用检测案例

根据待测色环电阻器的阻值240Ω,首先将万用表的量程调整至"×10"欧姆挡,然后将红、黑表笔短接,旋转欧姆调零旋钮,使万用表指针指向"0",完成万用表的调零校正后,再对普通色环电阻器进行检测。图2-47为色环电阻器的检测案例。

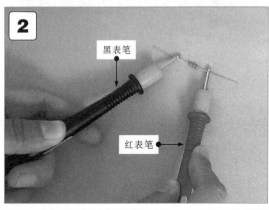

❶ 调整万用表的量程,并进行零欧姆校正操作。
❷ 将万用表的红、黑表笔分别搭在待测色环电阻器的引脚两端。
❸ 结合挡位设置("×10"欧姆挡),观察指针指示的位置,识读当前测量值为24×10Ω=240Ω,正常。

图2-47 色环电阻器的检测案例

提示

测量时,手不要碰到表笔的金属部分,也不要碰到电阻器的两只引脚,否则,人体电阻并联在待测电阻器上会影响测量的准确性。如检测电路板上的电阻器,则可将待测电阻器焊下开路检测,因为在路测量电阻器时,有时会因电路中其他元器件的影响造成测量值的偏差。一般有以下几种情况:
◇实测结果等于或十分接近所测量电阻器的标称阻值:这种情况表明所测电阻器正常。
◇实测结果大于所测量电阻器的标称阻值:
这种情况可以直接判断该电阻器存在开路或阻值增大(比较少见)的现象,电阻器损坏。
◇实测结果十分接近0Ω:这种情况不能直接判断电阻器短路,因为电阻器出现短路的故障不常见,可能是由于电路中该电阻器两端并联有其他小阻值的电阻器或电感器造成的。在路检测电阻器时,电阻值实际上是与线路中电感器的并联电阻,电感器的直流电阻值通常很小。

2.4 热敏电阻器的检测

检测热敏电阻器的阻值,首先要根据相关参数识读待测热敏电阻器的阻值,然后使用万用表检测热敏电阻器的阻值,并将测量结果与识读的阻值比对,从而判别热敏电阻器的性能。

2.4.1 热敏电阻器的检测方法

检测热敏电阻器时,可使用万用表检测不同温度下热敏电阻器的阻值,根据检测结果判断热敏电阻器是否正常。图2-48为热敏电阻器的检测方法。

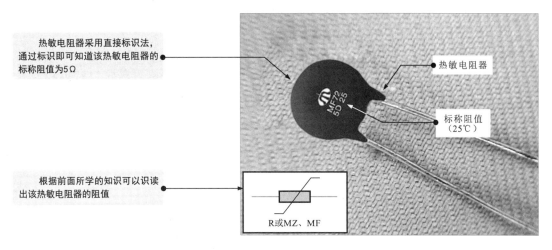

(a) 识读待测热敏电阻器的额定阻值

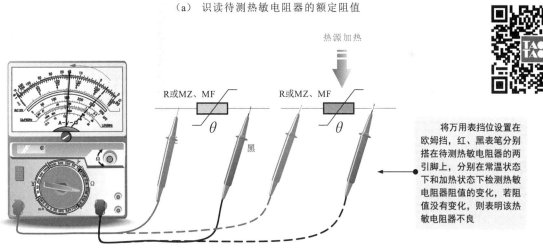

(b) 改变温度进行电阻值对比检测

图2-48 热敏电阻器的检测方法

> **提示**
> 在实际应用中,如果热敏电阻器并未标识标称电阻值,则可根据基本通用的规律来判断,即热敏电阻器的阻值会随着周围环境温度的变化而发生变化,若不满足该规律,则说明热敏电阻器损坏。

2.4.2 热敏电阻器的实用检测案例

根据热敏电阻器的检测方法,首先调整好万用表的量程,然后检测其两引脚间的阻值。图2-49为热敏电阻器的检测案例。

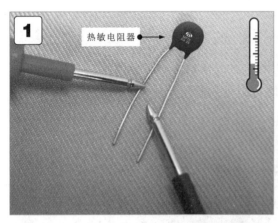

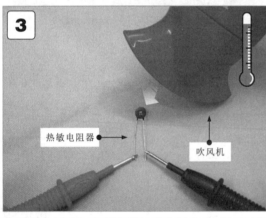

1 将万用表的挡位旋钮调至"×1"欧姆挡,将万用表的红、黑表笔分别搭在热敏电阻器引脚的两端,检测热敏电阻器常温下的阻值。

2 观察指针指示的位置,识读当前的测量值为5Ω,与标称值相同,表明该热敏电阻器在常温下(25℃)正常。

3 保持万用表的挡位和红、黑表笔的检测连接不变,使用吹风机或电烙铁对热敏电阻器加热,改变温度条件。

4 观察万用表的表盘,在正常情况下,随着环境温度的升高,指针慢慢向左摆动,指示的阻值明显升高(约为13.2Ω)。

图2-49 热敏电阻器的检测案例

提示

在实测常温下,若热敏电阻器的阻值接近标称值或与标称值相同,则表明该热敏电阻在常温下正常。红、黑表笔不动,使用吹风机或电烙铁加热热敏电阻器时,万用表的指针随温度的变化而摆动,表明热敏电阻器基本正常;若温度变化,阻值不变,则说明该热敏电阻器性能不良。

若在测试过程中,热敏电阻器的阻值随温度的升高而增大,则该电阻器为正温度系数热敏电阻器(FTC);若阻值随温度的升高而降低,则该电阻器为负温度系数热敏电阻器(NTC)。

2.5 光敏电阻器的检测

光敏电阻器的阻值会随外界光照强度的变化而随之发生变化。练习检测光敏电阻器时，可使用万用表通过测量待测光敏电阻器在不同光线下的阻值来判断光敏电阻器是否损坏。

2.5.1 光敏电阻器的检测方法

可使用万用表对不同光照情况下光敏电阻器的阻值进行检测，根据检测结果判断光敏电阻器是否正常。图2-50为光敏电阻器的检测方法。

（a）光敏电阻器的实物外形

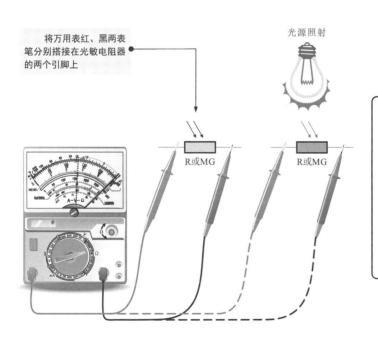

使用万用表的电阻测量挡，分别在明亮条件下和暗淡条件下检测光敏电阻器阻值的变化。
若光敏电阻器的电阻值随着光照强度的变化而发生变化，表明待测光敏电阻器性能正常。
若光照强度变化时，光敏电阻器的电阻值无变化或变化不明显，则多为光敏电阻器感应光线变化的灵敏度低或本身性能不良。

（b）改变光照强度进行电阻值的对比检测

图2-50 光敏电阻器的检测方法

2.5.2 光敏电阻器的实用检测案例

检测光敏电阻器时,可以使用手电筒或发光物体照射光敏电阻器,以检测在不同光照条件下的阻值。图2-51为光敏电阻器的检测案例。

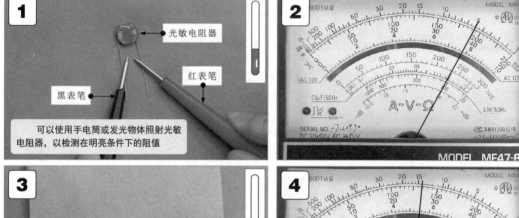

1. 将万用表的红、黑表笔分别搭在待测光敏电阻器的引脚两端。
2. 结合挡位设置("×100Ω"欧姆挡),观察指针的指示位置,识读当前测量值为5×100Ω=500Ω,正常。
3. 保持万用表的两只表笔不动,使用不透明物体遮住光敏电阻器。
4. 结合挡位设置("×1k"欧姆挡),观察指针的指示位置,识读当前测量值为14×1kΩ=14kΩ,正常。

图2-51 光敏电阻器的检测案例

提示

光敏电阻器一般没有任何标识。实际检测时,可根据所在电路的图纸资料了解标称阻值或直接根据光照变化时阻值的变化情况来判断其性能的好坏,如图2-52所示。

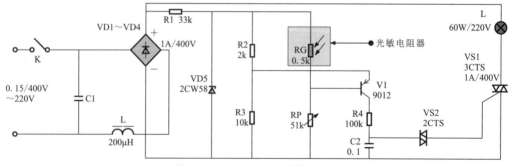

图2-52 电路中光敏电阻器的标识

2.6 湿敏电阻器的检测

湿敏电阻器的检测方法与热敏电阻器的检测方法相似，不同的是测量时通过改变湿度条件下，用万用表检测湿敏电阻器的阻值变化情况来判别好坏。

2.6.1 湿敏电阻器的检测方法

图2-53为电路中待测的湿敏电阻器。

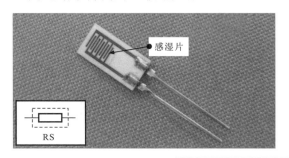

该电路是采用湿敏电阻器的报警电路，用于对儿童尿床进行及时提醒。当儿童床铺湿度发生明显变化时，及时发出提示音提示儿童有尿床的情况。

湿敏电阻器一般没有任何标识，实际检测时，可根据其所在电路的图纸资料了解标称阻值或根据一般规律判断好坏

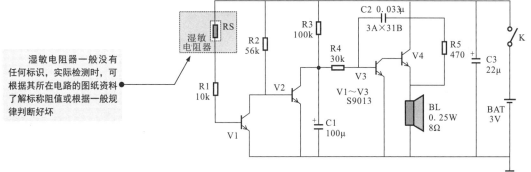

图2-53 电路中待测的湿敏电阻器

提示

在正常状态下，湿敏电阻器的高阻抗使电路处于待机状态，此时V1截止、V2导通。当婴幼儿尿床时，湿敏电阻器感知湿度的变化，电阻值变小，使V1导通、V2截止，电源经R3为C1充电，并使C1的电压升高，当高到V3基极和发射极处于正偏压的情况时，V3导通，V3、V4组成的振荡电路启振，扬声器报警。

图2-54为湿敏电阻器的检测方法。

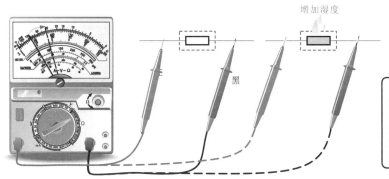

红、黑表笔分别搭在待测湿敏电阻器的两引脚上，分别在一般湿度条件下和增加湿度条件下检测湿敏电阻器阻值的变化，若阻值没有变化，则表明湿敏电阻器不良。

图2-54 湿敏电阻器的检测方法

2.6.2 湿敏电阻器的实用检测案例

根据湿敏电阻器的检测方法,首先调整万用表的量程,然后检测湿敏电阻器的阻值是否正常。图2-55为湿敏电阻器的检测案例。

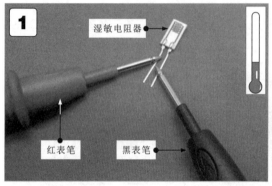

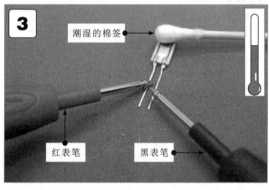

1. 将万用表的红、黑表笔分别搭在待测温敏电阻器的两引脚端。
2. 结合挡位("×10k"欧姆挡),观察指针的指示,识读当前测量值为75.6×10kΩ=756kΩ,正常。
3. 红、黑表笔不动,将潮湿的棉签放在湿敏电阻器的表面,增加湿敏电阻器的湿度。
4. 结合挡位设置("×10k"欧姆挡),观察指针的指示位置,读取当前测量值为33.4×10kΩ=334kΩ,正常。

图2-55 湿敏电阻器的检测案例

提示

根据实测结果可对湿敏电阻器的好坏做出判断:
实际检测时,湿敏电阻器的阻值应随着湿度的变化而发生变化;
若周围环境的湿度发生变化,湿敏电阻器的阻值无变化或变化不明显,则多为湿敏电阻器感应湿度变化的灵敏度低或性能异常;
若实测湿敏电阻器的阻值趋近于零或无穷大,则说明该湿敏电阻器已经损坏;
如果当湿度升高时所测得的阻值比正常温度下所测得阻值大,则表明该湿敏电阻器为正湿度系数湿敏电阻器;
如果当湿度升高时所测得的阻值比正常温度下测得的阻值小,则表明该湿敏电阻器为负湿度系数湿敏电阻器。
由上可知,在湿度正常和湿度增大的情况下,湿敏电阻器都有一固定值,表明湿敏电阻器基本正常。若湿度变化,阻值不变,则说明该湿敏电阻器的性能不良。在一般情况下,湿敏电阻器若不受外力碰撞,不会轻易损坏。

2.7 气敏电阻器的检测

2.7.1 气敏电阻器的检测方法

图2-56为气敏电阻器的检测方法。检测时,应根据气敏电阻器的具体功能改变其周围可测气体的浓度,同时用万用表监检测气敏电阻器在电路中参数的变化情况来判断好坏。

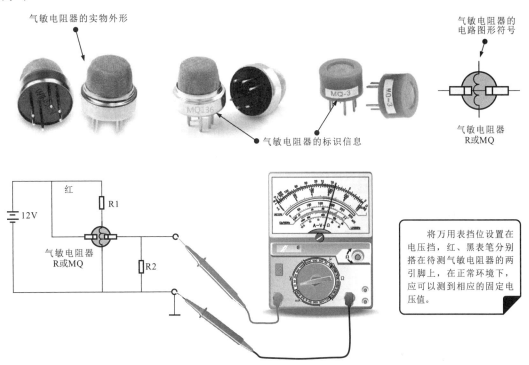

(a) 正常环境下的检测

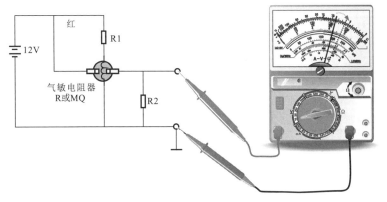

(b) 异常气体浓度增加环境下的检测

图2-56 气敏电阻器的检测方法

2.7.2 气敏电阻器的实用检测案例

图2-57为气敏电阻器的检测案例。

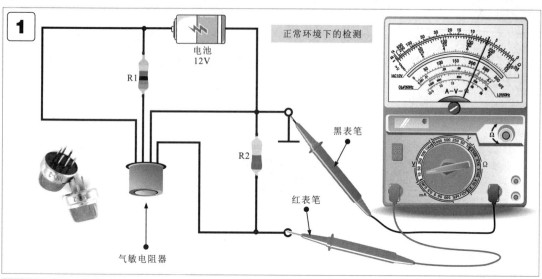

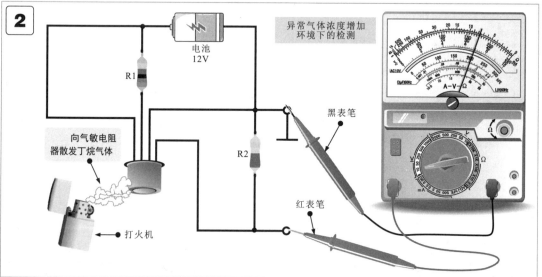

1 将气敏电阻器接入电路中，将万用表的黑表笔搭在接地端，红表笔搭在电路输出端，观察万用表的指针指示位置，识读当前测量值为直流6.5V，正常。

2 保持万用表的红、黑表笔不动，按下打火机（内装丁烷气体）按钮，使打火机气体出口对准气敏电阻器，观察指针的指示位置，读取当前测量值为直流7.6V，正常。

图2-57 气敏电阻器的检测案例

提示

根据实测结果可对气敏电阻器的好坏做出判断：

将气敏电阻器放置在电路中（单独检测气敏电阻器不容易测出阻值的变化特点，在工作状态下很明显），若气敏电阻器所检测气体的浓度发生变化，则相应电路中的电压参数也应发生变化，否则多为气敏电阻器损坏。

2.8 压敏电阻器的检测

可以使用万用表对开路状态下压敏电阻器的阻值进行检测，根据检测结果判断压敏电阻器是否正常。

2.8.1 压敏电阻器的检测方法

图2-58为压敏电阻器的检测方法。

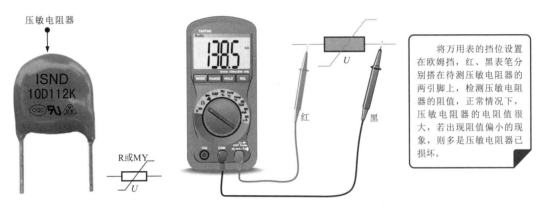

将万用表的挡位设置在欧姆挡，红、黑表笔分别搭在待测压敏电阻器的两引脚上，检测压敏电阻器的阻值，正常情况下，压敏电阻器的电阻值很大，若出现阻值偏小的现象，则多是压敏电阻器已损坏。

图2-58 压敏电阻器的检测方法

2.8.2 压敏电阻器的实用检测案例

图2-59为压敏电阻器的检测案例。

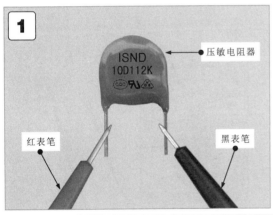

1 将万用表的红、黑表笔分别搭在待测压敏电阻器的两端引脚上。
2 观察万用表的显示屏读取实测压敏电阻器的阻值为138.5kΩ，正常。

图2-59 压敏电阻器的检测案例

2.9 可调电阻器的检测

了解可调电阻器的特点、作用和识读方法后，便可学习可调电阻器的检测方法，下面将通过实例介绍可调电阻器各个阻值的检测方法。

2.9.1 可调电阻器的检测方法

一个待测的在路可调电阻器,引脚焊接良好,旋钮可旋转。在检测可调电阻器的阻值之前,应首先区分待测可调电阻器的引脚,为可调电阻器的检测提供参照标准。图2-60为可调电阻器的检测方法。

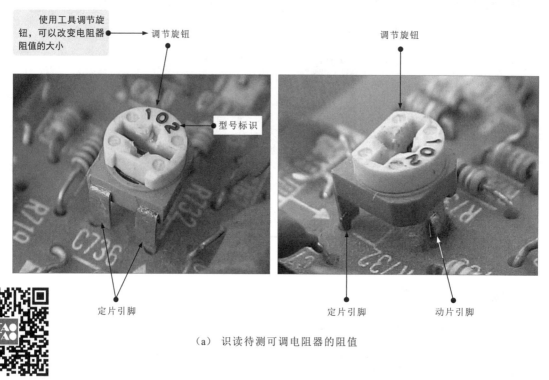

(a) 识读待测可调电阻器的阻值

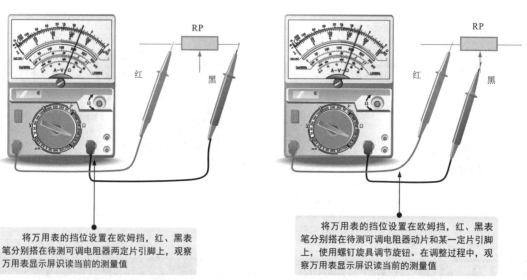

(b) 可调电阻器两定片之间阻值的检测方法　　(c) 动片和某一定片之间阻值的检测方法

图2-60　可调电阻器的检测方法

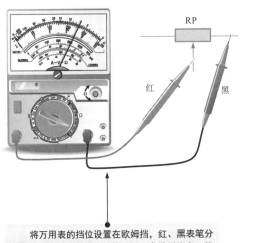
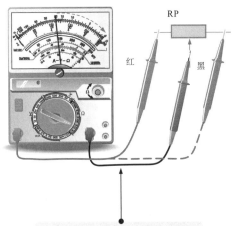

将万用表的挡位设置在欧姆挡，红、黑表笔分别搭在待测可调电阻器动片和另一定片引脚上，使用螺钉旋具调整可变电阻器的调节旋钮。在调整过程中，观察万用表显示屏读当前的测量值

将万用表的挡位设置在欧姆挡，将万用表的红、黑表笔搭在可变电阻器的动片与定片引脚上，测量所变化的最大值和最小值，看是否满足要求

（d）动片和另一定片之间阻值的检测方法　　　　（e）动片与定片最大阻值和最小阻值的检测方法

图2-60　可调电阻器的检测方法（续）

提示

在路测量时应注意外围元器件的影响，根据实测结果可对可调电阻器的好坏做出判断：
◆ 若两定片之间的电阻值趋近于0或无穷大，则该可调电阻器已经损坏；
◆ 在正常情况下，定片与动片之间的阻值应小于标称值；
◆ 若定片与动片之间的最大阻值和定片与动片之间的最小阻值十分接近，则说明该可调电阻值已失去调节功能。

2.9.2　可调电阻器的实用检测案例

图2-61为可调电阻器的检测案例。

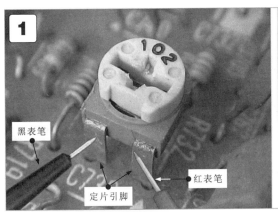

1 将万用表的红、黑表笔分别搭在可调电阻器的定片引脚上，结合挡位设置（"×10"欧姆挡），观察指针的指示位置，识读当前的测量值为$20 \times 10\Omega = 200\Omega$。

图2-61　可调电阻器的检测案例

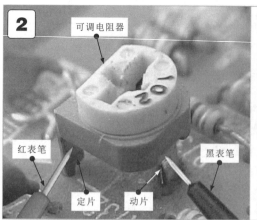 

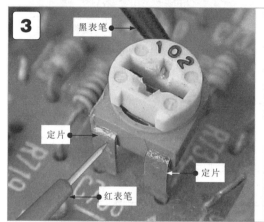 

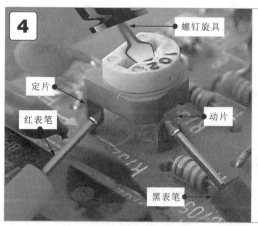 

2 将万用表的红表笔搭在可调电阻器的某一定片引脚上，黑表笔搭在动片引脚上，结合挡位设置（"×10"欧姆挡），观察指针的指示位置，识读当前的测量值为7×10Ω＝70Ω。

3 保持万用表的黑表笔不动，将红表笔搭在另一定片引脚上，结合挡位的设置（"×10"欧姆挡），观察指针的指示位置，识读当前的测量值为7×10Ω＝70Ω。

4 将两表笔搭在可调电阻器的定片引脚和动片引脚上，使用螺钉旋具分别顺时针和逆时针调节可调电阻器的调整旋钮，在正常情况下，随着螺钉旋具的转动，万用表的指针在零到标称值之间平滑摆动。

图2-61 可调电阻器的检测案例（续）

第3章 电容器的识别选用与检测代换

3.1 电容器的种类与应用

电容器是一种可储存电能的元件（储能元件），通常简称为电容。它与电阻器一样，几乎每种电子产品中都应用有电容器。

3.1.1 电容器的种类特点

电容器的种类很多，根据电容量是否可调可分为固定电容器和可变电容器两大类；根据电容器引脚的极性可分为无极性和有极性电容器（电解电容器）。但归纳起来，电容器可分为普通电容器、电解电容器和可变电容器，如图3-1所示。

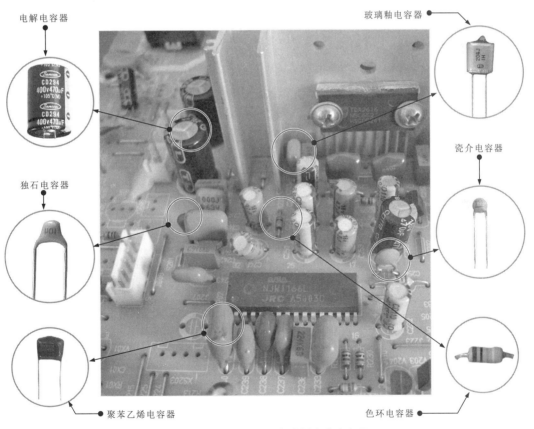

图3-1 典型电子产品电路板中的电容器

> **提示**
> 在典型电子产品电路板中安装着大量的、不同类型的电容器，其中包括色环电容器、电解电容器、瓷介电容器、玻璃釉电容器等。

1 普通电容器

普通电容器也称为无极性电容器,是指电容器的两引脚没有正、负极性之分,使用时,两引脚可以交换连接。在大多情况下,普通电容器由于材料和制作工艺的特点,在生产时电容量已经被固定,因此也属于电容量固定的电容器。

常见的普通电容器主要有色环电容器、纸介电容器、瓷介电容器、云母电容器、涤纶电容器、玻璃釉电容器、聚苯乙烯电容器等。

色环电容器是指在电容器的外壳上标识有多条不同颜色的色环,用以标识电容量。该类电容器与色环电阻器十分相似,如图3-2所示。

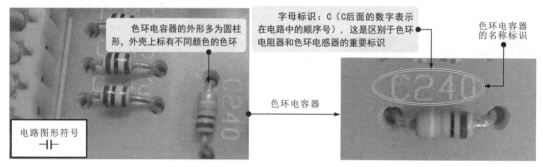

图3-2 色环电容器

纸介电容器是以纸为介质的电容器,如图3-3所示,用两层带状的铝或锡箔中间垫上浸过石蜡的纸卷成筒状,再装入绝缘纸壳或金属壳中,两引出脚用绝缘材料隔离。

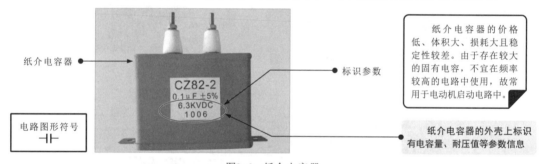

图3-3 纸介电容器

提示

在实际应用中,有一种金属化纸介电容器,在涂有醋酸纤维漆的电容器纸上再蒸镀一层厚度为0.1μm的金属膜作为电极,然后将这种金属化的纸卷绕成芯子,装上引线并放入外壳内封装而成,如图3-4所示。该电容器比普通纸介电容器体积小,但其容量较大,且受高压击穿后具有自恢复能力,广泛应用于自动化仪表、自动控制装置及各种家用电器中,不适于高频电路中。

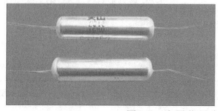 

图3-4 金属化纸介电容器

瓷介电容器以陶瓷材料作为介质，在其外层常涂以各种颜色的保护漆，并在陶瓷片上覆银制成电极，如图3-5所示。这种电容器的损耗较小，稳定性好，且耐高温、高压，是应用最多的一种电容器。

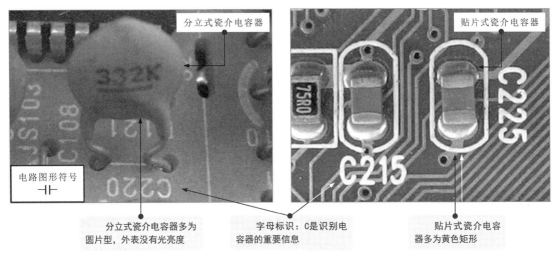

图3-5 瓷介电容器

云母电容器是以云母作为介质的电容器，通常以金属箔作为电极，外形通常为矩形，如图3-6所示。

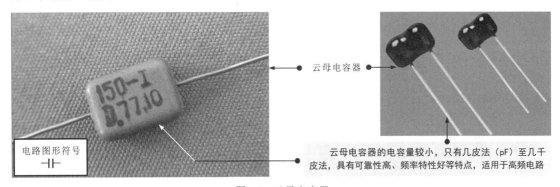

图3-6 云母电容器

涤纶电容器是一种采用涤纶薄膜为介质的电容器，又可称为聚酯电容器，如图3-7所示。该类电容器的成本较低，耐热、耐压和耐潮湿的性能都很好，但稳定性较差，适用于稳定性要求不高的电路中，如彩色电视机或收音机的耦合、隔直流等电路中。

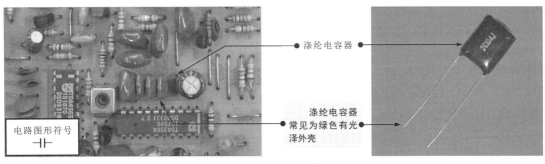

图3-7 涤纶电容器

玻璃釉电容器是一种使用玻璃釉粉压制的薄片为介质的电容器，如图3-8所示。这种电容器的电容量一般为10pF～3300pF，耐压值有40V和100V两种，具有介电系数大、耐高温、抗潮湿性强、损耗低等特点。

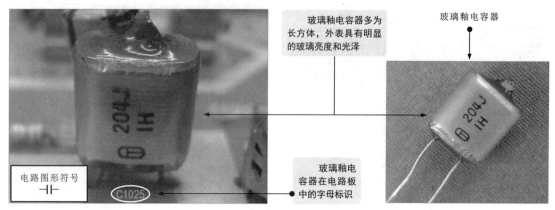

图3-8 玻璃釉电容器

聚苯乙烯电容器是以非极性的聚苯乙烯薄膜为介质制成的电容器，内部通常采用两层或三层薄膜与金属电极交叠绕制，如图3-9所示。这种电容器的成本低、损耗小、绝缘电阻高、电容量稳定，多应用于对电容量要求精确的电路中。

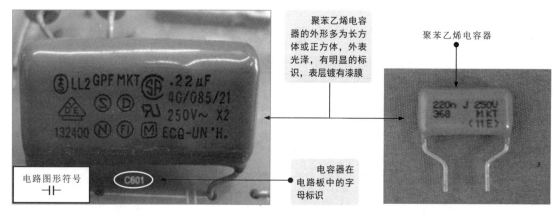

图3-9 聚苯乙烯电容器

不同类型电容器的电容量范围和额定电压值的规格不同。表3-1为普通电容器电容量的规格。

表3-1 普通电容器电容量的规格

名称	规格	名称	规格
纸介电容器	中小型纸介电容器的电容量范围：470pF～0.22μF；金属壳密封纸介电容器范围：0.01pF～10μF	涤纶电容器	电容量范围：40pF～4μF
瓷介电容器	电容量范围：1pF～0.1μF	玻璃釉电容器	电容量范围：10pF～0.1μF
云母电容器	电容量范围：10pF～0.5μF	聚苯乙烯电容器	电容量范围：10pF～1μF

2 电解电容器

电解电容器也是普通电容器的一种，但与上述几种普通电容器不同，引脚有明确的正、负极之分，因此也称为有极性电容器，在使用该类电容器时，两引脚的极性不可接反。

常见的电解电容器按电极材料的不同，主要有铝电解电容器和钽电解电容器两种。

铝电解电容器是一种液体电解质电容器，根据介电材料的状态不同，分为普通铝电解电容器（液态铝质电解电容器）和固态铝电解电容器（简称固态电容器）两种，是目前应用最广泛的电容器。

铝电解电容器的电容量较大，与无极性电容器相比，绝缘电阻低、漏电流大、频率特性差，容量和损耗会随周围环境和时间的变化而变化，特别是当温度过低或过高的情况下，长时间不用还会失效，如图3-10所示。因此，铝电解电容器多用于低频、低压电路中。

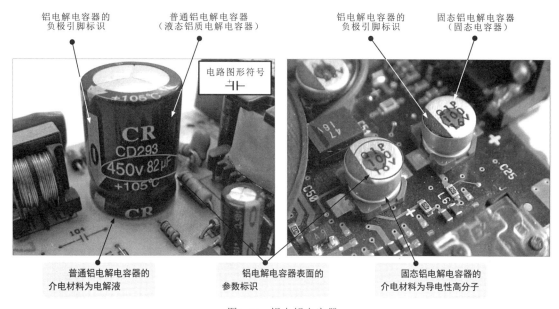

图3-10 铝电解电容器

提示

铝电解电容器的规格多种多样，外形也根据制作工艺有所不同，常见的有焊针形铝电解电容器、螺栓形铝电解电容器、轴向铝电解电容器，如图3-11所示。

焊针形铝电解电容器

螺栓形铝电解电容器

轴向铝电解电容器

图3-11 铝电解电容器的实物外形

钽电解电容器是采用金属钽作为正极材料制成的电容器，主要有固体钽电解电容器和液体钽电解电容器两种。其中，固体钽电解电容器根据安装的形式不同，又分为分立式钽电解电容器和贴片式钽电解电容器，如图3-12所示。钽电解电容器的温度特性、频率特性和可靠性都比铝电解电容器好，特别是漏电流极小、电荷储存能力好、寿命长、误差小，但价格较高，通常用于高精密的电子电路中。

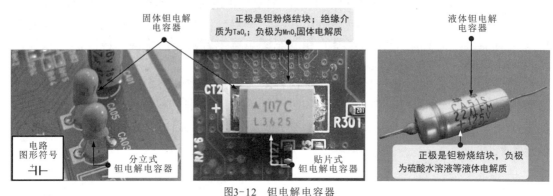

图3-12 钽电解电容器

> **提示**
>
> 关于电容器的漏电电流：
> 当电容器加上直流电压时，由于电容介质不是完全的绝缘体，因此电容器就会有漏电电流产生，若漏电电流过大，电容器就会发热烧坏。通常，电解电容器的漏电电流会比其他类型的电容器大。因此，常用漏电电流表示电解电容器的绝缘性能。
>
> 关于电容器的漏电电阻：
> 由于电容两极之间的介质不是绝对的绝缘体，电阻不是无限大，而是一个有限的数值，一般很精确，如534kΩ、652kΩ。电容两极之间的电阻叫做绝缘电阻，也叫做漏电电阻，大小是额定工作电压下的直流电压与通过电容的漏电电流的比值。漏电电阻越小，漏电越严重。电容漏电会引起能量损耗，这种损耗不仅影响电容的寿命，而且会影响电路的工作。因此，电容器的漏电电阻越大越好。

3　可变电容器

可变电容器是指电容量在一定范围内可调节的电容器。一般由相互绝缘的两组极片组成。其中，固定不动的一组极片被称为定片，可动的一组极片被称为动片。通过改变极片间的相对有效面积或片间距离使电容量相应地变化。可变电容器主要用在无线电接收电路中选择信号（调谐）。

可变电容器按照结构的不同又可分为微调可变电容器、单联可变电容器、双联可变电容器和多联可变电容器，如图3-13所示。

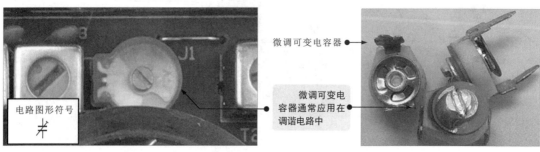

图3-13 可变电容器

单联可变电容器是用相互绝缘的两组金属铝片对应组成的，如图3-14所示。其中，一组为动片，一组为定片，中间以空气为介质。调整单联可变电容器上的转轴时，可带动内部动片转动，由此可以改变定片与动片的相对位置，使电容量做相应的变化。这种电容器的内部只有一个可调电容器。

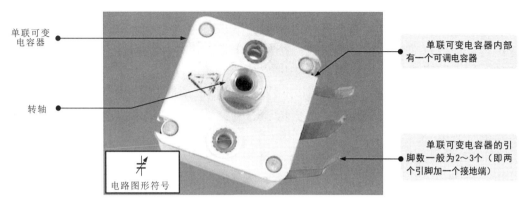

图3-14 单联可变电容器

双联可变电容器简单可以理解为由两个单联可变电容器组合而成，如图3-15所示。调整时，两联电容同步变化。这种电容器的内部结构与单联可变电容器相似，只是一根转轴带动两个电容器的动片，两个电容器的动片同步转动。

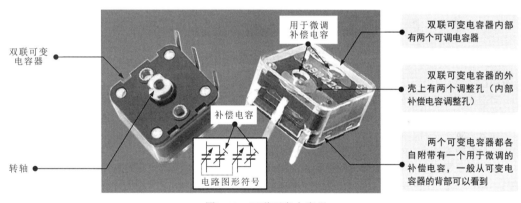

图3-15 双联可变电容器

如图3-16所示，四联可变电容器的内部包含有四个单联可同步调整的电容器。

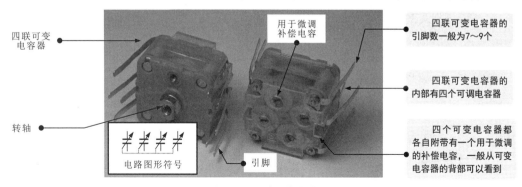

图3-16 四联可变电容器

通常，对于单联可变电容器、双联可变电容器和四联可变电容器的识别可以通过引脚和背部补偿电容的数量来判别。以双联电容器为例，图3-17为双联可变电容器的内部结构示意图。

由图可以看出，双联可变电容器中的两个可变电容器都各自附带有一个补偿电容。该补偿电容可以单独微调，一般从可变电容器的背部可以看到。因此，如果是双联可变电容器，则可以看到两个补偿电容；如果是四联可变电容器，则可以看到四个补偿电容；而单联可变电容器则只有一个补偿电容。另外，值得注意的是，由于生产工艺的不同，可变电容器的引脚数并不完全统一。通常，单联可变电容器的引脚数一般为2~3个（两个引脚加一个接地端），双联电容器的引脚数不超过7个，四联电容器的引脚数为7~9个。这些引脚除了可变电容的引脚外，其余的引脚都为接地引脚，以方便与电路连接。

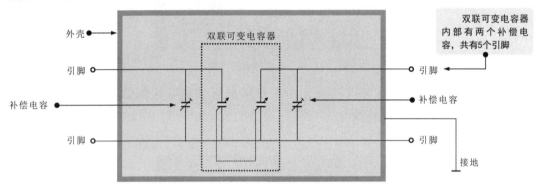

图3-17 双联可变电容器的内部结构示意图

提示

可变电容器按介质的不同可以分为薄膜介质的可变电容器和空气介质的可变电容器两种。其中，薄膜介质可变电容器是指在动片与定片（动、定片均为不规则的半圆形金属片）之间加上云母片或塑料（聚苯乙烯等材料）薄膜作为介质的可变电容器，外壳为透明塑料，具有体积小、重量轻、电容量较小、易磨损的特点，如单联、双联可变电容器等。

空气介质可变电容器的电极由两组金属片组成。其中，固定不变的一组为定片，能转动的一组为动片，动片与定片之间以空气作为介质，多应用于收音机、电子仪器、高频信号发生器、通信设备及有关电子设备中。常见的空气可变电容器主要有空气单联可变电容器（空气单联）和空气双联可变电容器（空气双联）两种，如图3-18所示。

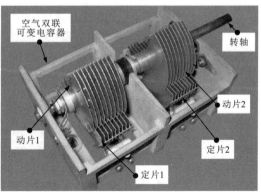

图3-18 空气介质可变电容器

3.1.2 电容器的功能应用

电容器是一种可储存电能的元件（储存电荷），结构非常简单，主要是由两个互相靠近的导体，中间夹一层不导电的绝缘介质构成的。两块金属板相对平行放置，不相接触，就可构成一个最简单的电容器。电容器具有隔直流、通交流的特点。因为构成电容器的两块不相接触的平行金属板是绝缘的，直流电流不能通过电容器，而交流电流则可以通过电容器。图3-19、图3-20为电容器充、放电的原理及频率特性示意图。

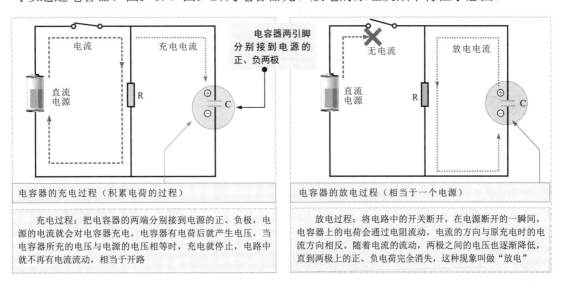

图3-19 电容器充、放电原理

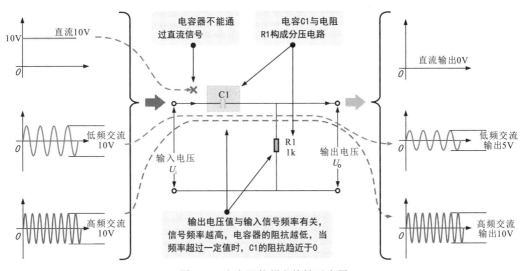

图3-20 电容器的频率特性示意图

提示

电容器的两个重要功能特点：
(1) 阻止直流电流通过，允许交流电流通过；
(2) 电容器的阻抗与传输的信号频率有关，信号的频率越高，电容器的阻抗越小。

1　电容器的滤波功能

电容器的滤波功能是指能够滤除杂波或干扰波的功能，是电容器最基本、最突出的功能。图3-21为电容器的滤波功能示意图。

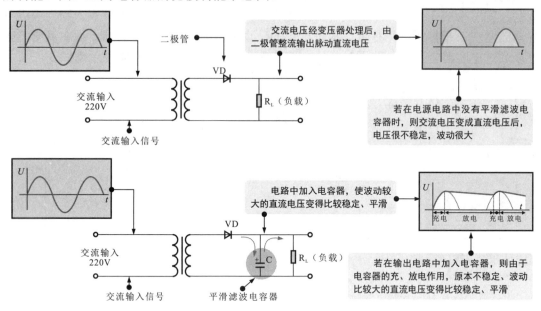

图3-21　电容器的滤波功能示意图

2　电容器的耦合功能

电容器对交流信号阻抗较小，可视为通路，而对直流信号阻抗很大，可视为断路。在放大器中，电容器常作为交流信号的输入和输出耦合电路器件。图3-22为电容器的耦合功能。

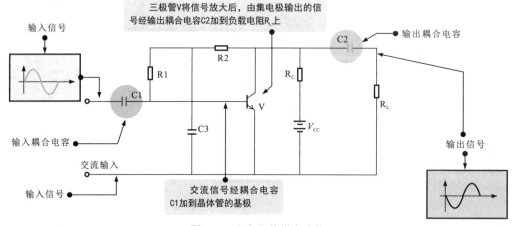

图3-22　电容器的耦合功能

提示

由图可知，由于电容器具有隔直流的作用，因此，放大器的交流输出信号可以经耦合电容器C2送到负载R_L上，而直流电压不会加到负载R_L上。也就是说，从负载上得到的只是交流信号。

3.2 电容器的识别与选用

识读电容器的参数是检测电容器之前的重要环节,主要包括电容器的电容量和相关参数及对电解电容器引脚极性的区分。

3.2.1 电容器的参数识读

电容器标注参数通常采用直标法、数字标注法及色环标注法。不同标注表示的参数有所不同。

1 直标法参数的识读

电容器通常使用直标法将一些代码符号标注在电容器的外壳上,通过不同的数字和字母表示容量值及主要参数。根据我国国家标准规定,电容器型号标识由6部分构成。图3-23为电容器的直标法。

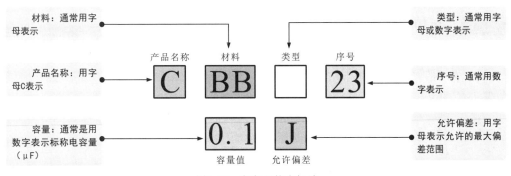

图3-23 电容器的直标法

> **提示**
>
> 电容器直标法中相关代码符号的含义见表3-2。掌握这些符号对应的含义便可顺利识读采用直标法标注的电容器参数。

表3-2 电容器直标法中相关代码符号的含义

材料				允许偏差			
符号	含义	符号	含义	符号	含义	符号	含义
A	钽电解	N	铌电解	Y	±0.001%	J	±5%
B	聚苯乙烯等,非极性有机薄膜	O	玻璃膜	X	±0.002%	K	±10%
BB	聚丙烯	Q	漆膜	E	±0.005%	M	±20%
C	高频陶瓷	T	低频陶瓷	L	±0.01%	N	±30%
D	铝、铝电解	V	云母纸	P	±0.02%	H	+100% -0%
E	其他材料	Y	云母	W	±0.05%	R	+100% -0%
G	合金	Z	纸介	B	±0.1%	T	+50% -10%
H	纸膜复合			C	±0.25%	Q	+30% -10%
I	玻璃釉			D	±0.5%	S	+50% -20%
J	金属化纸介			F	±1%	Z	+80% -20%
L	聚酯等,极性有机薄膜			G	±2%		

2 数字标注法参数的识读

数字标注法是指使用数字或数字与字母相结合的方式标注电容器的主要参数值。图3-24为电容器的数字标注法。

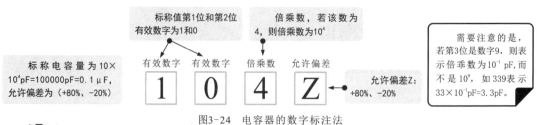

图3-24 电容器的数字标注法

> **提示**
>
> 电容器的数字标注法与电阻器的直接标注法相似。其中,前两位数字为有效数字,第3位数字为倍乘数,后面的字母为允许误差,默认单位为pF。具体允许偏差中字母所表示的含义可参考前面电阻器允许偏差。

3 色环标注法参数的识读

色环电容器因外壳上的色环标注而得名。这些色环通过不同颜色标注电容器的参数信息。在一般情况下,不同颜色的色环代表的含义不同,相同颜色的色环标注在不同位置上的含义也不同。图3-25为电容器的色环标注法。

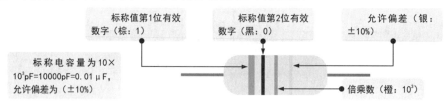

图3-25 电容器的色环标注法

> **提示**
>
> 电容器在电路中用字母"C"表示。电容量的单位是"法拉",简称"法",用字母"F"表示。但在实际中使用更多的是"微法"(用"μF"表示)、"纳法"(用"nF"表示)或皮法(用"pF"表示)。它们之间的换算关系是:$1F=10^6 \mu F=10^9 nF=10^{12} pF$。电容器的主要参数有标称容量(电容量)、允许偏差、额定工作电压、绝缘电阻、温度系数及频率特性。
>
> ◇电容器的标称电容量是指加上电压后储存电荷能力的大小,在相同电压下,储存电荷越多,则电容器的电容量越大。
>
> ◇电容器的实际容量与标称容量存在一定偏差。电容器的标称容量与实际容量的允许最大偏差范围被称为电容量的允许偏差。电容器的允许偏差可以分为3个等级:Ⅰ级,即偏差±5%以下的电容器;Ⅱ级,即偏差±5%~±10%的电容器;Ⅲ级,即偏差±20%以上的电容器。
>
> ◇额定电压指电容器在规定的温度范围内,能够连续可靠工作的最高电压,有时又分为额定直流工作电压和额定交流工作电压(有效值)。额定电压是一个参考数值,在实际使用中,如果工作电压大于电容器的额定电压,电容器就易损坏,呈被击穿状态。
>
> ◇电容器的绝缘电阻等于加在电容器两端的电压与通过电容器漏电流的比值。电容器的绝缘电阻与电容器的介质材料和面积、引线的材料和长短、制造工艺、温度和湿度等因素有关。对于同一种介质的电容器,电容量越大,绝缘电阻越小。如果是电解电容器,则常通过介电系数来表示电容器的绝缘能力特性。

通常，电容器的表面都会标注有多行字母或数字信息，识读时，需要根据前面所学的知识从这些信息中找到电容器的各种参数。图3-26为常见电容器标注的识读方法及规律。

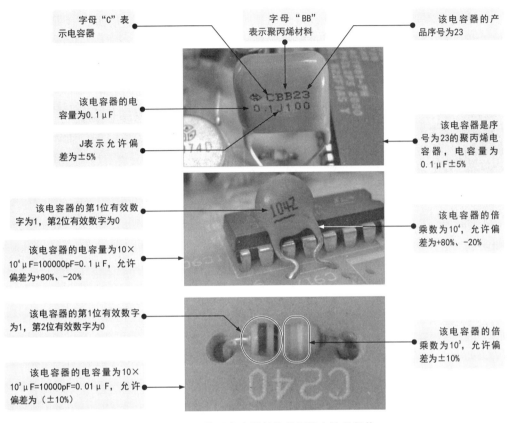

图3-26　常见电容器标注的识读方法及规律

提示

有些电容器的参数采用直接标注法，在外壳上标注出电容量、额定工作电压、允许偏差值等参数，可直接根据标注识读即可，如图3-27所示。

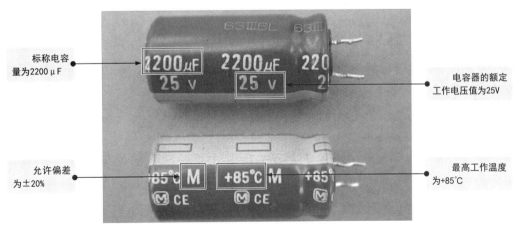

图3-27　采用直标法电容器的参数识读

4 电容器引脚极性的识别

电解电容器由于有明确的正、负极引脚之分，因此大多电解电容器上除了标注相关参数外，还对引脚的极性进行了标注。识别电解电容器的引脚极性一般可以从三个方面入手：一种是根据外壳上的颜色或符号标识区分；另一种是根据电容器引脚长短或外部明显标识区分；第三种是根据电路板符号或电路图形符号区分，如图3-28所示。

图3-28 电解电容器引脚极性标识

电解电容器在安装之前，其引脚长度不一致，引脚较长的为正极性引脚，如图3-29所示。有些电解电容器在正极性引脚附近会有明显的缺口，很容易就可识别引脚极性。

图3-29 根据引脚长短识别电容器的引脚极性

若电解电容器安装在电路板上，则在附近通常会印有极性符号或电路符号，可以根据该符号标识很容易区分出引脚极性，如图3-30所示。

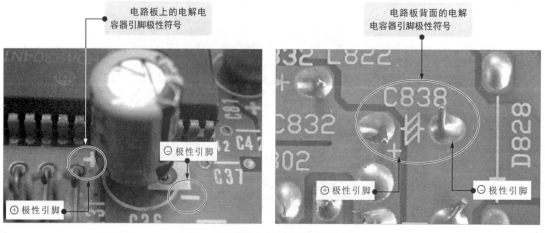

图3-30 根据电路板识别引脚极性

3.2.2 电容器的选用代换

若检测时发现电容器有损坏，则应代换损坏的电容器。代换电容器时，要遵循基本的代换原则。

电容器的代换原则就是在代换之前，要保证代换电容器规格符合要求，在代换过程中，注意安全可靠，防止二次故障，力求代换后的电容器能够良好、长久、稳定的工作。

代换不同类型的电容器时，代换的原则有所不同，下面具体学习一下普通电容器、电解电容器及可变电容器的代换原则和方法。

1 普通电容器的选用与代换

在代换普通电容器时，尽可能选用同型号的电容器代换，若无法找到同型号的电容器时，则选用电容器的标称容量要与所需电容器容量相差越小越好，所选用电容器的额定电压应是实际工作电压的1.2～1.3倍。图3-31为普通电容器的选用与代换。

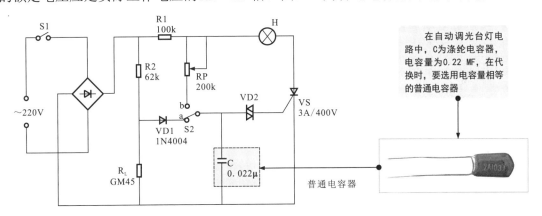

图3-31 普通电容器的选用与代换

提示

普通电容器的代换原则除以上几点外，还应注意电容器在电路中实际要承受的电压不能超过耐压值，优先选用绝缘电阻大、介质损耗小、漏电电流小的电容器，在低频耦合及去耦合电路中，按计算值选用稍大一些容量的电容器，还要根据不同的工作环境选用：高温环境下工作的电容器应选用具有耐高温特性的电容器；潮湿环境中的电容器应选用抗湿性好的密封电容器；低温条件下应选用耐寒的电容器；选用电容器的体积、形状及引脚尺寸应符合电路设计要求。

2 电解电容器的选用与代换

在代换电解电容器时，尽可能选用同型号的电容器代换，若无法找到同型号的电解电容器时，要注意所选用电解电容器的电容量和电压值与原电容器相近。

电解电容器的代换除以上几点外，还应注意尽量选用耐高温电解电容器；在一些滤波网络中，电解电容器的容量要求非常准确，误差应小于±0.3%～±0.5%；分频电路、S校正电路、振荡回路及延时回路中的电容量应与计算值一致，尽量选用耐高温电解电容器。图3-32为电解电容器的选用与代换。

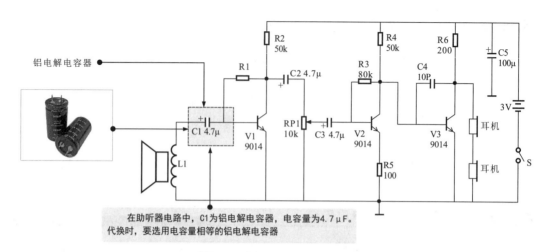

图3-32 电解电容器的选用与代换

3. 可变电容器的选用与代换

在代换可变电容器时,尽可能选用同型号的电容器代换,若无法找到同型号的电容器时,应注意选用电容器的标称容量要与原电容器容量相差越小越好,并且微调电容器的电压值应符合要求。图3-33为可变电容器的选用与代换。

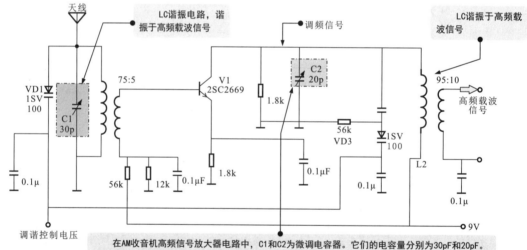

图3-33 可变电容器的选用与代换

提示

可变电容器的代换原则除以上几点外,还应注意可变电容器的介质材料。所选用电容器的额定电压应是实际工作电压的1.2~1.3倍;优先选用绝缘电阻大、介质损耗小、漏电电流小的电容器;应根据不同的工作环境选用:高温环境下工作的电容器应选用具有耐高温特性的电容器;潮湿环境中的电容器应选用抗湿性好的密封电容器;低温条件下应选用耐寒的电容器;选用电容器的体积、形状及引脚尺寸应符合电路设计要求。

3.3 普通电容器的检测

检测普通电容器时，可先根据普通电容器的标识信息识读出待测普通电容量的标称电容量，然后使用万用表对待测普通电容器的实际电容量进行测量，最后将实际测量值与标称值进行比较，从而判别出普通电容器的好坏。

3.3.1 普通电容器的检测方法

检测普通电容器主要是检测电容量，如图3-34所示，检测之前，应首先对待测普通电容器的电容量进行识读，为检测提供参照标准，然后使用数字万用表完成对普通电容器电容量的检测。

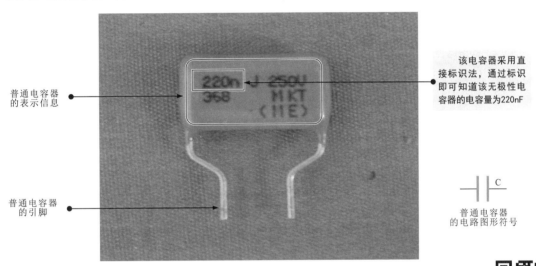

（a）识读待测普通电容器的电容量

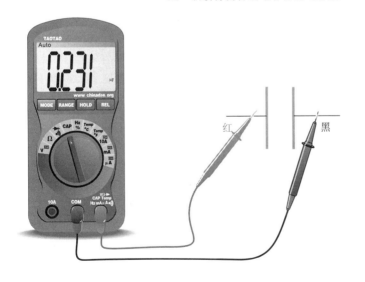

将万用表的挡位设置在电容挡，红、黑表笔分别搭在待测电容器的两引脚上，观察万用表显示屏并识读当前的测量值，在正常情况下应有一固定的电容量，并且接近标称值。若实测电容量与标称值相差较大，则说明所测电容器损坏。

（b）检测待测普通电容器的电容量

图3-34 普通电容器的检测方法

有时用数字万用表检测普通电容器的电容量时,需要配合使用附加测试器来完成对普通电容器电容量的检测,如图3-35所示。

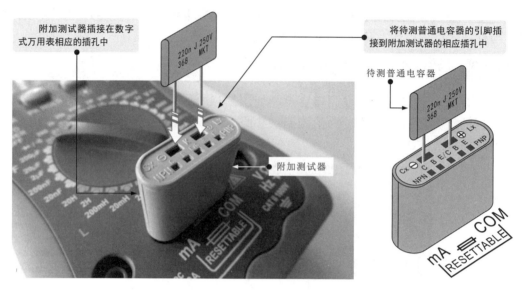

图3-35 使用附加测试器检测普通电容器的电容量

如果需要精确测量电容器的电容量(万用表只能粗略测量),则需使用专用的"电感/电容测量仪",如图3-36所示。

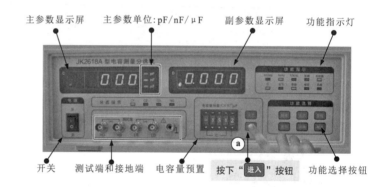

ⓐ 将电容测量仪的电容量预置选项调至适当位置,按下"进入"按钮。

ⓑ 将待测电容器与仪表的测量端子连接,适当调节功能选择按钮,按"方式"按钮进入"非校测"模式,"显示"模式为"直读"模式,"量程"选择为"自动"模式。

ⓒ 实际测量时,主参数显示屏显示数值为11.6,主参数单位"nF"点亮,副参数显示屏为0.001,则得出该电容的值为11.6 nF,损耗因数为0.001。

若所测电容器显示的电容量值等于或接近标称容量,则可断定该电容器正常;若所测电容量数值与标称值严重不符,则该电容器已经损坏。

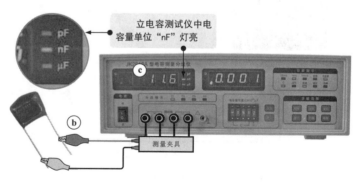

图3-36 使用专用测量仪检测普通电容器的电容量

3.3.2 普通电容器的实用检测案例

图3-37为普通电容器电容量的检测案例。

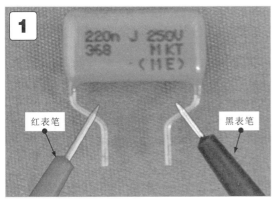

1 将万用表的红、黑表笔分别搭在待测普通电容器的两引脚上。

2 通过万用表的显示屏上读取实测普通电容器的电容量为0.231μF，根据单位换算公式1μF=1×10³ nF，即0.231×10³=231 nF，与该电容器的标称值基本相近或相符，表明被测电容器性能正常。

图3-37 普通电容器电容量的检测案例

图3-38为借助附加测试器的检测案例。

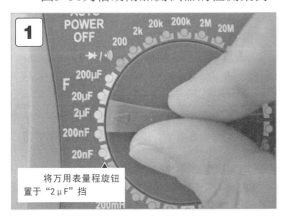
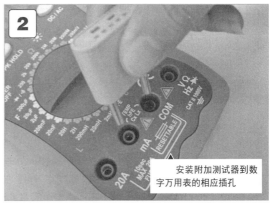
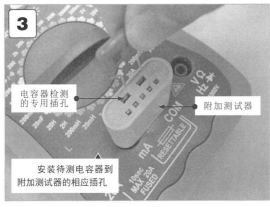
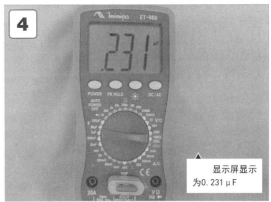

图3-38 借助附加测试器的检测案例

3.4 电解电容器的检测

检测电解电容器有两种方法:一种为电容量的检测方法;另一种为直流电阻的检测方法,即检测电解电容器的充、放电状态,通过对电解电容器充、放电的检测判断电解电容器是否正常。检测之前,应先对检测方法进行了解,在此基础上再进行检测。

3.4.1 电解电容器的检测方法

电解电容器电容量的检测法与普通电容器电容量的检测方法相同,在此不再重复。下面主要学习电解电容器的直流电阻检测法,如图3-39所示。检测前,首先识别待测电解电容器的引脚极性,然后用电阻器对电解电容器进行放电操作。

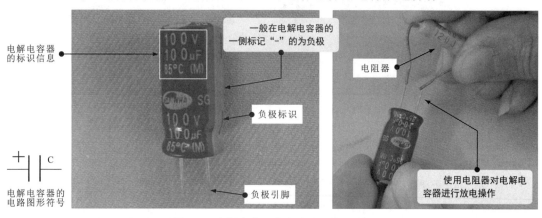

图3-39 电解电容器的电流电阻检测法

> **提示**
>
> 电解电容器的放电操作主要是针对大容量电解电容器,由于大容量电解电容器在工作中可能会有很多电荷,如短路会产生很强的电流,为防止损坏万用表或引发电击事故,应先用电阻放电后再进行检测,如图3-40所示。
>
> 对大容量电解电容器放电可选用阻值较小的电阻,将电阻的引脚与电解电容器的引脚相连即可。
>
> 在通常情况下,电解电容器的工作电压在200V以上,即使电容量比较小也需要放电,如60μF/200V的电容器,工作电压较低,但电容量高于300μF,也属于大容量电容器。在实际应用中,常见的大容量电容器1000μF/50V、60μF/400V、300μF/50V、60μF/200V等均为大容量电解电容器。

图3-40 电解电容器的放电方法

放电操作完成后,使用数字万用表对电解电容器的电容量进行检测,即可判别待测电解电容器性能的好坏,如图3-41所示。

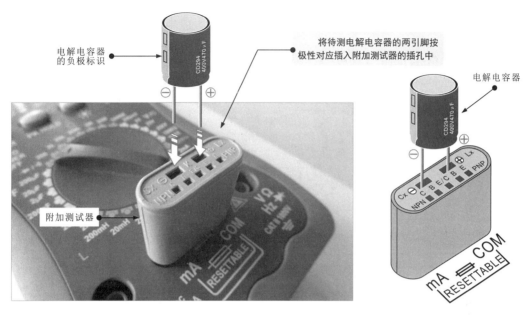

图3-41 用数字万用表检测电解电容器电容量的方法

提示

使用数字万用表的附加测试器检测电解电容器时,一定要注意电解电容器两引脚的极性,即正极性引脚要插入"正极性"插孔中,负极性引脚要对应插入到"负极性"插孔中,不可插反。

除此之外,也可以通过用指针万用表检测电解电容器的充、放电能力来完成对待测电解电容器性能的判别。

使用指针万用表的电阻测量挡,在两表笔触碰待测电解电容器两引脚的瞬间观察万用表指针的摆动情况,即可判别待测电解电容器的性能,如图3-42所示。

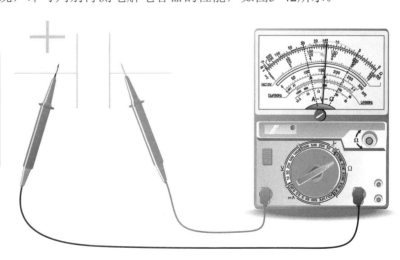

图3-42 用指针万用表检测电解电容器的方法

3.4.2 电解电容器的实用检测案例

检测电解电容器通常有两种方法：一是通过数字万用表检测待测电解电容器的电容量；二是使用指针万用表检测待测电解电容器的充、放电过程。

1　电解电容器电容量的检测案例

首先对当前待测电解电容器的电容量进行识读。通常，在电解电容器的表面即可找到参数信息，如图3-43所示。

图3-43　识读待测电解电容器的标称电容量

根据待测电解电容器的标称电容量（100μF）调整数字万用表的量程，将数字万用表的量程调整至"200μF"挡，并安装附加测试器，如图3-44所示。

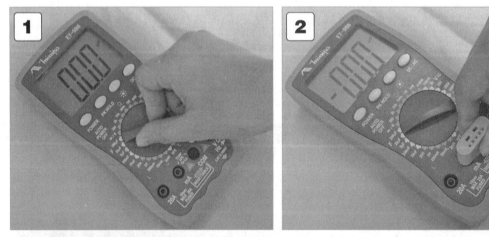

1　将数字万用表的量程旋钮调整至"100μF"挡位。
2　将附加测试器插入数字万用表相应的插孔中。

图3-44　调整量程并安装附加测试器

将待测电解电容器按照引脚极性对应插入附加测试器的相应插孔中,即可通过数字万用表屏幕显示的数值读取出当前待测电解电容器的实际电容量,如图3-45所示。

在正常情况下,检测有极性电解电容器得到的电容量为"100.9μF",与该电解电容器的标称值基本相近或相符,表明该电解电容器正常。若测得的电容量与标称值相差过大,则该电解电容器可能已损坏。

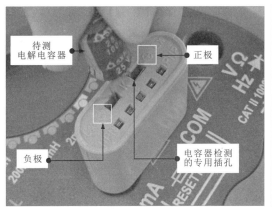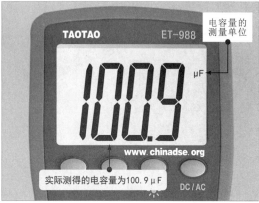

图3-45 识读待测电解电容器的电容量

提示

数字万用表的型号不同,附带的附加测试器也各不相同,检测的数值也略有细微的差别。但基本检测方法类似,都需按标称值调整设置量程后,将待测电解电容器引脚按极性对应插入附加测试器即可完成检测,如图3-46所示。

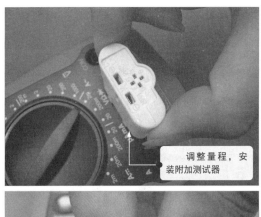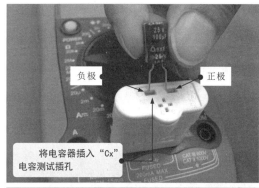

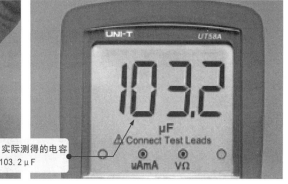

图3-46 数字万用表检测电解电容器

2 电解电容器直流电阻的检测案例

检测电解电容器时,除了使用数字万用表检测电容量是否正常外,还可以使用指针万用表检测电解电容器的充、放电过程,通过对电解电容器充、放电的检测,即可判断被测电解电容器是否正常,如图3-47所示。

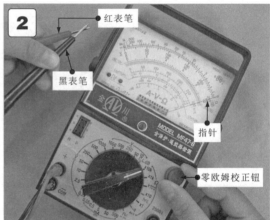

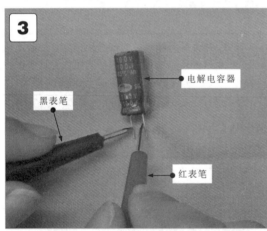

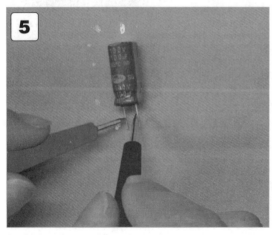

图3-47 电解电容器直流电阻的检测案例

1 将万用表的挡位调整至"×10k"欧姆挡。
2 短接红、黑表笔,并调整零欧姆校正钮,使万用表的指针指向零欧姆的位置。
3 将万用表的黑表笔搭在电解电容器的正极引脚端,红表笔搭在电解电容器的负极引脚端,检测正向直流电阻(漏电电阻)。
4 在刚接通的瞬间,万用表的指针会向右(电阻小的方向)摆动一个较大的角度。当表针摆动到最大角度后,接着表针又会逐渐向左摆回,直至表针停止在一个固定位置。
5 调换万用表的表笔,检测电解电容器反向直流电阻(漏电阻值)。
6 在正常情况下,反向漏电电阻小于正向漏电电阻。

图3-47 电解电容器直流电阻的检测案例(续)

通常,在检测电解电容器的直流电阻时会遇到几种不同的检测结果,如图3-48所示,通过不同的检测结果可以大致判断电解电容器的损坏原因。

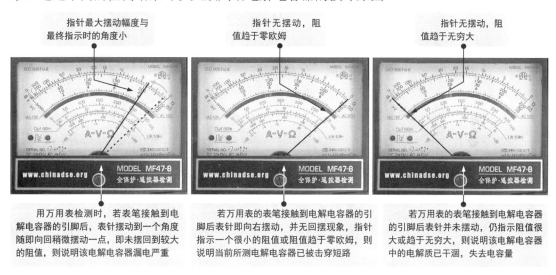

图3-48 通过检测值判断损坏的原因

提示

通过前文的学习可知,电解电容器中有一种钽电解电容器。该电容器为贴片式,安装在电路板中,因此在检测该类电容器时,不可以采用直流电阻的检测法,通常使用万用表对其电容量进行检测,通过检测的电容量与标称值对比来判断钽电解电容器本身性能的好坏,如图3-49所示。

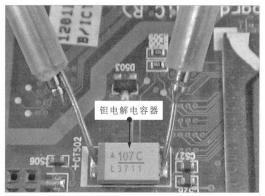 

图3-49 钽电解电容器的检测方法

3.5 可变电容器的检测

检测可变电容器时,一般用万用表检测可变电容器动片与定片之间的阻值,通过阻值即可判断可变电容器是否正常。检测之前,应先了解可变电容器的各引脚,在此基础上再进行检测。

3.5.1 可变电容器的检测方法

检测可变电容器主要是检测不同引脚间的阻值,首先应确定可变电容器的动片与定片引脚,如图3-50所示。

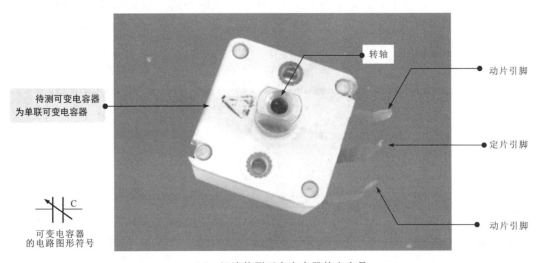

(a) 识读待测可变电容器的电容量

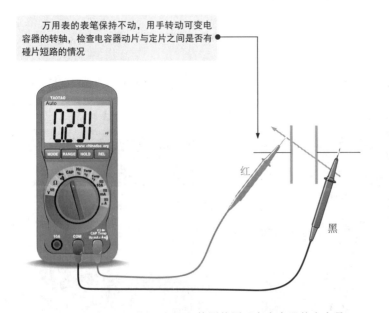

(b) 检测待测可变电容器的电容量

图3-50 可变电容器的检测方法

3.5.2 可变电容器的实用检测案例

图3-51为可变电容器引脚间阻值的检测案例。

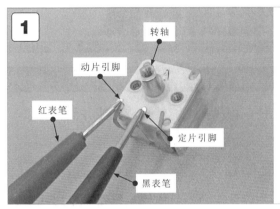

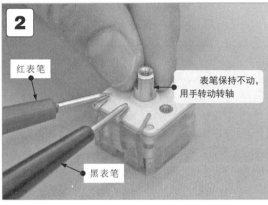
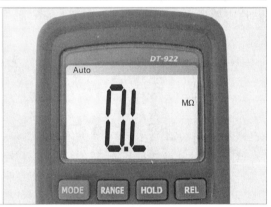

1 将万用表的黑表笔搭在可变电容器的定片引脚上,红表笔搭在动片引脚上,在正常情况下,检测的阻值应为无穷大。

2 在检测可变电容器时,若转轴转动到某一角度时,万用表测得的阻值很小或为零,则说明该可变电容器有短路情况,很有可能是动片与定片之间存在接触或电容器膜片存在严重磨损。

图3-51 可变电容器引脚间阻值的检测案例

提示

检测可变电容器时,除了对其引脚间的阻值进行检测外,还可以进行机械检测,如检查可变电容器在转动转轴时,应感觉转轴与动片引脚之间有一定的黏合性,不应有松脱或转动不灵的情况,如图3-52所示。

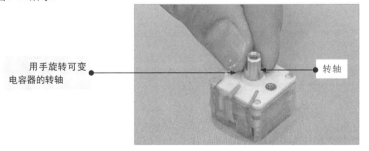

图3-52 可变电容器的机械检测

第4章 电感器的识别选用与检测代换

4.1 电感器的种类与应用

电感器也称"电感",属于一种储能元件,可以把电能转换成磁能并储存起来,在电路中,用字母"L"表示。

4.1.1 电感器的种类特点

电感器的种类繁多,最为常见的电感器为色环电感器、色码电感器、电感线圈、贴片电感器及微调电感器,如图4-1所示。

图4-1 典型电子产品电路板中的电感器

1　色环电感器

色环电感器是一种具有磁芯的线圈。它是将线圈绕制在软磁性铁氧体的基体上，再用环氧树脂或塑料封装而成的，在色环外壳上标以色环表明电感量的数值，如图4-2所示。

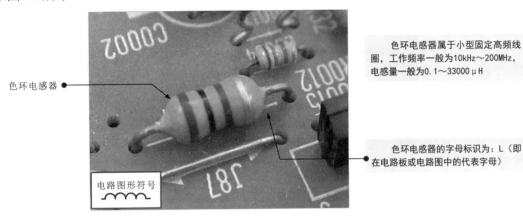

图4-2　色环电感器

> **提示**
> 由于色环电感器的外形与色环电阻器、色环电容器的外形基本相似，因此在区分色环电感器时，可通过电路板中的电路图形符号或电路中的字母标识进行区分。

2　色码电感器

色码电感器是指通过色码标识电感器电感量参数信息的一类电感器。它与色环电感器相同，都属于小型电感器，如图4-3所示。通常，色码电感器的体积小巧，性能比较稳定，广泛应用于电视机、收录机等电子设备中。

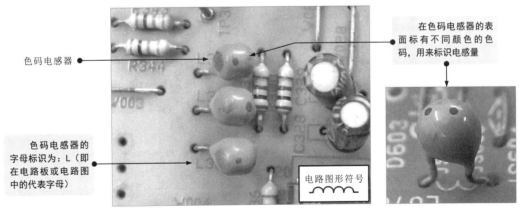

图4-3　色码电感器

> **提示**
> 色环电感器与色码电感器除了外形标识不同外，在电路板中的安装形式也有所不同。通常，色码电感器的外形结构为直立式。

3　电感线圈

电感线圈是一种常见的电感器,因其能够直接看到线圈的圈数和紧密程度而得名。目前,常见的电感线圈主要有空芯电感线圈、磁棒电感线圈、磁环电感线圈等。

图4-4为空芯电感线圈的实物外形。空芯电感线圈没有磁芯,通常线圈绕制的匝数较少,电感量小,常用在高频电路中,如电视机的高频调谐器。

图4-4　空芯电感线圈

提示

通常,在微调空芯电感器的电感量时,可以调整线圈之间的间隙大小,即改变电感线圈的疏密程度。为了防止空芯线圈之间的间隙变化,调整完毕后,用石蜡加以密封固定,这样不仅可以防止线圈的形变,同时可以有效防止线圈因振动而变位。

磁棒电感线圈(磁芯电感器)是一种在磁棒上绕制线圈的电感元件。这使得线圈的电感量大大增加,可以通过线圈在磁芯上的左右移动(调整线圈间的疏密程度)来调整电感量的大小。图4-5为磁棒电感线圈的实物外形。

图4-5　磁棒电感线圈

磁环电感器是由线圈绕制在铁氧体磁环上构成的电感器,如图4-6所示,可通过改变磁环上线圈的匝数和疏密程度来改变电感器的电感量。

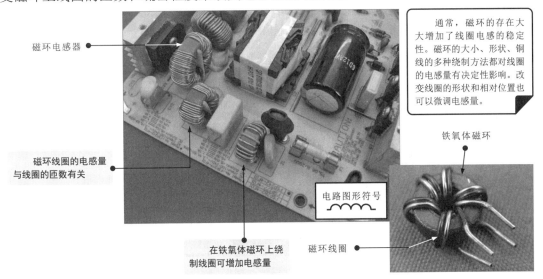

图4-6 磁环电感器

4 贴片电感器

贴片电感器是指采用表面贴装方式安装在电路板上的一类电感器。其内部的电感量不能调整,因此属于固定电感器。

贴片电感器一般应用于体积小、集成度高的数码类电子产品中。由于工作频率、工作电流、屏蔽要求各不相同,因此电感线圈的绕组匝数、骨架材料、外形尺寸区别很大,如图4-7所示。常见的贴片电感器有大功率贴片电感器和小功率贴片电感器两种。

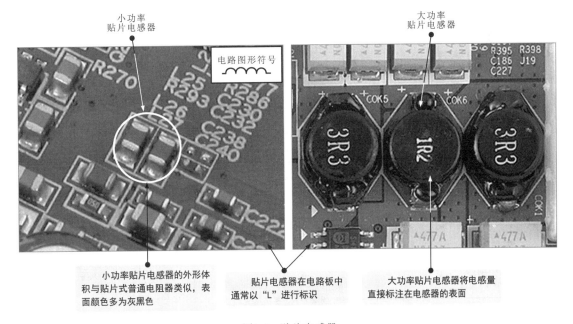

图4-7 贴片电感器

5　微调电感器

微调电感器就是可以对电感量进行细微调整的电感器。该类电感器一般设有屏蔽外壳，磁芯上设有条形槽口以便调整，如图4-8所示。

图4-8　微调电感器

> **提示**
>
> 微调电感器的顶端设有条形槽口，用来调整电感器的电感量，调整时要使用无感螺钉旋具，即非铁磁性金属材料制成的螺钉旋具，如塑料或竹片等材料制成的螺钉旋具，有些情况可使用铜质螺钉旋具。

4.1.2　电感器的功能应用

电感器就是将导线绕制成线圈形状，当电流流过时，在线圈（电感）两端就会形成较强的磁场。由于电磁感应的作用，会对电流的变化起阻碍作用。因此，电感器对直流呈现很小的电阻（近似于短路），对交流呈现的阻抗较高，其阻值的大小与所通过交流信号的频率有关。同一电感元件，通过交流电流的频率越高，呈现的阻值越大。图4-9为电感器的基本工作特性示意图。

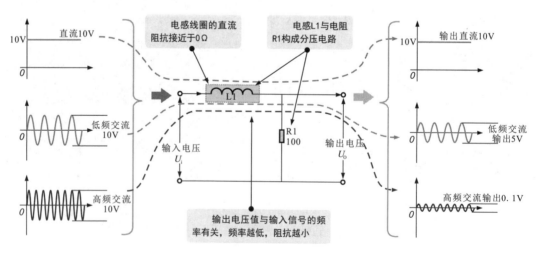

图4-9　电感器的基本工作特性示意图

> **提示**
>
> 电感器的两个重要特性:
> (1) 电感器对直流呈现很小的电阻（近似于短路），对交流呈现的阻抗与信号频率成正比，交流信号频率越高，电感器呈现的阻抗越大；电感器的电感量越大，对交流信号的阻抗越大。
> (2) 电感器具有阻止电流变化的特性，流过电感器的电流不会发生突变，根据电感器的特性，在电子产品中常作为滤波线圈、谐振线圈等。

1　电感器的滤波功能

由于电感器可对脉动电流产生反电动势，对交流电流阻抗很大，对直流阻抗很小，如果将较大的电感器串接在整流电路中，就可使电路中的交流电压阻隔在电感上，滞留部分则从电感线圈流到电容器上，起到滤除交流的作用。

通常，电感器与电容器构成LC滤波电路，由电感器阻隔交流，电容器则将直流脉动电压阻隔在电容器外，继而使LC电路起到平滑滤波的作用。

图4-10为电感器滤波功能示意图。

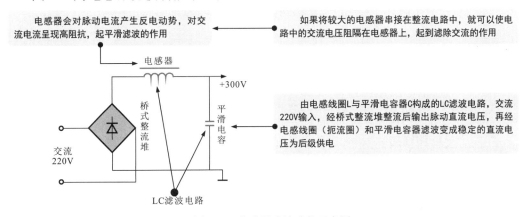

图4-10　电感器滤波功能示意图

2　电感器的谐振功能

电感器通常可与电容器并联构成LC谐振电路，主要用来阻止一定频率的信号干扰。图4-11为电感器谐振功能示意图。

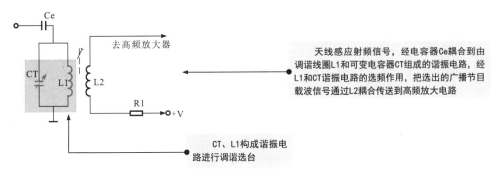

图4-11　电感器谐振功能示意图

电感器对交流信号的阻抗随频率的升高而变大。电容器的阻抗随频率的升高而变小。电感器和电容器并联构成的LC并联谐振电路有一个固有谐振频率，即共谐频率。在该频率下，LC并联谐振电路呈现的阻抗最大。利用这种特性可以制成阻波电路，也可制成选频电路。图4-12为LC并联谐振电路示意图。

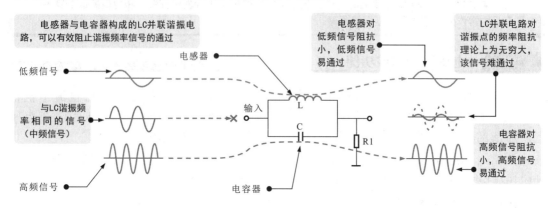

（a）LC并联电路与电阻R1构成分压电路

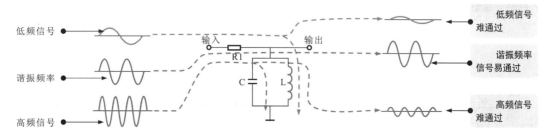

（b）LC并联谐振电路构成选频电路

图4-12　LC并联谐振电路示意图

电感器与电容器并联能起到谐振作用，阻止谐振频率信号输入，若将电感器与电容器串联，则可构成串联谐振电路，如图4-13所示。该电路可简单理解为与LC并联电路相反。LC串联电路对谐振频率信号的阻抗几乎为0，阻抗最小，可实现选频功能。电感器和电容器的参数值不同，可选择的频率也不同。

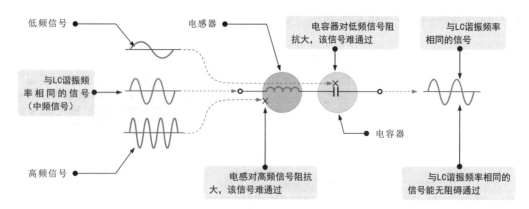

图4-13　电感器与电容器串联后构成谐振电路

提示

可以看到,当输入信号经过LC串联谐振电路时,频率较高的信号因阻抗大而难通过电感器,而频率较低的信号阻抗高也难通过电容器。在LC串联谐振电路中,在谐振频率f_0处阻抗最小,此频率的信号很容易通过电容器和电感器输出。此时,LC串联谐振电路起到选频作用。

LC串联电路对低频和高频信号阻抗都比较高,因而较高和较低频率的信号都可正常通过该电路。当与谐振频率相同的信号通过时,LC串联电路的阻抗很小,被短路到地,使输出信号很小,起陷波作用,如图4-14所示。

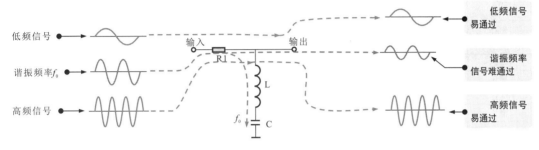

图4-14 LC串联谐振电路构成的陷波电路

4.2 电感器的识别与选用

4.2.1 电感器的参数识读

电感器的参数主要有电感量、允许偏差、额定工作电压、绝缘电阻、温度系数及频率特性等参数,分别通过不同的标注形式标注在电感器上。电感器常见的标注方法有色环标注、色码标注和直接标注。

1　色环标注法的参数识读

色环电感器因其外壳上的色环标注而得名。这些色环通过不同颜色标注电感器的参数信息。在一般情况下,不同颜色的色环代表的含义不同,相同颜色的色环标注在不同位置上的含义也不同,如图4-15所示。

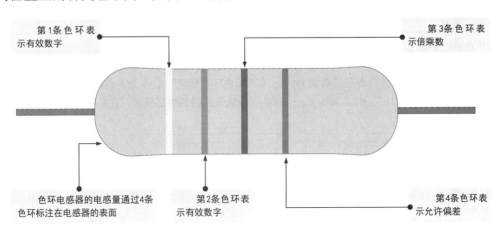

图4-15 采用色环标注法的电感器

> **提示**
>
> 第1条色环和第2条色环表示有效数字，不同颜色的色环代表的数字不同；第3条色环的倍乘数表示有效数字后0的个数（以10为单位的倍乘数），不同颜色的色环代表的倍乘数不同；第4条色环表示电感器允许与标称电感量的偏差值，不同颜色的色环代表的允许偏差值不同。
>
> 色环电感器中不同颜色的色环均表示不同的数字，具体含义见表4-1。
>
> 表4-1　色环标注法的含义
>
> | 色环颜色 | 色环所处的排列位 | | | 色环颜色 | 色环所处的排列位 | | |
> |---|---|---|---|---|---|---|---|
> | | 有效数字 | 倍乘数 | 允许偏差 | | 有效数字 | 倍乘数 | 允许偏差 |
> | 银色 | — | 10^{-2} | ±10% | 绿色 | 5 | 10^5 | ±0.5% |
> | 金色 | — | 10^{-1} | ±5% | 蓝色 | 6 | 10^6 | ±0.25% |
> | 黑色 | 0 | 10^0 | — | 紫色 | 7 | 10^7 | ±0.1% |
> | 棕色 | 1 | 10^1 | ±1% | 灰色 | 8 | 10^8 | — |
> | 红色 | 2 | 10^2 | ±2% | 白色 | 9 | 10^9 | ±20% |
> | 橙色 | 3 | 10^3 | — | 无色 | — | — | — |
> | 黄色 | 4 | 10^4 | | | | | |

在电子产品电路板中，识读色环电感器参数时，可根据不同颜色的不同含义识读，如图4-16所示。

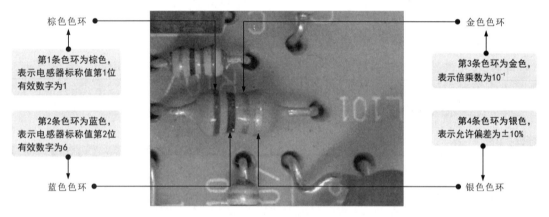

图4-16　实际色环电感器的识读

> **提示**
>
> 该色环电感器上标识的色环颜色依次为"棕蓝金银"。
>
> 其中，第1条色环"棕色"表示第1位有效数字为"1"；第2条色环"蓝色"表示第2位有效数字为"6"；第3条色环"金色"表示倍乘数为10^{-1}；第4条色环"银色"表示允许偏差为±10%。因此，该电感器的电感量为$16×10^{-1}$μH±10%=1.6μH±10%（识读电感器的电感量时，在未明确标注电感量的单位时，默认为μH）。

2　色码标注法参数的识读

色码电感器因其外壳上的色码标识而得名。这些色码通过不同颜色标识电感器的参数信息。在一般情况下，不同颜色的色码代表的含义不同，相同颜色的色码标识在不同位置上的含义也不同。图4-17为采用色码标注法的电感器。

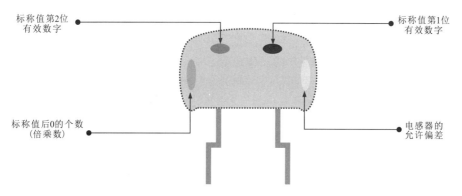

图4-17 采用色码标注法的电感器

> **提示**
>
> 色码电感器左侧面的色码表示电感量的倍乘数；顶部左侧的色码表示电感量的第2位有效数字；顶部右侧的色码表示电感量的第1位有效数字；色码电感器右侧面的色码表示电感量的允许偏差。
>
> 一般来说，由于色码电感器从外形上没有明显的正、反面区分，因此区分左、右侧面可根据在电路板中的文字标识进行区分，文字标识为正方向时，对应色码电感器的左侧为其左侧面。另外，由于色码的几种颜色中，无色通常不代表有效数字和倍乘数，因此当色码电感器左、右侧面中出现无色的一侧为右侧面。

通过前文的学习，了解了色码电感器的识读方法，接下来在电路板中找到色码电感器，完成对该类电感器的识读。图4-18为实际色码电感器的识读。

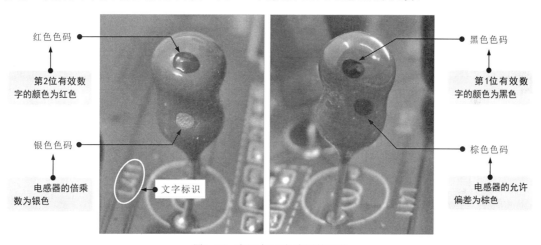

图4-18 实际色码电感器的识读

> **提示**
>
> 电感器顶部标识色码颜色从右向左依次为"黑、红"，分别表示第1位、第2位有效数字"0、2"，左侧面色码颜色为"银"，表示倍乘数为10^{-2}，右侧面色码颜色为"棕"，表示允许偏差为±1%。因此，该电感器的电感量为$2×10^{-2}\mu H±1\%=0.02\mu H±1\%$（识读电感器的电感量时，在未标注电感量的单位时，默认为μH）。
>
> 在色码电感器电路板上有文字标注"L411"。其中，字母"L"侧为起始侧，因此一般判断色码电感器红、银色码的一侧为左侧端，识读时可根据该标注判别。

3 直接标注法的参数识读

直接标注是指通过一些代码符号将电感器的电感量等参数直接标注在电感器上。通常，电感器直接标注采用的是简略方式，也就是说，只标注出重要的信息，而不是将所有的信息都标注出来。该类标注法通常有三种形式：普通直接标注法（见图4-19）、数字标注法和数字中间加字母标注法。

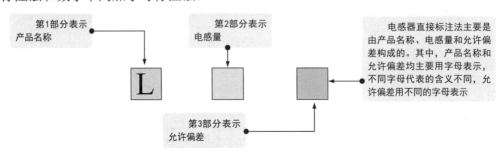

图4-19 普通直接标注法的电感器

提示

第1部分的产品名称（字母代号）常用字母表示，如电感器用L表示；第2部分的电感量常用字母和数字混合表示，表示电感器表面上标注的电感量；第3部分的允许偏差常用字母表示，表示电感器实际电感量与标称电感量之间允许的最大偏差范围。不同的字母在产品名称、允许偏差中所表示的含义不同。表4-2为不同字母的含义。

表4-2 不同字母的含义

产品名称		允许偏差			
符号	含义	符号	含义	符号	含义
L	电感器、线圈	J	±5%	M	±20%
ZL	阻流圈	K	±10%	L	±15%

在数字标注法标识中，第1部分有效数字表示电感量的第1位有效数字；第2部分有效数字表示电感量的第2位有效数字；第3部分被乘数表示有效数字后面零的个数，默认单位为"微亨"（μH）。图4-20为数字标注法的电感器。

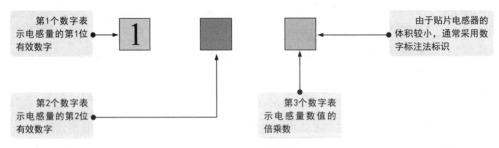

图4-20 数字标注法的电感器

在数字中间加字母标注法中，第1部分有效数字表示电感量的第1位有效数字；第2部分的字母相当于小数点；第3部分有效数字表示电感量的第2位有效数字。图4-21为数字中间加字母标注法的电感器。

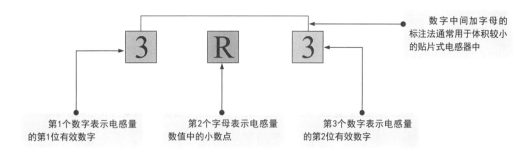

图4-21 数字中间加字母标注法的电感器

提示

我国早期生产的电感器一般直接将相关参数标注在电感器外壳上，根据标注即可识读该电感器的主要参数值。在该类标注中，最大工作电流的字母共有A\B\C\D\E五个，分别对应的最大工作电流为50mA、150mA、300mA、700mA、1600mA，表示的型号共有Ⅰ、Ⅱ、Ⅲ三种，分别表示误差为±5%、±10%、±20%。图4-22为实际直接标注电感器的识读。

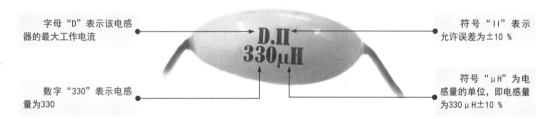

图4-22 实际直接标注电感器的识读

识别电感器比较简单，主要从外形特征入手，特别是从外观能够看到线圈的电感器，如空芯电感线圈、磁棒电感器、磁环电感器、扼流圈等。另外，色码电感器外形特征也比较明显，很容易识别。

比较容易混淆的是色环电感器和小型贴片电感器，它们的外形分别与色环电阻器、贴片电阻器相似，区分时主要依据电路板中的标识。一般在电路板中，电感器附近会标有"L+数字"组合的名称标识，而电阻器为"R+数字"组合，因此也很容易区分，如图4-23所示。

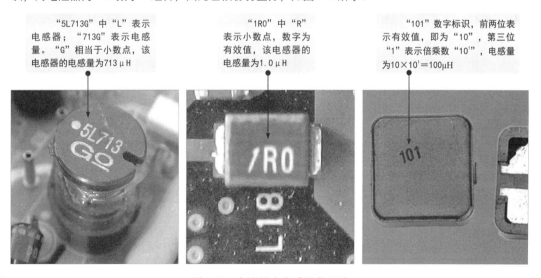

图4-23 电路板中电感器的识读

4.2.2 电感器的选用代换

代换不同类型的电感器时,需要注意的事项不同,下面重点对普通电感器和微调电感器的代换进行介绍。

1　普通电感器的选用与代换

在代换普通电感器时,尽可能选用同型号的电感器代换,若无法找到同型号的电感器时,则要选用电感器的标称电感量和额定电流与原电感器的电感量和额定电流相差越小越好,外形和尺寸也应符合要求。

图4-24为普通电感器的选用与代换实例。

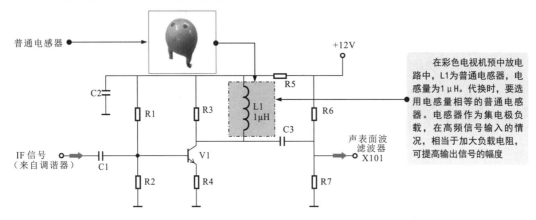

图4-24　普通电感器的选用与代换实例

提示

除了上述代换原则外,在代换普通电感器时还应该注意,小型固定电感器与色码电感器(色环电感器)之间只要电感量、额定电流相同,外形尺寸相近,就可以直接代换使用。

2　可变电感器的选用与代换

在代换可变电感器时,尽可能选用同型号的电感器代换,若无法找到同型号的电感器时,则要选用电感器的尺寸与原电感器的尺寸相差越小越好,并且外形应符合要求。图4-25为可变电感器的选用与代换实例。

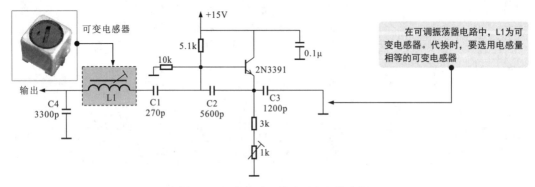

图4-25　可变电感器的选用与代换实例

提示

由于电感器的形态各异,安装方式也不相同,因此代换时一定要注意方法,要根据电路特点及电感器自身的特性来选择正确、稳妥的焊接方法。通常,电感器采用焊接的形式固定在电路板上,从焊接的形式上看,主要可以分为表面贴装和插接焊两种形式。

表面贴装的电感器体积普遍较小,常用在电路板上元器件密集的数码电路中。在拆卸和焊接时,最好使用热风焊枪,在加热的同时用镊子抓取、固定或挪动电感器,如图4-26所示。

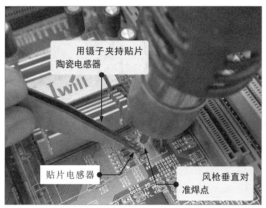 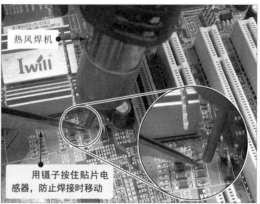

图4-26 表面贴装电感器的拆卸和焊接方法

此外,由于空芯线圈、磁棒和磁环电感器属于电感量可变电感器,线圈之间的间距或磁芯的移动可能会影响电感量,因此在代换该类电感器时,在安装完毕后,应将电感量调整到适当的位置上,然后用石蜡将线圈或磁芯等进行固定。

4.3 色环/色码电感器的检测

4.3.1 色环/色码电感器的检测方法

检测色环/色码电感器时,可先根据其参数标识识读待测电感器的电感量,然后通过数字万用表完成对实际电感量的检测,将该实测值与标称值比较即可判别待测电感器的好坏。图4-27为色环/色码电感器的检测方法。

第1条色环为棕色,第2条色环为黑色,表示该色环电感器的有效数字,棕为1,黑为0,即该色环电感器的有效数字为10
第3条色环为棕色,表示倍乘数为10^1
第4条色环为银色,表示允许偏差为±10%

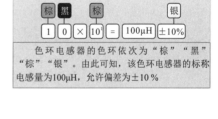

色环电感器的色环依次为"棕""黑""棕""银"。由此可知,该色环电感器的标称电感量为100μH,允许偏差为±10%

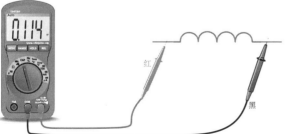

根据识读的标称电感量,调整设置量程,将红、黑表笔分别搭在待测色环电感器的两引脚上,观察实际测量值,并与标称值对照。如果两者相近(在允许误差范围内),则表明电感器正常;如果所测得的电感量与标称值的差距较大,则说明该电感器不良。

图4-27 色环/色码电感器的检测方法

4.3.2 色环/色码电感器的实用检测案例

图4-28为色环电感器的检测案例。

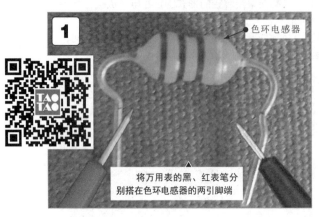
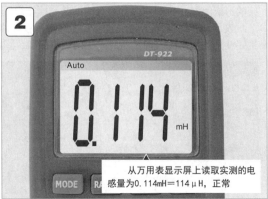

图4-28 色环电感器的检测案例

提示

有些数字万用表在检测电感器的电感量时,需要配合使用附加测试器来完成对电感器电感量的测量,如图4-29所示。

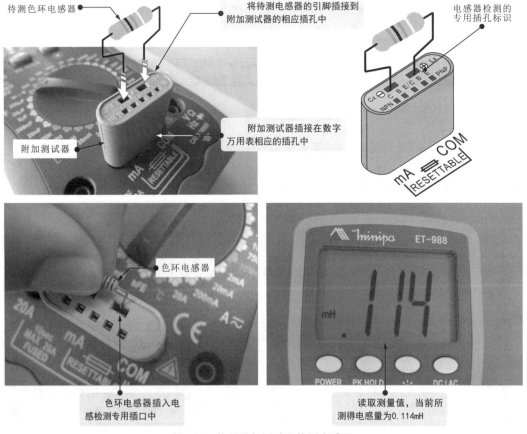

图4-29 使用附加测试器检测电感器

4.4 电感线圈的检测

由于电感线圈电感量的可调性，在一些电路设计、调整或测试环节，通常需要了解当前精确的电感量值，或在电路中的特性参数，因此需借助专用的电感电容测试仪或频率特性测试仪对其进行检测。

4.4.1 电感线圈的检测方法

检测电感线圈时可以使用不同的检测仪器，下面分别使用电感电容测试仪和频率特性测试仪对其电感量进行检测，如图4-30所示。

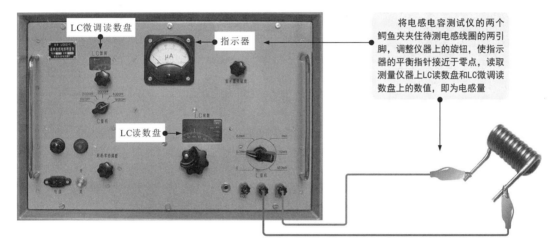

（a）使用电感电容测试仪检测电感线圈的方法

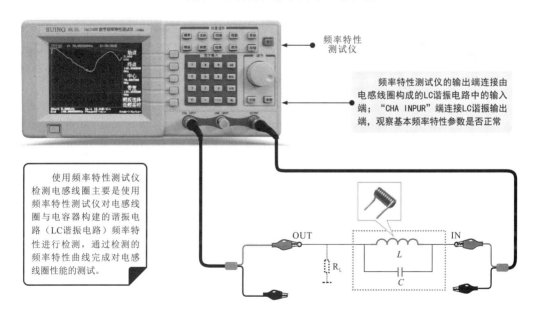

（b）使用频率特性测试仪检测电感线圈的方法

图4-30 电感线圈的检测方法

4.4.2 电感线圈的实用检测案例

图4-31为不同仪器检测电感线圈的操作。

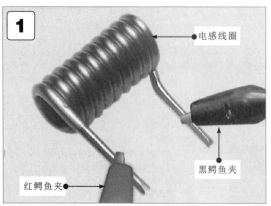
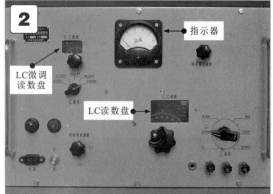

1 将电感电容测试仪的黑、红鳄鱼夹分别夹在电感线圈的两引脚端。

2 调整仪器的旋钮，使指针接近于零点，读取电感线圈的电感量（L）=LC读数+LC微调读数=0.01mH+0.0005mH =0.0105mH=10.5μH。

（a）电感电容测试仪检测电感线圈的操作

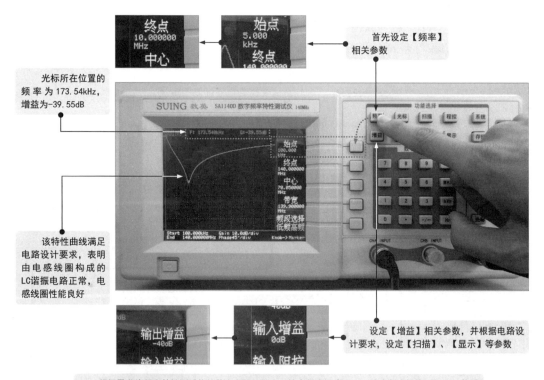

根据需求将频率特性测试仪的基本参数设置为：始点频率设为5kHz，终点频率设为800kHz，仪器自动将中心频率及带宽计算显示（中心频率为402.5kHz，带宽为795kHz）；设置输出增益为-40dB，输入增益为0 dB；显示方式为幅频显示；扫描类型为单次，其他参数为开机默认参数

（b）频率特性测试仪检测电感线圈的操作

图4-31 不同仪器检测电感线圈的操作

4.5 贴片电感器的检测

检测贴片电感器时,可以使用万用表检测其两引脚间的阻值是否正常,通过对阻值的检测判断其性能是否正常。

4.5.1 贴片电感器的检测方法

检测贴片电感器时,可使用万用表对其直流电阻进行粗略测量,通过直流电阻值进行判断,具体检测方法如图4-32所示。

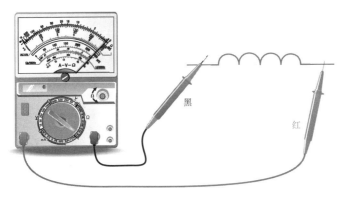

将万用表的量程调整至"×1"欧姆挡,将红、黑表笔分别搭在贴片电感器的两引脚端,检测其直流电阻值,根据测量结果可大致判断其性能是否正常。

图4-32 贴片电感器的检测方法

4.5.2 贴片电感器的实用检测案例

图4-33为贴片电感器的检测案例。

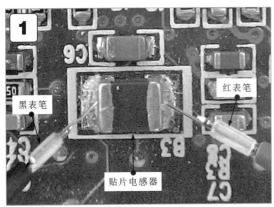 

1 将万用表的红、黑表笔分别搭在贴片电感器的两引脚端。

2 在正常情况下,贴片电感器的直流电阻值较小,近似接近于0;若实测贴片电感器的直流电阻值趋于无穷大,则多为该电感器性能不良。

图4-33 贴片电感器的检测案例

提示

贴片电感器体积较小,与其他元件间距也较小,为确保检测准确,可在检测仪表表笔上绑扎大头针后再测量。

4.6 微调电感器的检测

检测微调电感器时,一般采用万用表检测其内部电感线圈直流电阻值的方法来判断性能状态是否正常。

4.6.1 微调电感器的检测方法

检测贴片电感器时,需要先了解微调电感器的引脚功能,找出内部电感线圈的引出脚,为检测提供依据,然后进行检测,如图4-34所示。

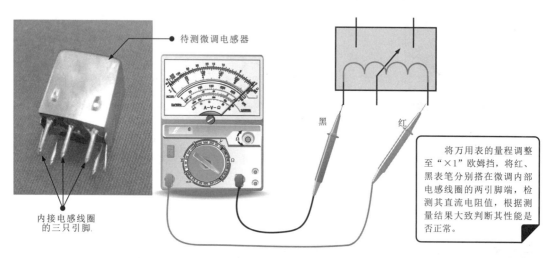

图4-34 微调电感器的检测方法

4.6.2 微调电感器的实用检测案例

图4-35为微调电感器的检测案例。

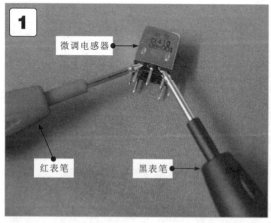
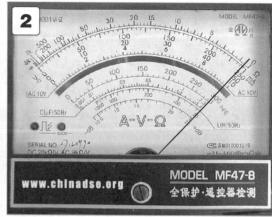

1. 将万用表的红、黑表笔分别搭在待测微调电感器的两只引脚上,检测其内部电感线圈的阻值。
2. 观察万用表指针的指示,读取当前的测量值为0.5Ω,正常。

图4-35 微调电感器的检测案例

第5章 二极管的识别选用与检测代换

5.1 二极管的种类与应用

二极管是最常见的半导体电子元器件，具有单向导电性，引脚有正、负极之分。

5.1.1 二极管的种类特点

二极管是具有一个 PN 结的半导体器件。其内部由一个 P 型半导体和 N 型半导体组成，在 PN 结两端引出相应的电极引线，再加上管壳密封便可制成二极管。

二极管的种类较多，按功能可以分为整流二极管、稳压二极管、发光二极管、光敏二极管、检波二极管、变容二极管、双向触发二极管等，如图 5-1 所示。

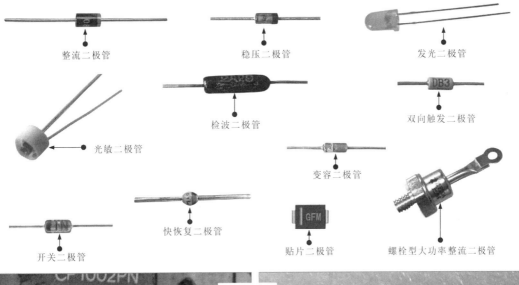

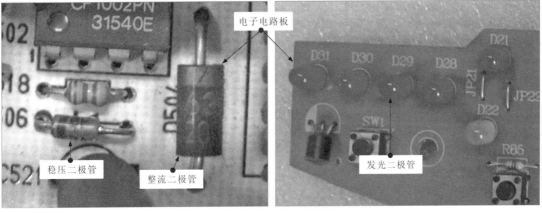

图 5-1 常见二极管的实物外形

1 整流二极管

整流二极管是一种对电压具有整流作用的二极管，即可将交流电整流成直流电，常应用于整流电路中。整流二极管多为面结合型二极管，结面积大、结电容大，但工作频率低，多采用硅半导体材料制成。整流二极管的外形特点如图 5-2 所示。

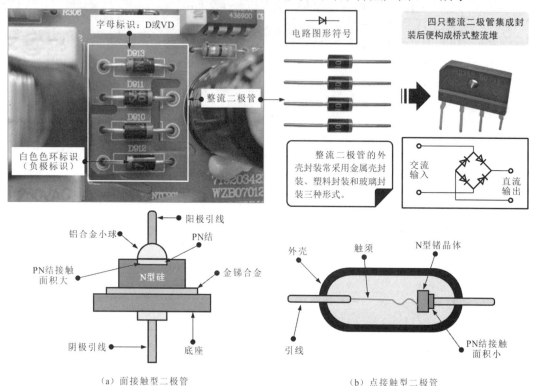

（a）面接触型二极管　　　　（b）点接触型二极管

图 5-2　整流二极管的外形特点

提示

面接触型二极管是指内部 PN 结采用合金法或扩散法制成的二极管。由于这种制作工艺中 PN 结的面积较大，所以能通过较大的电流。但其工作频率较低，故常用作整流元件。

相对于面接触型二极管而言，还有一种 PN 结面积较小的点接触型二极管，是由一根很细的金属丝与一块 N 型半导体晶片的表面接触，使触点和半导体牢固地熔接构成 PN 结。这样制成的 PN 结面积很小，只能通过较小的电流和承受较低的反向电压，但高频特性好。因此，点接触型二极管主要用于高频和小功率电路，或用作数字电路中的开关元件。

提示

二极管根据半导体制作材料分为锗二极管和硅二极管，如图 5-3 所示。因材料不同，这两种二极管的性能也有所不同。在一般情况下，锗二极管正向电压降比硅管小，通常为 0.2～0.3V，硅二极管为 0.6～0.7V。锗二极管的耐高温性能不如硅二极管。

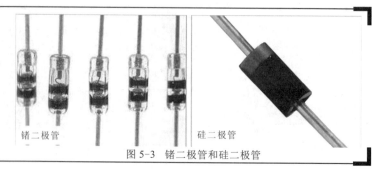

锗二极管　　　硅二极管

图 5-3　锗二极管和硅二极管

2　稳压二极管

稳压二极管是由硅材料制成的面接触型二极管。它利用 PN 结的反向击穿时，其两端电压固定在某一数值上，电压值不随电流的大小变化，因此可达到稳压的目的。稳压二极管的外形特点如图 5-4 所示。

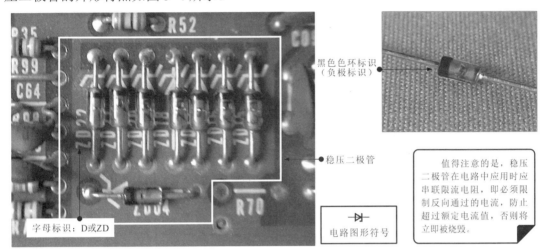

图 5-4　稳压二极管的外形特点

提示

在半导体器件中，PN 结具有正向导通、反向截止的特性。若反向施加的电压过高，则该电压足以使其内部的 PN 结反方向导通，这个电压被称为击穿电压。

在实际应用中，当加在稳压二极管上的反向电压临近击穿电压时，晶体二极管反向电流急剧增大，发生击穿（并非损坏）。这时电流可在较大的范围内改变，管子两端的电压基本保持不变，起到稳定电压的作用，其特性与普通二极管不同。

3　光敏二极管

光敏二极管又称光电二极管。当受到光照射时，反向阻抗会随之变化（随着光照的增强，反向阻抗由大到小），利用这一特性，光敏二极管常作为光电传感器件使用。光敏二极管的实物外形如图 5-5 所示。

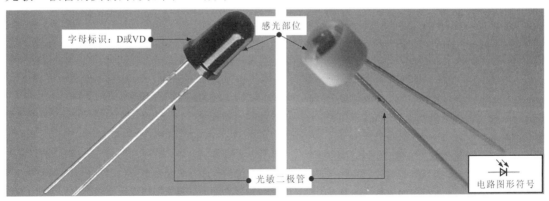

图 5-5　光敏二极管的实物外形

4　发光二极管

发光二极管是指在工作时能够发出亮光的二极管，简称 LED，常作为显示器件或光电控制电路中的光源。发光二极管具有工作电压低、工作电流很小、抗冲击和抗振性能好、可靠性高、寿命长的特点。图 5-6 为发光二极管的外形特点。

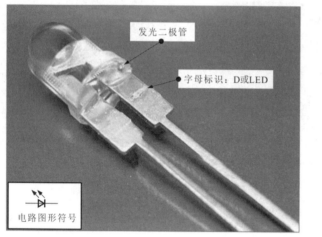
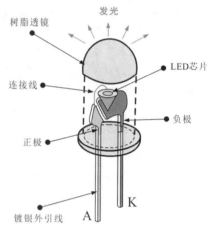

图 5-6　发光二极管的外形特点

> **提示**
>
> 发光二极管是一种利用 PN 结正向偏置时两侧的多数载流子直接复合释放出光能的发光器件，在正常工作时，处于正向偏置状态，在正向电流达到一定值时就会发光。

5　检波二极管

检波二极管是利用二极管的单向导电性，再与滤波电容配合，可以把叠加在高频载波上的低频包络信号检出来的器件。图 5-7 检波二极管的外形特点。

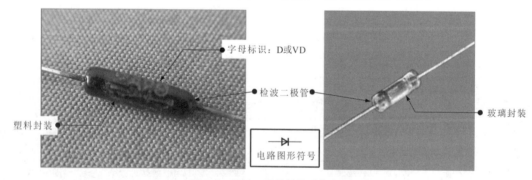

图 5-7　检波二极管的外形特点

> **提示**
>
> 检波二极管具有较高的检波效率和良好的频率特性，常用在收音机的检波电路中。检波效率是检波二极管的特殊参数，是指在检波二极管输出电路的电阻负载上产生的直流输出电压与加于输入端的正弦交流信号电压峰值之比的百分数。

6 变容二极管

变容二极管是利用 PN 结的电容随外加偏压而变化这一特性制成的非线性半导体元件，在电路中起电容器的作用，广泛用在参量放大器、电子调谐及倍频器等高频和微波电路中。图 5-8 为变容二极管的外形特点。

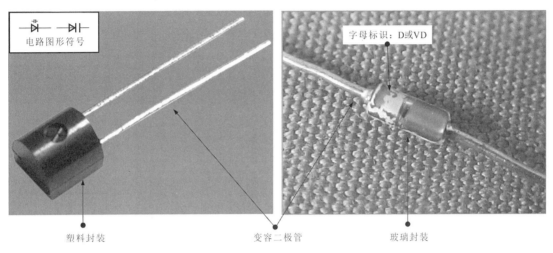

图 5-8 变容二极管的外形特点

提示

变容二极管是利用 PN 结空间能保持电荷且具有电容器特性原理制成的特殊二极管。该二极管两极之间的电容量为 3～50pF，实际上是一个电压控制的微调电容。

7 双向触发二极管

双向触发二极管又称为二端交流器件（简称 DIAC），是一种具有三层结构的对称两端半导体器件，常用来触发晶闸管或用于过压保护、定时、移相电路。双向触发二极管的外形特点如图 5-9 所示。

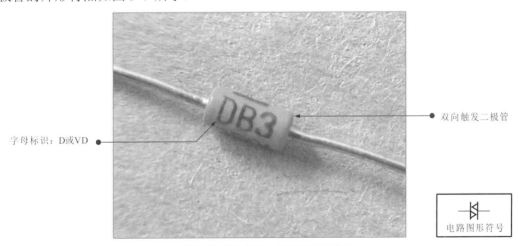

图 5-9 双向触发二极管的外形特点

8　开关二极管

开关二极管是利用二极管的单向导电性对电路进行"开通"或"关断"的控制。导通/截止速度非常快，能满足高频和超高频电路的需要，广泛应用于开关和自动控制等电路中。图 5-10 为开关二极管的外形特点。

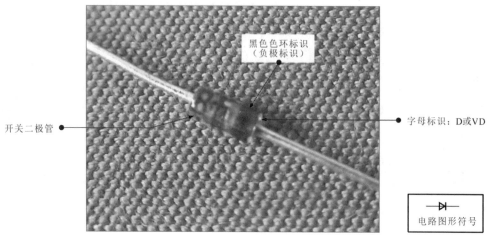

图 5-10　开关二极管的外形特点

提示

开关二极管一般采用玻璃或陶瓷外壳封装以减小管壳的电容。通常，开关二极管从截止（高阻抗）到导通（低阻抗）的时间被称为"开通时间"；从导通到截止的时间被称为"反向恢复时间"；两个时间的总和被统称为"开关时间"。开关二极管的开关时间很短，是一种非常理想的电子开关，具有开关速度快、体积小、寿命长、可靠性高等特点。

9　快恢复二极管

快恢复二极管（简称 FRD）也是一种高速开关二极管。这种二极管的开关特性好，反向恢复时间很短，正向压降低，反向击穿电压较高（耐压值较高）。快恢复二极管的外形特点如图 5-11 所示。

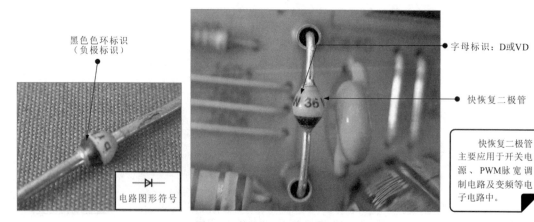

图 5-11　快恢复二极管的外形特点

5.1.2 二极管的功能应用

二极管的内部是由一个 PN 结构成的，如图 5-12 所示。

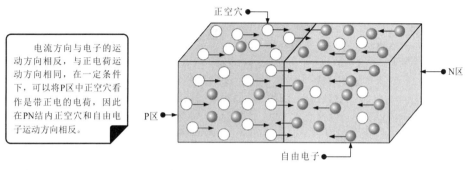

电流方向与电子的运动方向相反，与正电荷运动方向相同，在一定条件下，可以将P区中正空穴看作是带正电的电荷，因此在PN结内正空穴和自由电子运动方向相反。

图 5-12　二极管内 PN 结 的结构

> **提示**
>
> PN 结是指用特殊工艺把 P 型半导体和 N 型半导体结合在一起后，在两者的交界面上形成的特殊带电薄层。P 型半导体和 N 型半导体通常被称为 P 区和 N 区。PN 结的形成是由于 P 区存在大量正空穴而 N 区存在大量自由电子，因而出现载流子浓度上的差别，于是产生扩散运动。P 区的正空穴向 N 区扩散，N 区的自由电子向 P 区扩散，正空穴与自由电子运动的方向相反。

根据二极管的内部结构，在一般情况下，只允许电流从正极流向负极，而不允许电流从负极流向正极，这就是二极管的单向导电性，如图 5-13 所示。

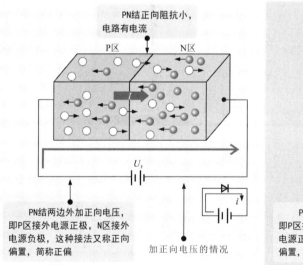
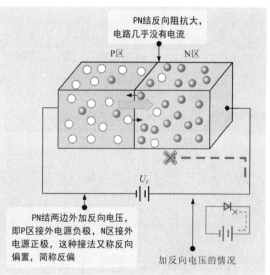

图 5-13　二极管的单向导电性

> **提示**
>
> 当 PN 结外加正向电压时，其内部的电流方向与电源提供的电流方向相同，电流很容易通过 PN 结形成电流回路。此时，PN 结呈低阻状态（正偏状态的阻抗较小），电路为导通状态。
>
> 当 PN 结外加反向电压时，其内部的电流方向与电源提供的电流方向相反，电流不易通过 PN 结形成回路。此时，PN 结呈高阻状态，电路为截止状态。

二极管的伏安特性是指加在二极管两端电压和流过二极管电流之间的关系曲线。二极管的伏安特性通常用来描述二极管的性能，如图5-14所示。

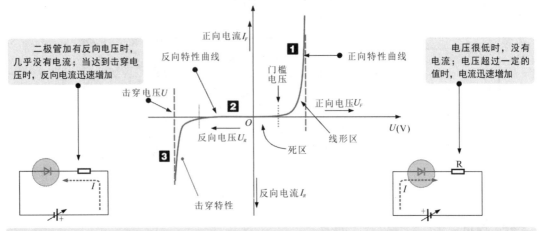

1. 在电子电路中，将二极管的正极接在高电位端，负极接在低电位端，二极管就会导通，这种连接方式被称为正向偏置。必须说明，当加在二极管两端的正向电压很小时，二极管仍然不能导通，流过二极管的正向电流十分微弱。只有当正向电压达到某一数值（这一数值被称为"门槛电压"，锗管为0.2~0.3V，硅管为0.6~0.7V）以后，二极管才能真正导通。导通后，二极管两端的电压基本上保持不变（锗管约为0.3V，硅管约为0.7V），被称为二极管的"正向压降"。

2. 在电子电路中，二极管的正极接在低电位端，负极接在高电位端，此时二极管中几乎没有电流流过，二极管处于截止状态，这种连接方式被称为反向偏置。二极管处于反向偏置时，仍然会有微弱的反向电流流过二极管，被称为漏电流。反向电流（漏电流）有两个显著特点：一是受温度影响很大；二是反向电压不超过一定范围时，其电流大小基本不变，即与反向电压大小无关，因此反向电流又称为反向饱和电流。

3. 当二极管两端的反向电压增大到某一数值时，反向电流会急剧增大，二极管将失去单方向导电特性，这种状态被称为二极管的击穿。

图5-14 二极管的伏安特性

下面将分别对几种常见二极管的应用进行介绍。

1 整流二极管在半波整流电路中的应用

整流二极管根据自身特性可构成整流电路，将原本交变的交流电压信号整流成同相脉动的直流电压信号，变换后的波形小于变换前的波形，如图5-15所示。

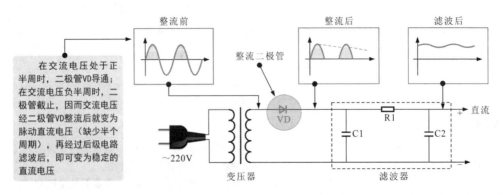

图5-15 整流二极管的整流作用

2　整流二极管在全波整流电路中的应用

一只整流二极管构成的整流电路为半波整流电路，两只整流二极管可构成全波整流电路（两个半波整流电路组合而成），如图5-16所示。

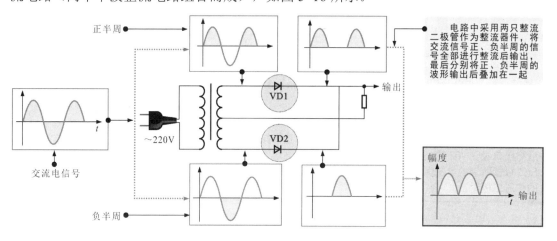

图5-16　两只整流二极管构成的全波整流电路

提示

整流二极管的整流作用利用二极管单向导通、反向截止的特性。打个比方，将整流二极管想象为一个只能单方向打开的闸门，将交流电流看作不同流向的水流，如图5-17所示。

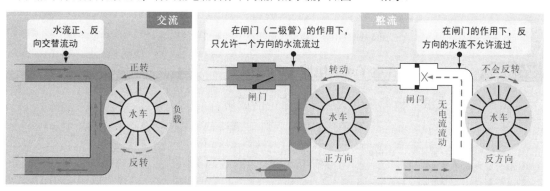

图5-17　整流二极管的整流原理示意图

交流是电流交替变化的电流，如水流推动水车一样，交变的水流会使水车正向、反向交替运转。在水流的通道中设有一闸门，正向流水时闸门被打开，水流推动水车运转。水流反向流动时，闸门自动关闭。水不能反向流动，水车也不会反转。在这样的系统中，水只能正向流动。这就是整流功能。

3　稳压二极管在稳压电路中的应用

图5-18为稳压二极管在稳压电路中的应用。

4　发光二极管在电池充电器电路中的应用

图5-19为发光二极管在电池充电器电路中的应用。

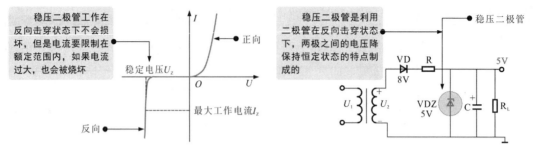

图 5-18 稳压二极管在稳压电路中的应用

> **提示**
>
> 稳压二极管 VDZ 的负极接外加电压的高端，正极接外加电压的低端。当稳压二极管 VDZ 反向电压接近稳压二极管 VDZ 的击穿电压（5V）时，电流急剧增大，稳压二极管 VDZ 呈击穿状态，在该状态下，稳压二极管两端的电压保持不变（5V），从而实现稳定直流电压的功能。因此，市场上有各种不同稳压值的稳压二极管。

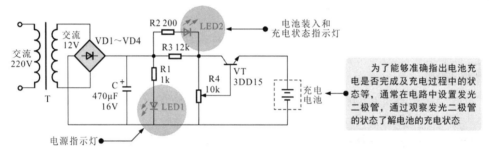

图 5-19 发光二极管在电池充电器电路中的应用

5 光敏二极管在电子玩具电路中的应用

图 5-20 为光敏二极管在电子玩具电路中的应用。

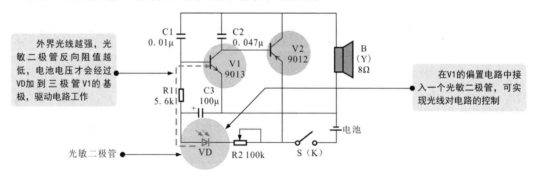

图 5-20 光敏二极管在电子玩具电路中的应用

> **提示**
>
> 图 5-20 是一种电子玩具"晨鸟"的电路图，是一种光控振荡电路，将其放在窗口，天亮时就会发出阵阵悦耳的鸟鸣声。
>
> 图中，V1 和 V2 构成互补自激振荡电路，利用 RC 的充、放电模拟鸟儿的鸣叫声。由于在 V1 的偏置电路中接入一个光敏二极管 VD，使鸣叫声受外界光线控制。无光照射时，VD 的反向阻抗很大，V1 基极电压较低而截止，电路不工作；有光照时，VD 的反向电阻减小，V1 基极电压升高，电路启振，喇叭发声。

6 检波二极管在收音机检波电路中的应用

图 5-21 为检波二极管在收音机检波电路中的应用

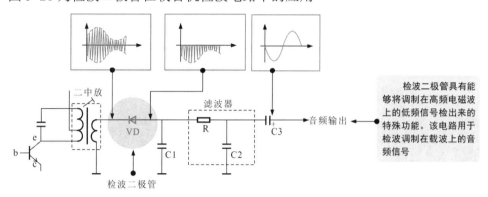

图 5-21 检波二极管在收音机检波电路中的应用

> 检波二极管具有能够将调制在高频电磁波上的低频信号检出来的特殊功能。该电路用于检波调制在载波上的音频信号

提示

第二中放输出的调幅波加到检波二极管 VD 的负极,由于检波二极管的单向导电特性,因此负半周调幅波通过检波二极管,正半周被截止,通过检波二极管 VD 后,输出的调幅波只有负半周。负半周的调幅波再由 RC 滤波器滤除其中的高频成分,输出其中的低频成分,输出的就是调制在载波上的音频信号。这个过程被称为检波。

检波效率是检波二极管的特殊参数,是指在检波二极管输出电路的电阻负载上产生直流输出电压与加于输入端正弦交流信号电压峰值之比的百分数。

7 变容二极管在 FM 调制发射电路中的应用

图 5-22 为变容二极管在 FM 调制发射电路中的应用。

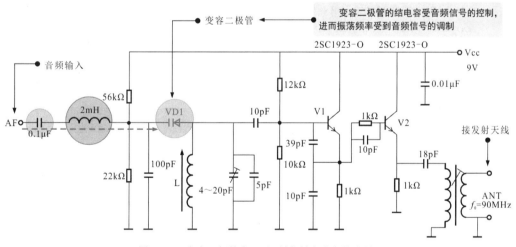

图 5-22 变容二极管在 FM 调制发射电路中的应用

提示

这是一种 FM 调制发射电路。音频信号(AF)经耦合电容(0.1μF)和电感(2mH)加到变容二极管的负极。在无信号输入时,变容二极管的结电容为初始值,振荡频率为 90MHz,当音频信号电压加到变容二极管时,会使该二极管的结电容受音频信号的控制,于是振荡频率受到音频信号的调制。

8　双向触发二极管在自动控制电路中的应用

图 5-23 为双向触发二极管在自动控制电路中的应用。

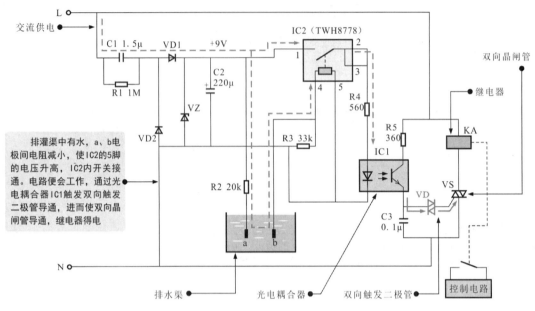

图 5-23　双向触发二极管在自动控制电路中的应用

提示

图 5-23 是农田排灌自动控制电路中的检测控制电路部分。交流 220V 电压经降压、整流、稳压、滤波后输出 +9V 直流电压。

当排灌渠中有水时，+9V 直流电压一路直接加到 IC2 的 1 脚，另一路经电阻器 R2 和水位检测电极 a、b 加到 IC2 的 5 脚。IC2 内部的电子开关导通，由 2 脚输出 +9V 电压。

+9V 电压经电阻器 R4 加到光电耦合器 IC1 的发光二极管上，发光二极管导通发光后，照射到光敏三极管上，光敏三极管也导通。

光敏三极管导通后，由发射极发出触发信号触发双向触发二极管 VD 导通，进而触发双向晶闸管 VS 导通，中间继电器 KA 线圈得电，于是继电器的常开触点闭合，控制电路动作，水泵启动运转。

5.2　二极管的识别与选用

5.2.1　二极管的参数识读

通常，二极管的型号参数都采用直标法标注命名。但具体命名规格根据国家、地区及生产厂商的不同而有所不同。

1　国产二极管的命名方式及识读

国产二极管的命名规格将二极管的类别、材料及其他主要参数数值标注在二极管表面上。根据国家标注规定，二极管的型号命名由 5 个部分构成。

图 5-24 为国产二极管的命名方式及识读方法。

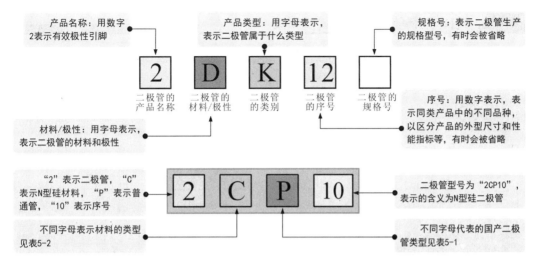

图 5-24 国产二极管的命名方式及识读方法

提示

国产二极管"类型"、"材料/极性"含义对照表见表 5-1、5-2 所列。

表5-1 国产二极管"类型"含义对照表

类型符号	含义	类型符号	含义	类型符号	含义	类型符号	含义
P	普通管	Z	整流管	U	光电管	H	恒流管
V	微波管	L	整流堆	K	开关管	B	变容管
W	稳压管	S	隧道管	JD	激光管	BF	发光二极管
C	参量管	N	阻尼管	CM	磁敏管		

表5-2 国产二极管"材料/极性符号"含义对照表

材料/极性符号	含义	材料/极性符号	含义	材料/极性符号	含义
A	N型锗材料	C	N型硅材料	E	化合物材料
B	P型锗材料	D	P型硅材料		

2 美产二极管的命名方式及识读

美国生产的二极管命名方式一般也由5个部分构成,但实际标注中只标出有效极性、代号、顺序号三部分,如图 5-25 所示。

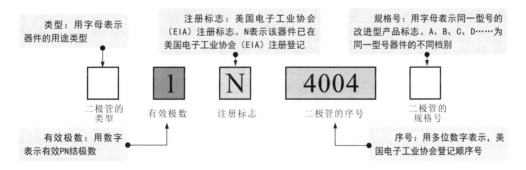

图 5-25 美产二极管的命名方式及识读方法

3　日产二极管的命名方式及识读

日本生产的二极管命名方式由 5 个部分构成，包括有效极性、代号、材料/类型、顺序号和规格号，如图 5-26 所示。

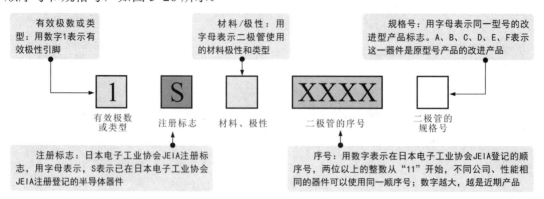

图 5-26　日产二极管的命名方式及识读方法

4　国际电子联合会二极管的命名方式及识读

国际电子联合会二极管的命名方式一般由 4 个部分构成，包括材料、类别、序号和规格号，各部分含义如图 5-27 所示。

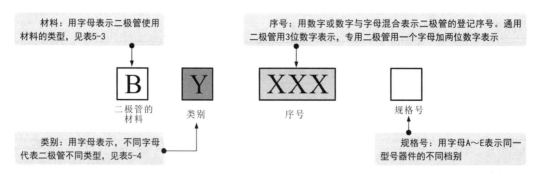

图 5-27　国际电子联合会二极管的命名方式及识读方法

提示

表5-3　国际电子联合会二极管"材料"含义对照表

材料/极性符号	含义	材料/极性符号	含义	材料/极性符号	含义
A	锗材料	C	砷化镓	R	复合材料
B	硅材料	D	锑化铟		

表5-4　国际电子联合会二极管"类别"含义对照表

类型符号	含义	类型符号	含义	类型符号	含义
A	检波管	H	磁敏管	X	倍压管
B	变容管	P	光敏管	Y	整流管
E	隧道管	Q	发光管	Z	稳压管
G	复合管				

5.2.2 二极管的选用代换

损坏或异常的二极管需要进行代换,这里重点介绍二极管的代换原则和注意事项。

1 整流二极管的选用与代换

整流二极管的击穿电压高,反向漏电流小,高温性能良好,主要用于各种电源的整流电路、保护电路、测量电路、控制电路、照明电路中。代换时,所选整流二极管的功率应满足电路要求,并应根据电路的工作频率和工作电压进行选择,反向峰值电压、最大整流电流、最大反向工作电流、截止频率、反向恢复时间等参数应符合电路设计要求。

整流二极管的选用与代换实例如图 5-28 所示。

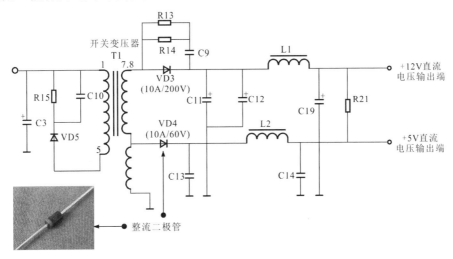

图 5-28 整流二极管的选用与代换实例

> **提示**
>
> 在电路中,VD3 和 VD4 为整流二极管,额定电流为 10A。其中,VD3 的额定电压为 200V,VD4 的额定电压为 60V。开关变压器绕组的输出电流经 VD3 整流,C11、L1、C19 滤波,输出 +12V 直流电压,绕组的中间抽头经 VD4 整流,C13、L2、C14 滤波,输出 +5V 直流电压。代换时,应选择额定电流、额定电压大于或等于上述参数的整流二极管。

2 稳压二极管的选用与代换

稳压二极管主要适合稳压电源电路中作为基准电压源、过电压保护电路中作为保护二极管、延迟电路等。其特点是工作在反向击穿状态下。

选择代换稳压二极管时,要注意选用稳压二极管的稳定电压值应与应用电路的基准电压值相同,最大稳定电流应高于应用电路最大负载电流的 50% 左右,应尽量选用动态电阻较小的稳压管。动态电阻越小,稳压管性能越好。功率应符合电路的设计要求,可串联使用,同时注意应用的环境不同,应选用不同的耗散功率类型,若环境温度超过 50℃时,则温度每升高 1℃,应将最大耗散功率降低 1%。

图 5-29 为稳压二极管的选用与代换实例。

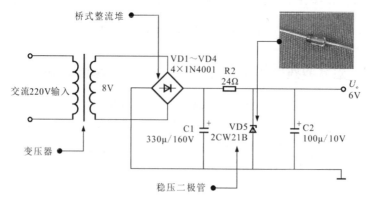

图 5-29 稳压二极管的选用与代换实例

提示

在电路中，VD5 为稳压二极管，型号为 2CW21B。交流 220V 电压经变压器降压后输出 8V 交流低压，经桥式整流堆输出约 11V 直流电压，再经 C1 滤波，R2、VD5 稳压，稳压值为 6V，C2 滤波后输出 6V 稳压直流。在稳压二极管代换时，尽量选择同类型、同型号的稳压二极管。

常用 1N 系列稳压二极管型号及可代换型号见表 5-5。

表5-5 常见1N系列稳压二极管型号及可代换型号

型号	额定电压（V）	最大工作电流（mA）	可代换型号
1N708	5.6	40	BWA54、2CW28（5.6 V）
1N709	6.2	40	2CW55/B（硅稳压二极管）、BWA55/E
1N710	6.8	36	2CW55A、2CW105（硅稳压二极管：6.8 V）
1N711	7.5	30	2CW56A（硅稳压二极管）、2CW28（硅稳压二极管）2CW106（稳压范围为7.0～8.8V：选7.5V）
1N712	8.2	30	2CW57/B、2CW106（稳压范围为7.0～8.8V：选8.2 V）
1N713	9.1	27	2CW58A/B、2CW74
1N714	10	25	2CW18、2CW59/A/B
1N715	11	20	2CW76、2DW12F、BS31-12
1N716	12	20	2CW61/A、2CW77/A
1N717	13	18	2CW62/A、2DW21G
1N718	15	16	2CW112（稳压范围为13.5～17 V：选15 V）、2CW78A
1N719	16	15	2CW63/A/B、2DW12H
1N720	18	13	2CW20B、2CW64/B、2CW68（稳压范围为18～21 V：选18 V）
1N721	20	12	2CW65（稳压范围为20～24 V：选20 V）、2DW12I、BWA65
1N722	22	11	2CW20C、2DW12J
1N723	24	10	WCW116、2DW13A
1N724	27	9	2CW20D、2CW68、BWA68/D
1N725	30	13	2CW119（稳压范围为29～33 V：选30V）
1N726	33	12	2CW120（稳压范围为32～36 V：选33V）
1N727	36	11	2CW120（稳压范围为32～36 V：选36V）

提示

表5-5 常见1N系列稳压二极管型号及可代换型号（续）

型号	额定电压（V）	最大工作电流（mA）	可代换型号
1N728	39	10	2CW121（稳压范围为35~40 V：选39V）
1N748	3.8~4.0	125	HZ4B2
1N752	5.2~5.7	80	HZ6A
1N753	5.8~6.1	80	2CW132（稳压范围为5.5~6.5 V）
1N754	6.3~6.8	70	H27A
1N755	7.1~7.3	65	HZ7.5EB
1N757	8.9~9.3	52	HZ9C
1N962	9.5~11	45	2CW137（稳压范围为10.0~11.8 V）
1N963	11~11.5	40	2CW138（稳压范围为11.5~12.5 V）、HZ12A-2
1N964	12~12.5	40	HZ12C-2、MA1130TA
1N969	21~22.5	20	RD245B
1N4240A	10	100	2CW108（稳压范围为9.2~10.5 V：选10 V）、2CW109（稳压范围为10.0~11.8 V）、2DW5
1N4724A	12	76	2DW6A、2CW110（稳压范围为11.5~12.5 V：选12 V）
1N4728	3.3	270	2CW101（稳压范围为2.5~3.6V：选3.3 V）
1N4729	3.6	252	2CW101（稳压范围为2.5~3.6 V：选3.6 V）
1N4729A	3.6	252	2CW101（稳压范围为2.5~3.6 V：选3.6 V）
1N4730A	3.9	234	2CW102（稳压范围为3.2~4.7 V：选3.9 V）
1N4731	4.3	217	2CW102（稳压范围为3.2~4.7 V：选4.3 V）
1N4731A	4.3	217	2CW102（稳压范围为3.2~4.7 V：选4.3 V）
1N4732/A	4.7	193	2CW102（稳压范围为3.2~4.7 V：选4.7 V）
1N4733/A	5.1	179	2CW103（稳压范围为4.0~5.8 V：选5.1 V）
1N4734/A	5.6	162	2CW103（稳压范围为4.0~5.8 V：选5.6 V）
1N4735/A	6.2	146	1W6V2、2CW104（稳压范围为5.5~6.5 V：选6.2 V）
1N4736/A	6.8	138	1W6V8、2CW104（稳压范围为5.5~6.5 V：选6.8 V）
1N4737/A	7.5	121	1W7V5、2CW105（稳压范围为6.2~7.5 V：选7.5 V）
1N4738/A	8.2	110	1W8V2、2CW106（稳压范围为7.0~8.8 V：选8.2 V）
1N4739/A	9.1	100	1W9V1、2CW107（稳压范围为8.5~9.5 V：选9.1 V）
1N4740/A	10	91	2CW286-10 V、B563-10
1N4741/A	11	83	2CW109（稳压范围为10.0~11.8 V：选11 V）、2DW6
1N4742/A	12	76	2CW110（稳压范围为11.5~12.5 V：选12 V）、2DW6A
1N4743/A	13	69	2CW111（稳压范围为12.2~14 V：选13 V）、2DW6B、BWC114D
1N4744/A	15	57	2CW112（稳压范围为13.5~17 V：选15 V）、2DW6D
1N4745/A	16	51	2CW112（稳压范围为13.5~17 V：选16 V）、2DW6E
1N4746/A	18	50	2CW113（稳压范围为16~19 V：选18 V）、1W18V
1N4747/A	20	45	2CW114（稳压范围为18~21 V：选20 V）、BWC115E
1N4748/A	22	41	2CW115（稳压范围为20~24 V：选22 V）、1W22V

提示

表5-5 常见1N系列稳压二极管型号及可代换型号（续）

型号	额定电压（V）	最大工作电流（mA）	可代换型号
1N4749/A	24	38	2CW116（稳压范围为23~26 V：选24 V）、1W24V
1N4750/A	27	34	2CW117（稳压范围为25~28 V：选27 V）、1W27V
1N4751/A	30	30	2CW118（稳压范围为27~30 V：选30 V）、1W30V、2DW19F
1N4752/A	33	27	2CW119（稳压范围为29~33 V：选33V）、1W33V
1N4753	36	13	2CW120（稳压范围为32~36 V：选36V）、1/2W36V
1N4754	39	12	2CW121（稳压范围为35~40 V：选39 V）、1/2W39V
1N4754	43	12	2CW122（43 V）、1/2W43V
1N4756	47	10	2CW122（47 V）、1/2W47V
1N4757	51	9	2CW123（51 V）、1/2W51V
1N4758	56	8	2CW124（56 V）、1/2W56V
1N4759	62	8	2CW124（62 V）、1/2W62 V
1N4760	68	7	2CW125（68 V）、1/2W68V
1N4761	75	6.7	2CW126（75 V）、1/2W75V
1N4762	82	6	2CW126（82 V）、1/2W82V
1N4763	91	5.6	2CW127（91 V）、1/2W91V
1N4764	100	5	2CW128（100 V）、1/2W100V
1N5226/A	3.3	138	2CW51（稳压范围为2.5~3.6V：选3.3V）、2CW5226
1N5227/A/B	3.6	126	2CW51（稳压范围为2.5~3.6V：选3.6 V）、2CW5227
1N5228/A/B	3.9	115	2CW52（稳压范围为3.2~4.5V：选3.9 V）、2CW5228
1N5229/A/B	4.3	106	2CW52（稳压范围为3.2~4.5V：选4.3 V）、2CW5229
1N5230/A/B	4.7	97	2CW53（稳压范围为4.0~5.8V：选4.7 V）、2CW5230
1N5231/A/B	5.1	89	2CW53（稳压范围为4.0~5.8V：选5.1 V）、2CW5231
1N5232/A/B	5.6	81	2CW103（稳压范围为4.0~5.8 V：选5.6 V）、2CW5232
1N5233/A/B	6	76	2CW104（稳压范围为5.5~6.5 V：选6 V）、2CW5233
1N5234/A/B	6.2	73	2CW104（稳压范围为5.5~6.5 V：选6.2 V）、2CW5234
1N5235/A/B	6.8	67	2CW105（稳压范围为6.2~7.5 V：选6.8 V）、2CW5235

3 检波二极管的选用与代换

检波二极管主要适用于高频检波电路、混频、鉴频、鉴相限幅、钳位、开关和调制电路、AGC 电路等，一般采用锗材料点接触型结构，结间电容小，工作频率高。检波二极管在代换时应根据电路的具体要求来选择工作频率高、反向电流小、正向电流足够大的检波二极管，因检波是对高频波整流，二极管的结电容一定要小，所以选用点接触二极管；检波二极管的正向电阻为 200~900Ω 较好；反向电阻则是越大越好。下面选用超外差收音机检波电路介绍检波二极管的代换。

图 5-30 为检波二极管的选用与代换实例。

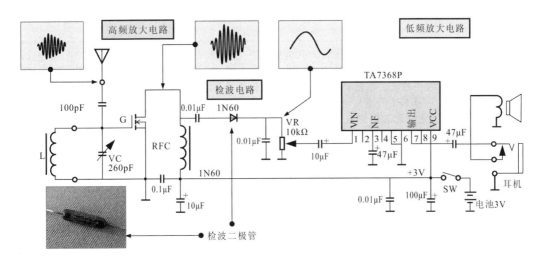

图 5-30 检波二极管的选用与代换实例

提示

在收音机检波电路中选用检波二极管1N60。高频放大电路输出的调幅波加到二极管1N60的正极,由于二极管单向导电特性,其正半周调幅波通过二极管,负半周被截止,通过二极管1N60后输出的调幅波只有正半周。正半周的调幅波再由滤波器滤除其中的高频成分,经低频放大电路放大后输出的就是调制在载波上的音频信号。在代换时,尽量选择同类型、同型号的检波二极管。

4 发光二极管的选用与代换

发光二极管主要适用于检测电路、指示灯电路、数字化仪表电路、计算机或其他电子设备的数字显示电路、工作状态指示电路(如显示器的电源指示灯)等。

选择代换发光二极管时,额定电流应大于电路中最大允许电流值,应根据要求选择发光二极管的发光颜色,如作为电源指示可选择红色,同时注意根据安装位置选择发光二极管的形状和尺寸。普通发光二极管的工作电压一般为 2~2.5V。电路只要满足工作电压的要求,不论是直流还是交流都可以。

图 5-31 为发光二极管的选用与代换实例。

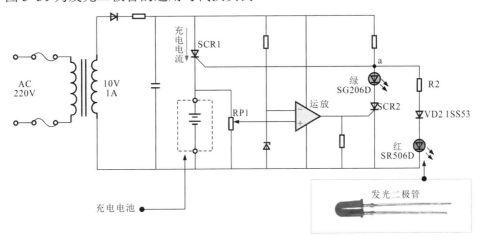

图 5-31 发光二极管的选用与代换实例

> **提示**
>
> 　　图中，选用发光二极管 SG206D 和 SR506D 作为指示，交流 220V 电压经变压器后降为 10V，再经整流滤波后形成直流电压，分别加到晶闸管 SCR1 和显示控制电路。电源接通后，a 点电压上升，触发晶闸管给电池充电，同时红色发光二极管有电流，二极管发光表示开始充电。当充电到达额定值时，电池两端的电压上升，使电位器 RP1 的滑片电压上升，运算放大器的正（+）端电压上升，运放输出高电平使晶闸管 SCR2 导通，绿色发光二极管发光，a 点电压下降，停止充电，红色发光二极管熄灭。通常，发光二极管是可以通用的，在代换发光二极管时，应注意发光二极管的外形、尺寸及发光颜色要与设计要求相匹配。
>
> 　　一般普通绿色、黄色、红色、橙色发光二极管的工作电压为 2V 左右；白色发光二极管的工作电压通常大于 2.4V；蓝色发光二极管的工作电压通常大于 3.3V。

5　变容二极管的选用与代换

　　变容二极管是一种反偏压二极管，正常时工作在反向偏置状态，即负极上的电压大于正极上的电压；PN 结的结电容随反向电压的变化而变化（反向偏压越大，结电容越小）。变容二极管主要适用于电视机中的电子调谐电路、调频收音机 AFC 电路中的振荡回路、倍频电路、手机或座机的高频调制电路。

　　选择代换变容二极管时，应注意工作频率、最高反向工作电压、最大正向电流、零偏压结电容、电容变化范围等参数应符合应用电路的要求，尽量选用结电容变化大、高 Q 值、反向漏电流小的变容二极管。

　　图 5-32 为变容二极管的选用与代换实例。

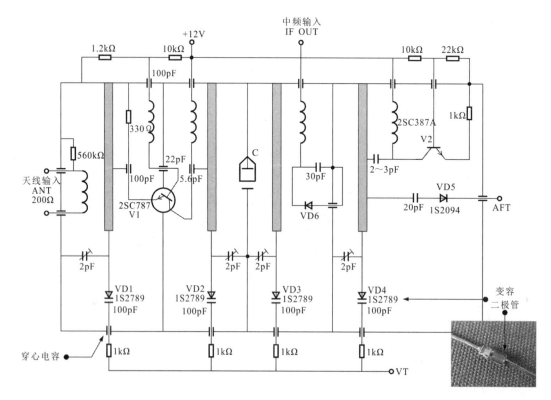

图 5-32　变容二极管的选用与代换实例

> **提示**
>
> 在电子调谐式U频段电视机接收电路中，VD1～VD4为变容二极管1S2789，由高频放大器、混频和本机振荡电路构成。天线接收的信号经扁平电缆加到输入线圈上，经腔体谐振电路耦合到高放晶体管V1的发射极，放大后由集电极输出，经双调谐电路耦合到混频极VD6。由V2和调谐电路构成本振电路。本振电路也将本振信号送到混频电路，混频后，由IF端输出中频信号。VD1～VD4为谐振电路中的变容二极管，VT端为调谐电压输入端。VD5为本振电路中的变容二极管，AFT电压加到VD5上对本振频率进行微调。在代换变容二极管时，应尽量选择同型号的变容二极管并注意极性，以确保变容二极管的性能。

6 开关二极管的选用与代换

开关二极管主要适用于收录机、电视机、影碟机等家用电器及电子设备的开关电路、检波电路、高频脉冲整流电路及门电路、钳位电路、自动控制电路等电路中，利用PN结的单向导电性，在电路中通过对电流的控制实现对电路开和关的控制，具有开关速度快、体积小、寿命长、可靠性高等特点。

选择代换开关二极管时，应注意开关二极管的正向电流、最高反向电压、反向恢复时间等应满足应用电路要求。例如，在收录机、电视机及其他电子设备的开关电路中（包括检波电路），常选用2CK、2AK系列小功率开关二极管；在彩色电视机高速开关电路中，可选用1N4148、1N4151、1N4152等开关二极管；在录像机、彩色电视机的电子调谐器等开关电路中，可选用MA165、MA166、MA167型高速开关二极管。

图5-33为开关二极管的选用与代换实例。

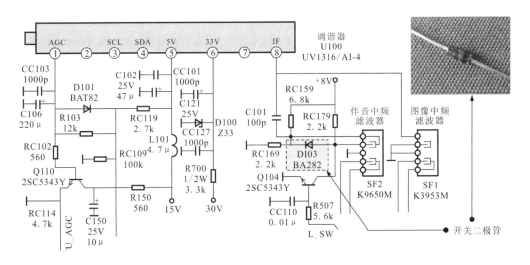

图5-33 开关二极管的选用与代换实例

> **提示**
>
> 在电视机调谐器及中频电路中，D103为BA282型号的开关二极管。经查表，该二极管为P型锗材料高频大功率管（$F > 3MHz$，$P_c > 1W$）。在声表面波滤波器前级，通常会选用一只开关二极管作为开关控制器件，代换时应注意极性，以保证开关二极管的功能。
>
> 代换时，应尽量选用同型号、同类型的开关二极管代换。若没有同型号的开关二极管，应根据被代换开关二极管的各项参数选用相匹配的开关二极管。若代换不当，不仅可能损坏所代换的开关二极管，还可能对应用电路或设备造成损伤，严重时还可能损坏相关的器件。

5.3 二极管引脚极性和制作材料的检测

5.3.1 二极管引脚极性的检测方法

二极管有正、负极之分，检测前，准确区分引脚极性是检测二极管的关键环节。

二极管的引脚极性可以根据二极管上的标识信息识别，对于一些没有明显标识信息的二极管，可以使用万用表的欧姆挡进行简单的检测判别，如图5-34所示。

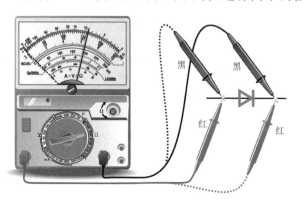

将万用表置于"×1k"欧姆挡，将万用表的黑表笔搭在二极管的一侧引脚上，红表笔搭在另一侧引脚上，记录测量结果，然后调换表笔再次测量。在使用指针万用表检测二极管检测阻值较小的操作中，黑表笔所接引脚为二极管的正极，红表笔所接引脚为二极管的负极；使用数字万用表判别正好相反，在检测阻值较小的操作中，红表笔所接为二极管的正极，黑表笔所接为二极管的负极

图5-34 二极管引脚极性的检测判别方法

提示

大部分二极管会在外壳上标注极性，有些通过电路图形符号表示，有些通过色环或引脚长短特征标注，如图5-35所示。

识别安装在电路板上二极管的引脚极性时，可观察二极管附近或背面焊点周围有无标注信息，根据标注信息很容易识别引脚的极性。此外，也可根据二极管所在的电路，找到对应的电路图纸，根据图纸中的电路图形符号识别引脚极性。

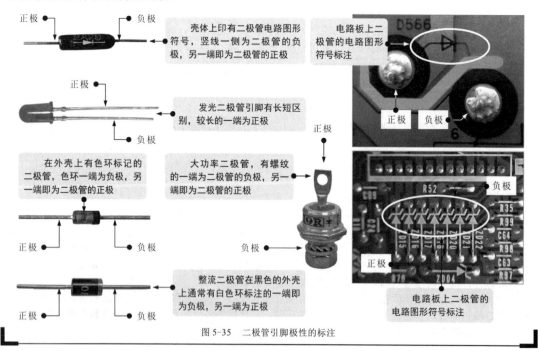

图5-35 二极管引脚极性的标注

5.3.2 二极管制作材料的检测方法

二极管的制作材料有锗半导体材料和硅半导体材料之分，在对二极管进行选配、代换时，准确区分二极管的制作材料是十分关键的步骤。

1 二极管制作材料的检测判别方法

判别二极管制作材料时，主要依据不同材料二极管的导通电压有明显区别这一特点进行判断，通常使用数字万用表的二极管挡进行检测，如图 5-36 所示。

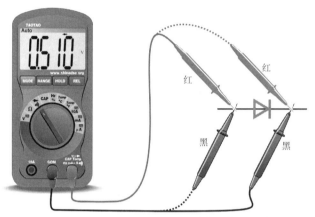

将万用表的挡位设置在"二极管"挡，红、黑表笔任意搭在二极管的两引脚上，观察万用表的读数。若实测二极管的正向导通电压为0.2～0.3V，则说明该二极管为锗二极管；若实测数据在0.6～0.7V范围内，则说明所测管二极管为硅二极管。

图 5-36 二极管制作材料的检测判别方法

2 二极管制作材料的检测操作

图 5-37 为二极管制作材料的检测操作。

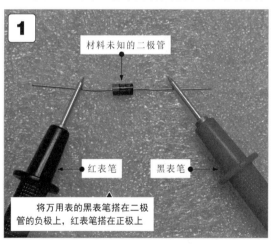
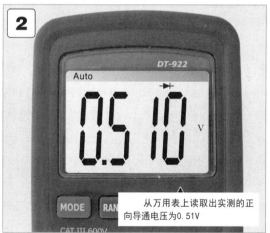

图 5-37 二极管制作材料的检测操作

提示

将万用表的挡位设置在"二极管"挡，红、黑表笔任意搭在二极管的两引脚上，观察万用表的读数。若实测二极管的正向导通电压在 0.2～0.3V 范围内，则说明所测二极管为锗二极管；若实测数据在 0.6～0.7V 范围内，则说明所测二极管为硅二极管。

5.4 整流二极管的检测

5.4.1 整流二极管的检测方法

整流二极管主要利用二极管的单向导电特性实现整流功能，判断整流二极管好坏可利用这一特性进行检测，即用万用表检测整流二极管正、反向阻值的方法，如图5-38所示。

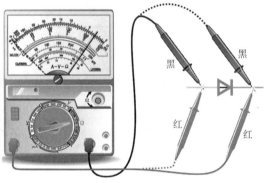

将万用表置于"×1k"欧姆挡，两表笔任意搭在二极管的两引脚上。在正常情况下，整流二极管的正向阻值为几千欧姆，反向阻值为无穷大。若正、反向阻值都为无穷大或阻值很小，则说明该整流二极管损坏；若测得正、反向阻值相近，则说明该整流二极管性能不良；若指针一直不断摆动，不能停止在某一阻值上，则多为该整流二极管的热稳定性不好。

图5-38 整流二极管的检测方法

提示

将万用表置于"×1k"欧姆挡，两表笔任意搭在二极管的两引脚上。在正常情况下，整流二极管的正向阻值为几千欧姆，反向阻值为无穷大。

5.4.2 整流二极管的实用检测案例

图5-39为整流二极管的检测案例。

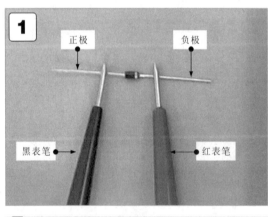

1 将万用表的黑表笔搭在整流二极管的正极上，红表笔搭在负极上（由于万用表内部电池正极接黑表笔，负极接红表笔，故为加正向电压的情况）

2 从万用表上读取出实测的正向阻值为3kΩ，对换红、黑表笔位置，测得的反向阻值为无穷大。

图5-39 整流二极管的检测案例

5.5 发光二极管的检测

5.5.1 发光二极管的检测方法

发光二极管一般可通过检测正、反向阻值和导通发光情况来判断是否良好,将万用表调至欧姆挡(电阻挡),检测发光二极管两引脚间的正、反向阻值,如图5-40所示。

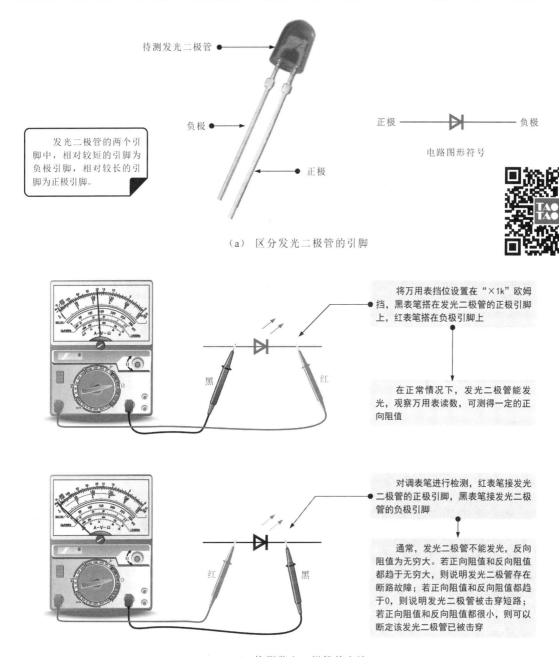

(a) 区分发光二极管的引脚

(b) 检测发光二极管的方法

图5-40 发光二极管的检测方法

5.5.2 发光二极管的实用检测案例

图 5-41 为发光二极管的检测案例。

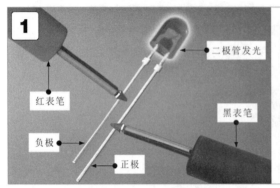

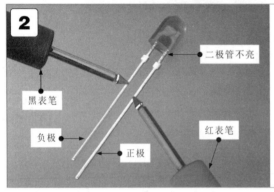

1 将黑表笔搭在发光二极管的正极引脚上，红表笔搭在负极引脚上，二极管发光，测得正向阻值为20kΩ。

2 将红、黑表笔对调，二极管不发光，测得反向阻值为无穷大。

图 5-41 发光二极管的检测案例

提示

在检测发光二极管的正向阻值时，选择不同的欧姆挡量程，发光二极管所发出的光线亮度也会不同。通常，所选量程的输出电流越大，发光二极管的光线越亮，如图 5-42 所示。

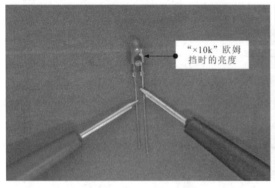
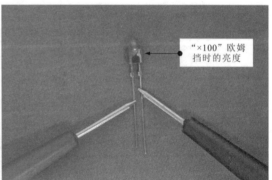

图 5-42 发光二极管检测时的发光情况对比

提示

发光二极管的型号不同,规格也不同。例如,红色普通发光二极管的规格为 2V/20mA,在应用时,应不超过此范围;高亮度白色 LED 的规格为 3.5V/20mA;高亮度绿色 LED 为 3.6V/30mA。

检测发光二极管还可根据参数特点搭建检测电路,如图 5-34 所示。

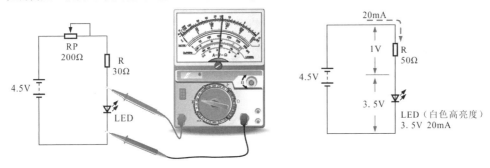

图 5-43 搭建电路检测发光二极管的参数

检测发光二极管一般需要搭建测试电路或在路状态下检测发光性能、管压降或工作电流等参数。在图 5-34 中,将发光二极管(LED)串接到电路中,电位器 RP 用于调整限流电阻。在调整过程中,观测 LED 的发光状态和管压降。达到 LED 的额定工作状态时,理论上应为图中右侧的关系。

5.6 检波二极管的检测

5.6.1 检波二极管的检测方法

检测检波二极管可使用万用表的蜂鸣挡(二极管检测挡)检测检波二极管的正、反向阻值来判断是否良好。

将万用表调至蜂鸣挡(二极管检测挡),检测检波二极管两引脚间的正、反向阻值,如图 5-44 所示。

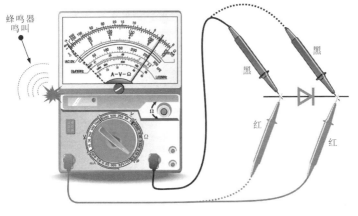

将万用表置于蜂鸣挡,红、黑表笔任意搭在二极管的两引脚上,观察万用表的读数。通常,检波二极管可测出正向阻值,并且万用表发出蜂鸣声;检测出的反向阻值一般为无穷大,不能听到蜂鸣声。若检测结果与上述情况不符,则说明检波二极管已损坏。

图 5-44 检波二极管的检测方法

5.6.2 检波二极管的实用检测案例

图 5-45 为检波二极管的检测案例。

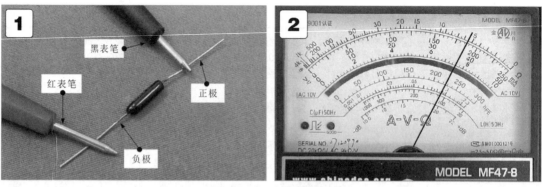

1 将万用表的黑表笔搭在检波二极管的正极引脚上,红表笔搭在负极上。

2 测得一定的阻值,并且万用表发出蜂鸣声。对换红、黑表笔的位置,测得的阻值为无穷大,万用表无声音发出。

图 5-45 检波二极管的检测案例

5.7 其他二极管的检测

5.7.1 稳压二极管的检测方法

稳压二极管是利用二极管的反向击穿特性制造的二极管,外加较低反向电压时呈截止状态,当反向电压加到一定值时,反向电流急剧增加,呈反向击穿状态。在此状态下,稳压二极管两端为一固定值。该值为稳压二极管的稳压值。检测稳压二极管主要就是检测稳压性能和稳压值。

检测稳压二极管的稳压值必须在外加偏压(提供反向电流)的条件下进行,即搭建检测电路,将稳压二极管(RD3.6E 型)与可调直流电源(3～10V)、限流电阻(220Ω)搭成如图 5-46 所示的电路,然后将万用表调至直流电压挡,黑表笔搭在稳压二极管的正极,红表笔搭在稳压二极管的负极,观察万用表所显示的电压值。

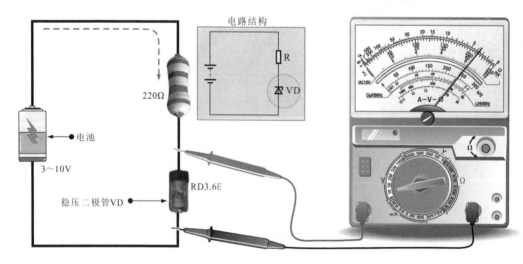

图 5-46 稳压二极管稳压值的检测方法

提示

根据稳压二极管的特性，稳压二极管的反向击穿电流被限制在一定范围内，稳压二极管不会损坏。实用上，根据电路需要，厂商制造出了不同电流和不同稳压值的稳压二极管，如图中的 RD3.6E。

当直流电源输出电压较小时（<稳压值 3.6V），稳压二极管截止，万用表指示值等于电源电压值。当电源电压超过 3.6V 时，万用表指示为 3.6V。

继续增加直流电源的输出电压，直到 10V，稳压二极管两端的电压值仍为 3.6V，此值为稳压二极管的稳压值。

RD3.6E 稳压二极管的稳压值为 3.47～3.83V，也就是说，该范围的稳压二极管均为合格产品，如果电路有严格的电压要求，则应挑选符合要求的器件。

如果要检测较高稳压值的稳压二极管，则应使用大于稳压值的直流电源。

5.7.2 光敏二极管的检测方法

光敏二极管通常作为光电传感器检测环境光线信息。检测光敏二极管一般需要搭建测试电路检测光照与电流的关系或性能。

将光敏二极管置于反向偏置，如图 5-47 所示。光电流与所照射的光成比例。光电流的大小可在电阻上检测，即检测电阻 R 上的电压值 U，即可计算出电流值。改变光照强度，光电流就会变化，U 值也会变化。

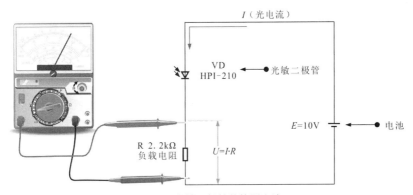

图 5-47　光敏二极管的检测方法

光敏二极管光电流的值往往很小，作用于负载的能力较差，因而与三极管组合，将光电流放大后再驱动负载。因此，可利用组合电路检测光敏二极管，这样更接近实用。

图 5-48 是光敏二极管与三极管组成的集电极输出电路。

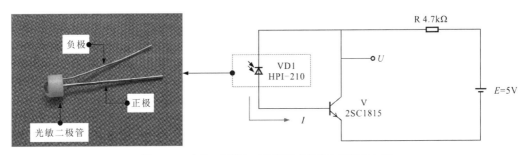

图 5-48　光敏二极管与三极管组成的集电极输出电路

> **提示**
>
> 光敏二极管接在三极管的基极电路中，光电流作为三极管的基极电流，集电极电流等于放大 h_{FE} 倍的基极电流，通过检测集电极电阻压降，即可计算出集电极电流，这样可将光敏二极管与放大三极管的组合电路作为一个光敏传感器的单元电路来使用，三极管有足够的信号强度去驱动负载。

图 5-49（a）是光敏二极管与三极管组成的发射极输出电路，采用光敏二极管与电阻器构成分压电路，为三极管的基极提供偏压，可有效抑制暗电流的影响。

图 5-49（b）是采用发射极输出的测试电路。

图 5-49（c）是采用集电极输出的测试电路。

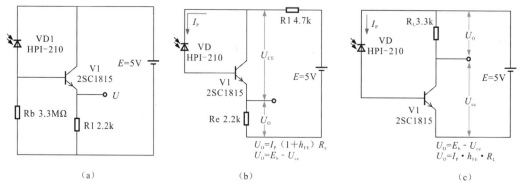

图 5-49　光敏二极管与三极管构成的测试电路

5.7.3　双向触发二极管的检测方法

双向触发二极管属于三层构造的两端交流器件，等效于基极开路、发射极与集电极对称的 NPN 型三极管，正、反向的伏安特性完全对称，当两端电压小于正向转折电压 $U_{(BO)}$ 时，呈高阻态；当两端电压大于转折电压时，被击穿（导通）进入负阻区；同样，当两端电压超过反向转折电压时，进入负阻区。

不同型号双向触发二极管的转折电压是不同的，如 DB3 的转折电压约为 30V，DB4、DB5 的转折电压要高一些。

检测双向触发二极管主要是检测转折电压的值，可搭建如图 5-50 所示的检测电路。

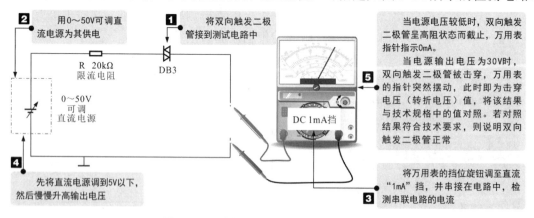

图 5-50　双向触发二极管转折电压值的检测

将双向触发二极管接入电路中，通过检测电路的电压值可判断双向触发二极管有无开路情况，如图 5-51 所示。

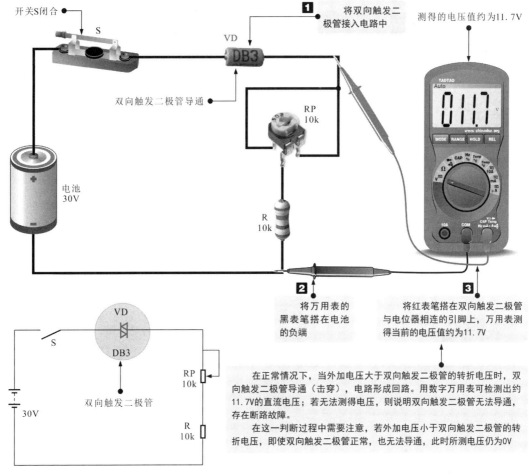

图 5-51 双向触发二极管开路状态的检测判别方法

提示

检测双向触发二极管一般不采用直接检测正、反向阻值的方法，因为在没有足够（大于转折电压）的供电电压时，双向触发二极管本身呈高阻状态，用万用表检测阻值的结果也只能是无穷大，在这种情况下，无法判断双向触发二极管是正常还是开路，因此这种检测没有实质性的意义。

综上所述，普通二极管，如整流二极管、开关二极管、检波二极管等可通过检测正、反向阻值的方法判断好坏；稳压二极管、发光二极管、光敏二极管和双向触发二极管需要搭建测试电路检测相应的特性参数；变容二极管实质是电压控制的电容器，在调谐电路中相当于小电容，检测正、反向阻值无实际意义。

值得注意的是，检测安装在电路板上的二极管属于在路检测，检测方法与上面训练的方法相同，但由于在路原因，二极管处于某种电路关系中，因此很容易受外围元器件的影响，导致测量结果不同。

因此，一般若怀疑电路板上的二极管异常时，可首先在路检测一下，当发现测试结果明显异常时，再将其从电路板上取下后，开路再次测量，进一步确定是否正常。

另外，使用数字万用表的二极管挡在路检测二极管时基本不受外围元器件的影响，在正常情况下，正向导通电压为一个固定值，反向为无穷大，否则说明二极管损坏。该方法不失为目前来说最简单、易操作的测试方法。

第6章 三极管的识别选用与检测代换

6.1 三极管的种类与应用

三极管全称"晶体三极管",又称"晶体管",是一种具有放大功能的半导体器件,在电子电路中有着广泛的应用。

6.1.1 三极管的种类特点

三极管实际上是在一块半导体基片上制作两个距离很近的 PN 结。这两个 PN 结把整块半导体分成三部分,中间部分为基极(b),两侧部分为集电极(c)和发射极(e),排列方式有 NPN 和 PNP 两种,如图 6-1 所示。

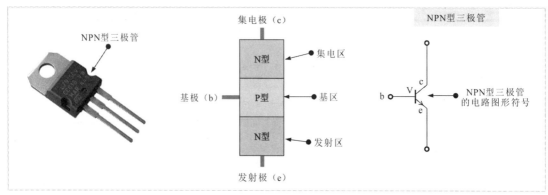

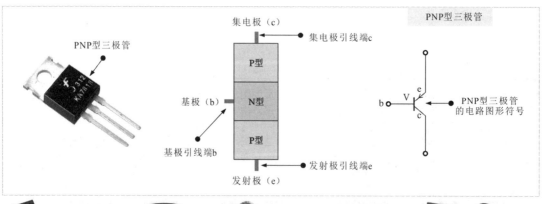

图 6-1 常见三极管的实物外形及结构

三极管的应用十分广泛,种类繁多,分类方式也多种多样。

1　小功率、中功率和大功率三极管

根据功率不同,三极管可分为小功率三极管、中功率三极管和大功率三极管。图 6-2 为三种不同功率三极管的实物外形。

图 6-2　三种不同功率三极管的实物外形

> **提示**
>
> 小功率三极管的功率一般小于 0.3W,中功率三极管的功率一般在 0.3～1W 之间,大功率三极管的功率一般在 1W 以上,通常需要安装在散热片上。

2　低频三极管和高频三极管

根据工作频率不同,三极管可分为低频三极管和高频三极管,如图 6-3 所示。

图 6-3　不同工作频率三极管的实物外形

> **提示**
>
> 低频三极管的特征频率小于 3MHz,多用于低频放大电路;高频三极管的特征频率大于 3MHz,多用于高频放大电路、混频电路或高频振荡电路等。

3 塑料封装三极管和金属封装三极管

根据封装形式不同，三极管的外形结构和尺寸有很多种，从封装材料上来说，可分为金属封装型和塑料封装型两种。金属封装型三极管主要有 B 型、C 型、D 型、E 型、F 型和 G 型；塑料封装型三极管主要 S-1 型、S-2 型、S-4 型、S-5 型、S-6A 型、S-6B 型、S-7 型、S-8 型、F3-04 型和 F3-04B 型，如图 6-4 所示

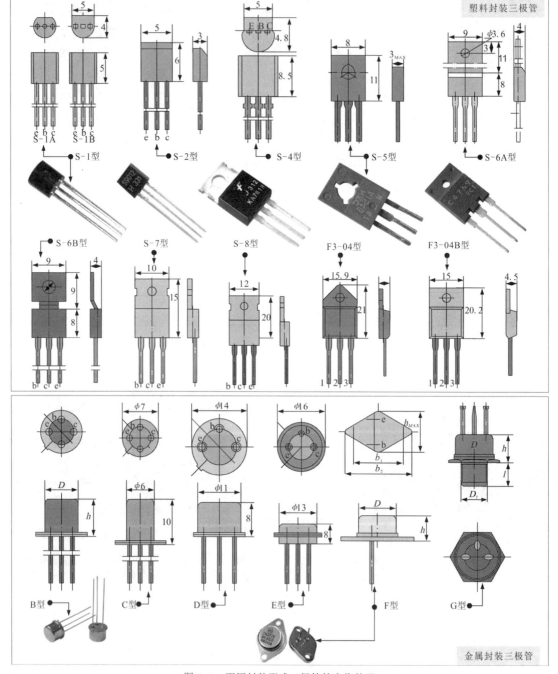

图 6-4　不同封装形式三极管的实物外形

4　锗三极管和硅三极管

三极管是由两个 PN 结构成的，根据 PN 结材料的不同可分为锗三极管和硅三极管，如图 6-5 所示。从外形上看，这两种三极管并没有明显的区别。

图 6-5　不同制作材料三极管的实物外形

提示

不论是锗三极管还是硅三极管，工作原理完全相同，都有 PNP 和 NPN 两种结构类型，都有高频管和低频管、大功率管和小功率管，但由于制造材料的不同，因此电气性能有一定的差异。

◇ 锗材料制作的 PN 结正向导通电压为 0.2～0.3V，硅材料制作的 PN 结正向导通电压为 0.6～0.7V，锗三极管发射极与基极之间的起始工作电压低于硅三极管。

◇ 锗三极管比硅三极管具有较低的饱和压降。

5　其他类型的三极管

三极管除上述几种类型外，还可根据安装形式的不同分为分立式三极管和贴片式三极管，此外还有一些特殊的三极管，如达林顿管是一种复合三极管、光敏三极管是受光控制的三极管，如图 6-6 所示。

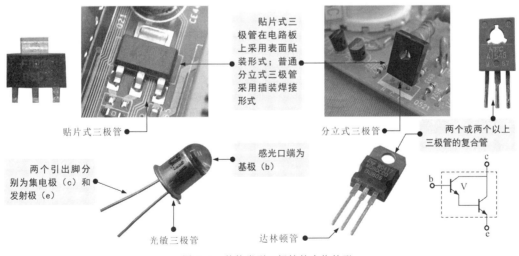

图 6-6　其他类型三极管的实物外形

6.1.2 三极管的功能应用

1 三极管的电流放大作用

三极管是一种电流放大器件，可制成交流或直流信号放大器，由基极输入一个很小的电流从而控制集电极输出很大的电流，如图6-7所示。

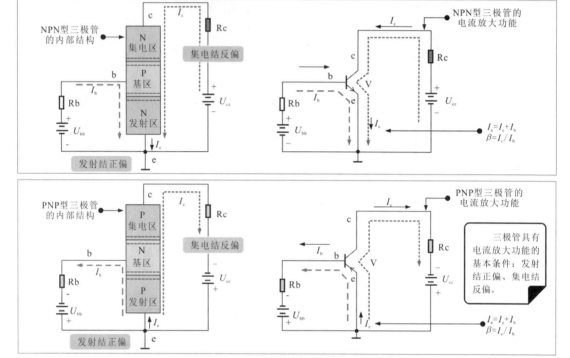

图6-7 三极管的电流放大功能

提示

三极管基极（b）电流最小，且远小于另两个引脚的电流；发射极（e）电流最大（等于集电极电流和基极电流之和）；集电极（c）电流与基极（b）电流之比即为三极管的放大倍数。

提示

三极管的放大作用可以理解为一个水闸。水闸上方储存有水，存在水压，相当于集电极上的电压。水闸侧面流入的水流称为基极电流I_b。当I_b有水流流过，冲击闸门时，闸门便会开启，这样水闸侧面很小的水流流量（相当于电流I_b）与水闸上方的大水流流量（相当于电流I_c）就汇集到一起流下（相当于发射极e的电流I_e），发射极便产生放大的电流。这就相当于三极管的放大作用，如图6-8所示。

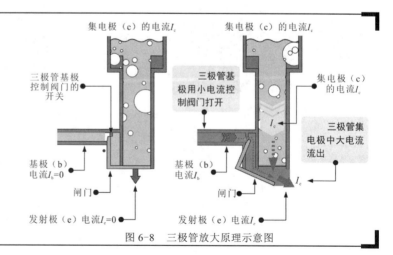

图6-8 三极管放大原理示意图

> **提示**
> 基极与发射极之间的 PN 结称为发射结,基区与集电极之间的 PN 结称为集电结。PN 结两边外加正向电压,即 P 区接外电源正极,N 区接外电源负极,这种接法又称正向偏置,简称正偏。PN 结两边外加反向电压,即 P 区接外电源负极,N 区接外电源正极,这种接法又称反向偏置,简称反偏。

三极管具有放大功能的基本条件是保证基极和发射极之间加正向电压(发射结正偏),基极与集电极之间加反向电压(集电结反偏)。基极相对于发射极为正极性电压,基极相对于集电极为负极性电压。

三极管的特性曲线如图 6-9 所示。

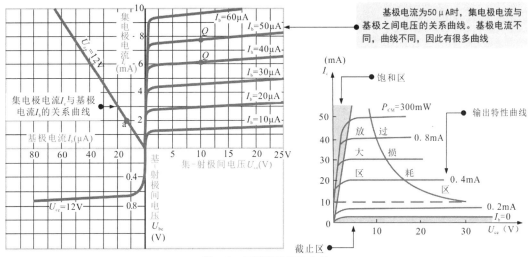

图 6-9 三极管的特性曲线

输入特性曲线是指当集—射极之间的电压 U_{ce} 为某一常数时,输入回路中的基极(b)电流 I_b 与加在基—射极间的电压 U_{be} 之间的关系曲线。在放大区,集电极电流与基极电流的关系如图 6-10 所示。

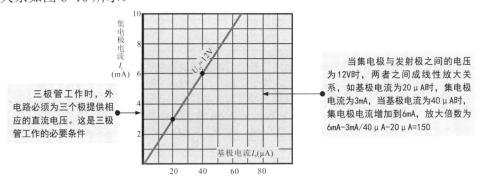

图 6-10 集电极电流(I_c)与基极电流(I_b)的关系

> **提示**
> 在三极管内部,U_{ce} 的主要作用是保证集电结反偏。当 U_{ce} 很小,不能使集电结反偏时,三极管完全等同于二极管。
> 在 U_{ce} 使集电结反偏后,集电结内电场就很强,能将扩散到基区自由电子中的绝大部分拉入集电区,与 U_{ce} 很小(或不存在)相比,I_c 增大了。因此,U_{ce} 并不能改变特性曲线的形状,只能使曲线下移一段距离。

输出特性曲线是指当基极（b）电流 I_b 为常数时，输出电路中集电极（c）电流 I_c 与集—射极间的电压 U_{ce} 之间的关系曲线。集电极电流与 U_{ce} 的关系曲线如图6-11所示。

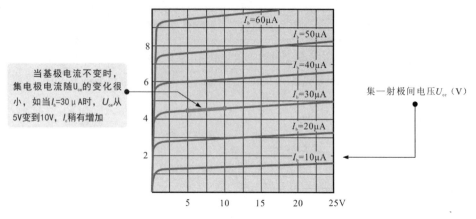

图6-11　集电极电流（Ic）与Uce的关系曲线

提示

根据三极管不同的工作状态，输出特性曲线分为3个工作区。

◇ 截止区：$I_b=0$ 曲线以下的区域被称为截止区。$I_b=0$ 时，$I_c=I_{CEO}$，该电流被称为穿透电流，其值极小，通常忽略不计，故认为此时 $I_c=0$，三极管无电流输出，说明三极管已截止。对于NPN型硅管，当 $U_{be}<0.5V$，即在死区电压以下时，三极管就已经开始截止。为了可靠截止，常使 $U_{be}<0$。这样，发射结和集电结都处于反偏状态。此时的 U_{ce} 近似等于集电极（c）电源电压 U_c，意味着集电极（c）与发射极（e）之间开路，相当于集电极（c）与发射极（e）之间的开关断开。

◇ 放大区：在放大区内，三极管的发射结正偏，集电结反偏；$I_c=\beta I_b$，集电极（c）电流与基极（b）电流成正比。因此，放大区又称为线性区。

◇ 饱和区：特性曲线上升和弯曲部分的区域被称为饱和区，即 U_{ceo}，集电极与发射极之间的电压趋近零。I_b 对 I_c 的控制作用已达最大值，三极管的放大作用消失，三极管的这种工作状态被称为临界饱和；若 $U_{ce}<U_{be}$，则发射结和集电结都处在正偏状态，这时的三极管为过饱和状态。在过饱和状态下，因为 U_{be} 本身小于1V，而 U_{ce} 比 U_{be} 更小，于是可以认为 U_{ce} 近似为零。这样集电极（c）与发射极（e）短路，相当于c与e之间的开关接通。

提示

根据三极管的特性曲线，若测得NPN型三极管上各电极的对地电位分别为 $U_e=2.1V$，$U_b=2.8V$，$U_c=4.4V$，则根据数据推算，$U_b>U_e$，U_{be} 处于正偏，$U_b<U_c$，U_{bc} 处于反偏。由此可知，NPN型晶体三极管发射结正偏，集电结反偏，符合晶体三极管放大条件，因此该晶体三极管处于放大状态。

若三极管三个电极的静态电流分别为0.06mA、3.66mA和3.6mA，则根据三极管三个引脚静态电流之间的关系 $I_e>I_c>I_b$ 可知，I_c 为3.6mA，I_b 为0.06mA。因此，该三极管的放大系数 $\beta=I_c/I_b=3.6/0.06=60$。

2　三极管的开关功能

三极管的集电极电流在一定范围内随基极电流呈线性变化，这就是放大特性。当基极电流高过此范围时，三极管集电极电流会达到饱和值（导通），基极电流低于此范围时，三极管会进入截止状态（断路），这种导通或截止的特性在电路中还可起到开关作用，如图6-12所示。

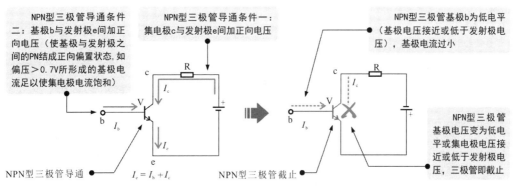

图 6-12 三极管的开关功能

3 三极管功能实验电路

图 6-13 为三极管的功能实验电路。该电路是为了理解三极管的功能而搭建的电路。

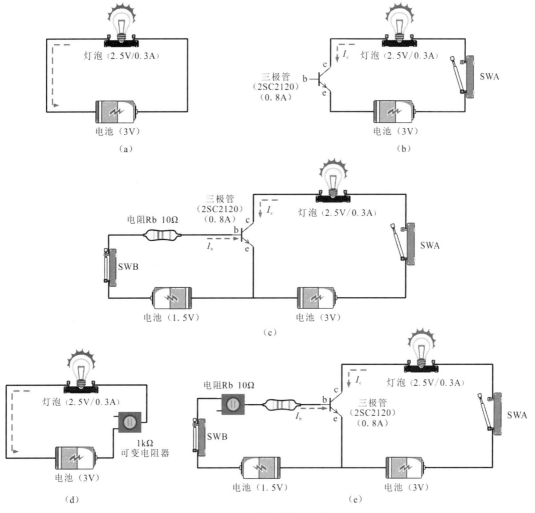

图 6-13 三极管的功能实验电路

> **提示**
>
> 图（a）是用电池为灯泡供电，接通电路，电池电流流过灯泡，灯泡发光。
>
> 图（b）是在灯泡供电电路中串入三极管。当三极管无控制电压时，接通开关。由于三极管处于截止状态，无电流，灯泡不亮。
>
> 图（c）是在三极管的基极设置一个电池、一个开关和一个电阻器，当接通开关 SWB 时，电池经电阻 Rb 有电压加到晶体管的基极，基极有电流，三极管就会产生集电极电流 I_c，并流过灯泡，灯泡发光。如果断开 SWB，三极管基极失电，三极管截止，灯泡熄灭。这样就可以通过基极控制三极管的导通状态。
>
> 图（d）是在灯泡的供电电路中串入可变电阻器，该电阻器会消耗一定的电能，并有限流作用，串入电阻器的值越大，电路中的电流越小，灯泡亮度会变暗。
>
> 图（e）是在三极管的基极电路中串入可变电阻器，调整该电阻器可改变基极电流，基极电流变化会使三极管集电极电流 I_c 发生变化，因为集电极电流 $I_c = h_{FE} \cdot I_b$，由此可理解三极管的放大功能。

6.2 三极管的识别与选用

6.2.1 三极管的参数识读

各个国家生产的三极管型号命名原则不相同，因此具体的识读方法也不一样。下面简单介绍几种常见三极管型号的命名及识读方法。

1　国产三极管参数识读

图 6-14 为国产三极管型号的识别。

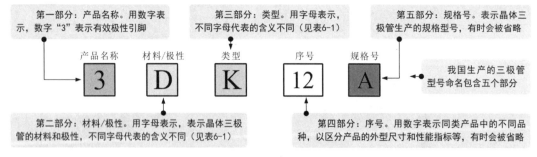

图 6-14　国产三极管型号的识别

> **提示**

表 6-1　国产三极管型号中不同字母或数字的含义

材料的极性符号	含义	材料的极性符号	含义
A	锗材料、PNP型	D	硅材料、NPN型
B	锗材料、NPN型	E	化合物材料
C	硅材料、PNP型		
类型符号	含义	类型符号	含义
G	高频小功率管	V	微波管
X	低频小功率管	B	雪崩管
A	高频大功率管	J	阶跃恢复管
D	低频大功率管	U	光敏管（光电管）
T	闸流管	J	结型场效应晶体管
K	开关管		

图 6-15 为典型国产三极管型号的识别方法。

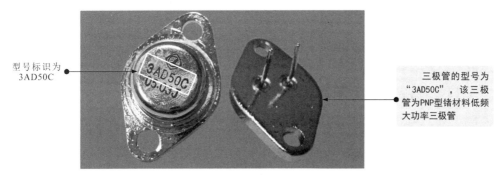

图 6-15 典型国产三极管型号的识别方法

提示

图中标识为"3AD50C"。其中,"3"表示三极管;"A"表示该管为锗材料、PNP 型;"D"表示该管为低频大功率管;"50"表示序号;"C"表示规格。因此,该三极管为低频大功率 PNP 型锗三极管。

2 日产三极管参数识读

图 6-16 为日产三极管型号的识别。

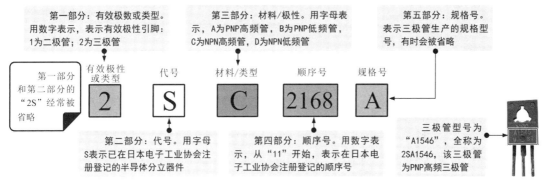

图 6-16 日产三极管型号的识别

3 美产三极管参数识读

图 6-17 为美产三极管型号的识别。

图 6-17 美产三极管型号的识别

4 三极管引脚极性的识别

三极管有三个电极，分别是基极 b、集电极 c 和发射极 e。三极管的引脚排列位置根据品种、型号及功能的不同而不同，识别三极管的引脚极性在测试、安装、调试等各个应用场合都十分重要。

图 6-18 为根据型号标识查阅引脚功能识别三极管引脚的方法。

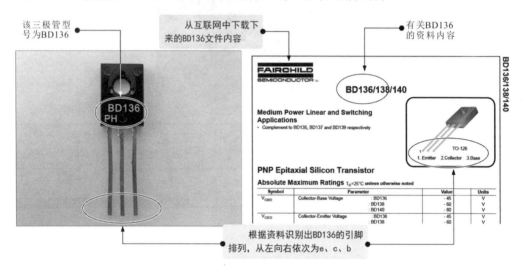

图 6-18　根据型号标识查阅引脚功能识别三极管引脚的方法

> **提示**
>
> 确定三极管的型号后，在有互联网的计算机中搜索三极管型号的相关信息，可找到很多该型号三极管的产品说明资料（PDF 文件），从这些资料中便可找到相应的三极管引脚极性示意图及各种参数信息。

图 6-19 为根据电路板上标注信息或电路图形符号识别三极管引脚的方法。

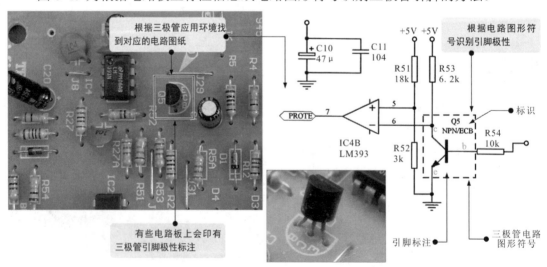

图 6-19　根据电路板上标注信息或电路图形符号识别三极管引脚的方法

图 6-20 为根据一般规律识别塑料封装三极管引脚的方法。

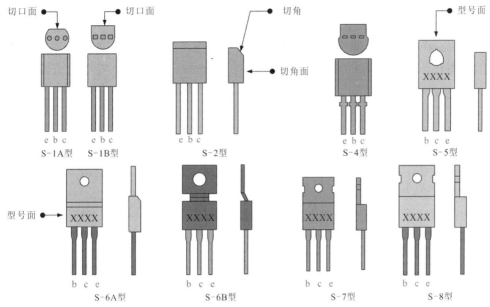

图 6-20　根据一般规律识别塑料封装三极管引脚的方法

> **提示**
>
> S-1（S-1A、S-1B）型都有半圆形底面，识别时，将引脚朝下，切口面朝自己，此时三极管的引脚从左向右依次为 e、b、c。
>
> S-2 型为顶面有切角的块状外形，识别时，将引脚朝下，切角朝向自己，此时三极管的引脚从左向右依次为 e、b、c。
>
> S-4 型引脚识别较特殊，识别时，将引脚朝上，圆面朝向自己，此时三极管的引脚从左向右依次为 e、b、c。
>
> S-5 型三极管的中间有一个三角形孔，识别时，将引脚朝下，印有型号的一面朝自己，此时从左向右依次为 b、c、e。
>
> S-6A 型、S-6B 型、S-7 型、S-8 型一般都有散热面，识别时，将引脚朝下，印有型号的一面朝自己，此时从左向右依次为 b、c、e。

图 6-21 为根据一般规律识别金属封装型三极管引脚的方法。

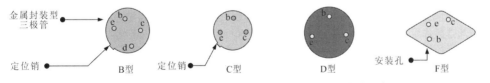

图 6-21　根据一般规律识别金属封装型三极管引脚的方法

> **提示**
>
> B 型三极管外壳上有一个突出的定位销，将引脚朝上，从定位销开始顺时针依次为 e、b、c、d，其中 d 脚为外壳的引脚。
>
> C 型、D 型三极管的三只引脚呈等腰三角形，将引脚朝上，三角形底边的两引脚分别为 e、c，顶部为 b。
>
> F 型三极管只有两只引脚，将引脚朝上，按图中方式放置，上面的引脚为 e 极，下面的引脚为 b 极，管壳为集电极。

6.2.2 三极管的选用代换

三极管是电子设备中应用最广泛的元器件之一。损坏时,应尽量选用型号、类型完全相同的三极管代换,或选择各种参数能够与应用电路或场合相匹配的三极管代换。

在选用三极管时,在能满足整机要求放大参数的前提下,不要选用直流放大系数 h_{EF} 过大的三极管,以防产生自激;选用三极管需要注意区分 NPN 型还是 PNP 型;根据使用场合和电路性能选用合适类型的三极管。例如,应用于前置放大电路的三极管,多选用放大倍数 β 较大的三极管;集电极最大允许电流 I_{cm} 应大于 2~3 倍三极管的工作电流;集电极与发射极反向击穿电压(U_{BCEO})应至少大于等于电源电压;集电极最大允许耗散功率(P_{cm})应至少大于等于电路的输出功率(P_O);选用三极管的特征频率 f_T 应满足 $f_T \geq 3f$(工作频率);中波收音机振荡器的最高频率为 2MHz 左右,选用三极管的特征频率应不低于 6MHz;调频收音机的最高振荡频率为 120Hz 左右,选用三极管的特征频率不应低于 360MHz。电视机中 VHF 频段的最高振荡频率为 250MHz 左右,选用三极管的特征频率不应低于 750 MHz。

图 6-22 为调频(FM)收音机高频放大电路(共基极放大电路)。

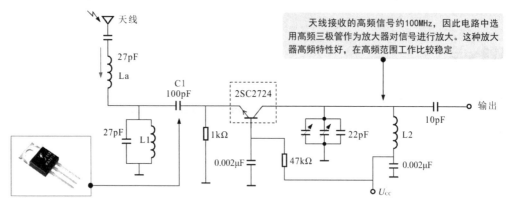

图 6-22 调频(FM)收音机高频放大电路(共基极放大电路)

提示

图中选用的三极管 2SC2724 是日本产的有三个或两个 PN 结的 NPN 型三极管。天线接收天空中的信号后,分别经 LC 组成的串联谐振电路和 LC 并联谐振电路调谐后输出所需的高频信号,经耦合电容 C1 后送入三极管的发射极,由三极管 2SC2724 放大。在集电极输出电路中设有 LC 谐振电路,与高频输入信号谐振起选频作用。代换时,应注意三极管的类型和型号,所选择的三极管必须为同类型。

另外,若所选用三极管为光敏三极管,除应注意电参数,如最高工作电压、最大集电极电流和最大允许功耗不超过最大值外,其光谱响应范围必须与入射光的光谱类型相匹配,以获得最佳的特性。

图 6-23 为三极管音频放大电路。

提示

在三极管音频放大电路中,选用的三极管 2N2078 为美国产的有两个 PN 结的三极管。其中,V1 和 V2 为 PNP 型三极管,V3 为 NPN 型三极管。该放大电路是小型录音机的音频信号放大电路,话筒信号经电位器 RP1 后加到 V1 上,音频信号经三级放大后加到变压器 T1 的初级线圈上,经变压器 T1 将音频信号送往录音磁头。同时,V3 的集电极输出经 R18、C16 反馈到 V1 的基极,改善放大器的频率特性。代换时,应注意选择同类型、同性能参数的三极管代换。

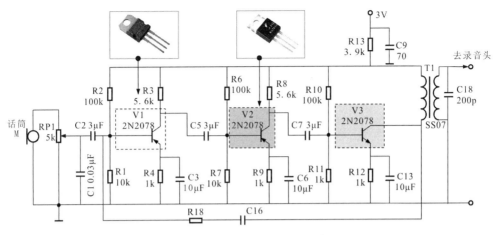

图 6-23 三极管音频放大电路

不同种类三极管内部的参数有所差异。代换时,应尽量选用同型号的三极管代换,若代换时有些型号的三极管无法找到同型号的,则也可用其他型号进行代换。

提示

常用三极管代换型号见表 6-2。

表 6-2 常用三极管代换型号

型号	类型	I_{cm}(A)	U_{BCEO}(V)	代换型号
3DG9011	NPN	0.3	50	2N4124、CS9011、JE9011
9011	NPN	0.1	50	LM9011、SS9011
9012	PNP	0.5	25	LM9012
9013	NPN	0.5	40	LM9013
3DG9013	NPN	0.5	40	CS9013、JE9013
9013LT1	NPN	0.5	40	C3265
9014	NPN	0.1	50	LM9014、SS9014
9015	PNP	0.1	50	LM9015、SS9015
TEC9015	PNP	0.15	50	BC557、2N3906
9016	NPN	0.25	30	SS9016
3DG9016	NPN	0.025	30	JE9016
8050	NPN	1.5	40	SS8050
8050LT1	NPN	1.5	40	KA3265
ED8050	NPN	0.8	50	BC337
8550	PNP	15	40	LM8550、SS8550
SDT85501	PNP	10	60	3DK104C
SDT85502	PNP	10	80	3DK104D
8550LT1	PNP	1.5	40	KA3265
2SA1015	PNP	0.15	50	BC117、BC204、BC212、BC213、BC251、BC257、BC307、BC512、BC557、CG1015、CG673
2SC1815	NPN	0.15	60	BC174、BC182、BC184、BC190、BC384、BC414、BC546、DG458、DG1815

表6-2 常用三极管代换型号（续）

型号	类型	I_{cm}(A)	U_{BCEO}(V)	代换型号
2SC945	NPN	0.1	50	BC107、BC171、BC174、BC182、BC183、BC190、BC207、BC237、BC382、BC546、BC547、BC582、DG945、2N2220、2N2221、2N2222、3DG120B、3DG4312
2SA733	NPN	0.1	50	BC177、BC204、BC212、BC213、BC251、BC257、BC307、BC513、BC557、3CG120C、3CG4312
2SC3356	NPN	0.1	20	2SC3513、2SC3606、2SC3829
2SC3838K	NPN	0.1	20	BF517、BF799、2SC3015、2SC3016、2SC3161
BC807	PNP	0.5	45	BC338、BC537、BC635、3DK14B
BC817	NPN	0.5	45	BCX19、BCW65、BCX66
BC846	NPN	0.1	65	BCV71、BCV72
BC847	NPN	0.1	45	BCW71、BCW72、BCW81
BC848	NPN	0.1	30	BCW31、BCW32、BCW33、BCW71、BCW72、BCW81
BC848-W	NPN	0.1	30	BCW31、BCW32、BCW33、BCW71、BCW72、BCW81、2SC4101、2SC4102、2SC4117
BC856	PNP	0.1	50	BCW89
BC856-W	PNP	0.1	50	BCW89、2SA1507、2SA1527
BC857	PNP	0.1	50	BCW69、BCW70、BCW89
BC857-W	PNP	0.1	50	BCW69、BCW70、BCE89、2SA1507、2SA1527
BC858	PNP	0.1	30	BCW29、BCW30、BCW69、BCW70、BCW89
BC858-W	PNP	0.1	30	BCW29、BCW30、BCW69、BCW70、BCW89、2SA1507、2SA1527
MMBT3904	NPN	0.1	60	BCW72、3DG120C
MMBT3906	PNP	0.2	60	BCW70、3DG120C
MMBT2222	NPN	0.6	60	BCX19、3DG120C
MMBT2222A	NPN	0.6	60	3DK10C
MMBT5401	PNP	0.5	150	3CA3F
MMBTA92	PNP	0.1	300	3CG180H
MMUN2111	NPN	0.1	50	UN2111
MMUN2112	NPN	0.1	50	UN2112
MMUN2113	NPN	0.1	50	UN2113
MMUN2211	NPN	0.1	50	UN2211
MMUN2212	NPN	0.1	50	UN2212
MMUN2213	NPN	0.1	50	UN2213
UN2111	NPN	0.1	50	FN1A4M、DTA114EK、RN2402、2SA1344
UN2112	NPN	0.1	50	FN1F4M、DTA124EK、RN2403、2SA1342
UN2113	NPN	0.1	50	FN1L4M、DTA144EK、RN2404、2SA1341
UN2211	NPN	0.1	50	DTC114EK、FA1A4M、RN1402、2SC3398
UN2212	NPN	0.1	50	DTC124EK、FA1F4M、RN1403、2SC3396
UN2213	NPN	0.1	50	DTC144EK、FA1L4M、RN1404、2SC339

6.3 NPN 型三极管引脚极性的检测

6.3.1 NPN 型三极管引脚极性的判别方法

在检测 NPN 型三极管时，若无法确定待测 NPN 型三极管各引脚的极性，则可借助万用表检测 NPN 型三极管各引脚阻值的方法，判别待测 NPN 型三极管各引脚的极性。

待测三极管只知道是 NPN 型三极管，引脚极性不明，在判别引脚极性时，需要先假设一个引脚为基极（b），通过万用表确认基极（b）的位置，然后对集电极和发射极的位置进行判断，如图 6-24 所示。

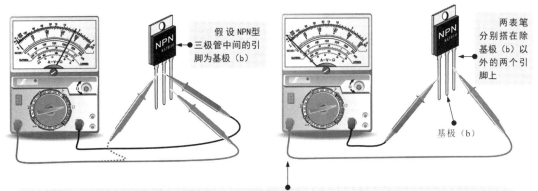

先假设一个引脚为基极（b），以该引脚为中心，使用万用表检测与其他引脚之间的正向阻值。通常，NPN型三极管基极与其他两引脚之间的正向阻值较小。因此，若两次测量结果都是较小数值，则说明假设引脚确实为基极（b）

（a）检测判别三极管基极（b）的方法

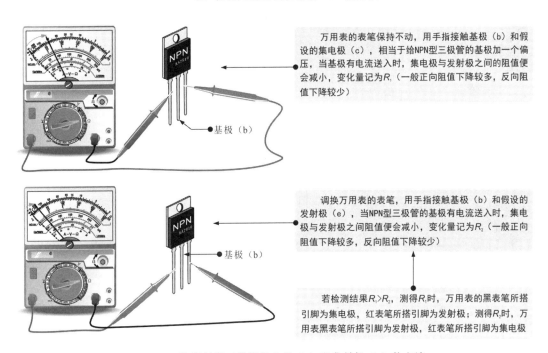

万用表的表笔保持不动，用手指接触基极（b）和假设的集电极（c），相当于给NPN型三极管的基极加一个偏压，当基极有电流送入时，集电极与发射极之间的阻值便会减小，变化量记为R_1（一般正向阻值下降较多，反向阻值下降较少）

调换万用表的表笔，用手指接触基极（b）和假设的发射极（e），当NPN型三极管的基极有电流送入时，集电极与发射极之间阻值便会减小，变化量记为R_2（一般正向阻值下降较多，反向阻值下降较少）

若检测结果$R_1 > R_2$，测得R_1时，万用表的黑表笔所搭引脚为集电极，红表笔所搭引脚为发射极；测得R_2时，万用表黑表笔所搭引脚为发射极，红表笔所搭引脚为集电极

（b）检测判别三极管集电极（c）和发射极（e）的方法

图 6-24 NPN 型三极管引脚极性判别的检测方法及判断依据

提示

基极无偏压（手指无触碰），c、b 间正、反向阻值很大。当用手指触碰两个引脚时，相当于给基极加了一个偏压（手指电阻），c、b 间阻值变小，有电流流过，如图 6-25 所示。

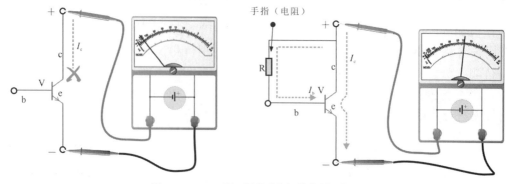

图 6-25 NPN 型三极管引脚极性的判别机理

6.3.2 NPN 型三极管引脚极性的实用检测案例

图 6-26 为 NPN 型三极管引脚极性判别的具体操作。

1 假设该引脚为基极（b）。

2 将万用表的黑表笔搭在 NPN 型三极管假设的基极（b）上，红表笔搭在三极管另外任意一个引脚上。

3 观察指针指示的位置，识读当前测量值为 7×1kΩ=7kΩ。红表笔搭在另一个引脚上，测得的阻值为 8kΩ 左右，说明假设的引脚确实为基极（b）。

图 6-26 NPN 型三极管引脚极性判别的具体操作

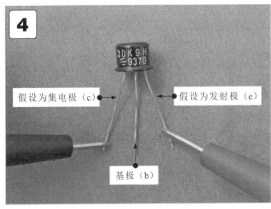
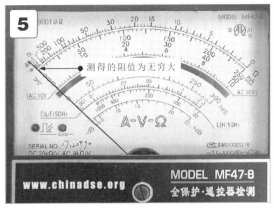
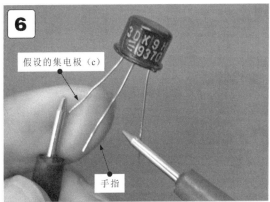

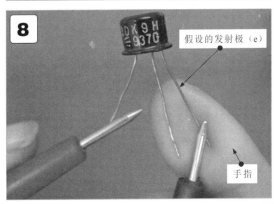
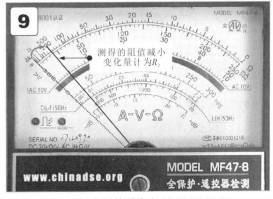

4️⃣ 将黑表笔搭在三极管基极左侧的引脚上，红表笔搭在三极管基极右侧的引脚上。
5️⃣ 观察指针指示的位置，识读当前的测量值为无穷大。
6️⃣ 保持两表笔位置不动，用手指接触基极和假设的集电极。
7️⃣ 观察指针指示的位置，测量值由无穷大开始减小，阻值变化量计为R_1。
8️⃣ 对换红、黑两表笔的位置，用手指接触基极和假设的发射极。
9️⃣ 观察指针指示的位置，可以观察到测量值也由无穷大开始减小，阻值变化量计为R_2。

图 6-26　NPN 型三极管引脚极性判别的具体操作（续）

提示

根据检测结果 $R_1 > R_2$ 可知：
测得 R_1 时，万用表黑表笔所搭引脚为集电极，红表笔所搭引脚为发射极；
测得 R_2 时，万用表黑表笔所搭引脚为发射极，红表笔所搭引脚为集电极。

6.4 PNP型三极管引脚极性的检测

6.4.1 PNP型三极管引脚极性的判别方法

在检测PNP型三极管时,若无法确定待测PNP型三极管各引脚的极性,则可通过万用表对PNP型三极管各引脚阻值的测量判别待测PNP型三极管各引脚的极性。

待测三极管只知道是PNP型三极管,引脚极性不明,在判别引脚极性时,需要先假设一个引脚为基极(b),通过万用表确认基极(b)的位置,然后对集电极和发射极的位置进行判断,如图6-27所示。

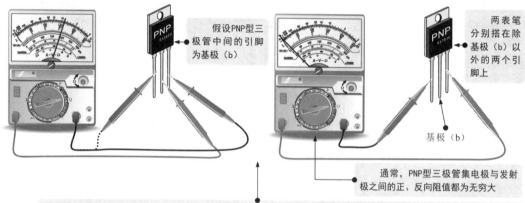

(a)检测判别PNP型三极管基极(b)的方法

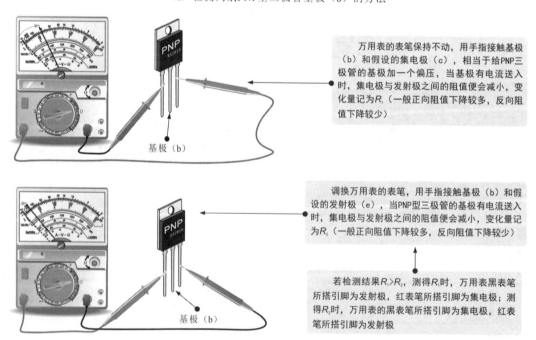

(b)检测判别PNP型三极管集电极(c)和发射极(e)的方法

图6-27 PNP型三极管引脚极性判别的检测方法及判断依据

> **提示**
>
> 对于 NPN 型三极管，比较两次测量中万用表指针的摆动幅度，以摆动幅度大的一次为准，黑表笔所接引脚为集电极（c），另一只引脚为发射极（e）。
>
> 对于 PNP 型三极管，比较两次测量中万用表指针的摆动幅度，以摆动幅度大的一次为准，红表笔所接引脚为集电极（c），另一只引脚为发射极（e）。
>
> 另外，对三极管的集电极和发射极的判别，还可以用舌头舔触基极的方法进行区分。
>
> 具体做法是，将红、黑表笔分别搭在除基极以外的两个引脚上，用舌头舔触一下基极引脚，观察万用表指针的摆动情况，如图 6-28 所示。对调红、黑表笔后，再次用舌头触碰一下基极引脚，观察万用表指针的摆动情况。

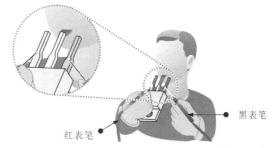

图 6-28　三极管集电极和发射极引脚的另一种判别方法

6.4.2　PNP 型三极管引脚极性的实用检测案例

图 6-29 为 PNP 型三极管引脚极性的检测判别方法。

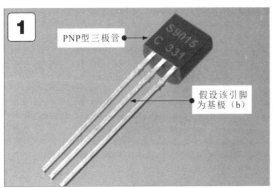

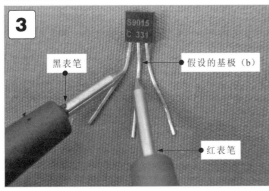

1. 待测三极管为 PNP 型三极管，但引脚极性不确定，先假设中间的引脚为基极（b）。
2. 将指针万用表的挡位旋钮调至"×1k"欧姆挡，并进行欧姆调零。
3. 红表笔搭在假设的基极（b）上，黑表笔搭在左侧引脚上。
4. 观察万用表的指针，结合挡位位置可知，实测数值为 9.5kΩ。

图 6-29　PNP 型三极管引脚极性的检测判别方法

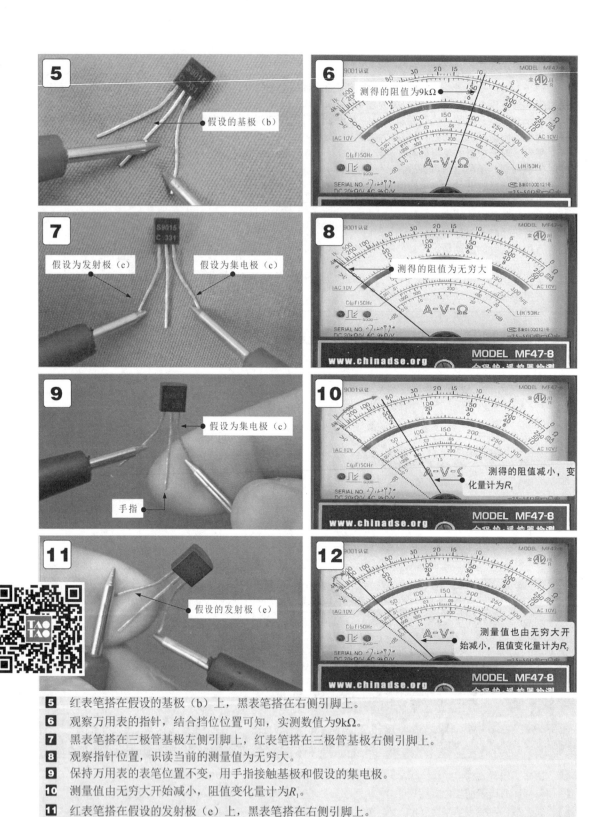

5 红表笔搭在假设的基极（b）上，黑表笔搭在右侧引脚上。
6 观察万用表的指针，结合挡位位置可知，实测数值为9kΩ。
7 黑表笔搭在三极管基极左侧引脚上，红表笔搭在三极管基极右侧引脚上。
8 观察指针位置，识读当前的测量值为无穷大。
9 保持万用表的表笔位置不变，用手指接触基极和假设的集电极。
10 测量值由无穷大开始减小，阻值变化量计为R_1。
11 红表笔搭在假设的发射极（e）上，黑表笔搭在右侧引脚上。
12 测量值也由无穷大开始减小，阻值变化量计为R_2。

图 6-29　PNP 型三极管引脚极性的检测判别方法（续）

> **提示**
>
> 根据上述步骤1~步骤6的实测结果可知,两次测量结果都有一个较小的数值,对照前述关于PNP型三极管引脚间阻值的检测结果可知,假设的引脚确实为基极(b)。
>
> 根据检测结果 $R_1 > R_2$ 可知,测得 R_1 时,万用表黑表笔所搭引脚为发射极,红表笔所搭引脚为集电极;测得 R_2 时,万用表黑表笔所搭引脚为集电极,红表笔所搭引脚为发射极。

6.5 三极管好坏的检测方法

6.5.1 NPN型三极管好坏的检测方法

判断NPN型三极管的好坏可以通过万用表的欧姆挡,分别检测三极管三只引脚中两两之间的电阻值,根据检测结果即可判断三极管的好坏,如图6-30所示。

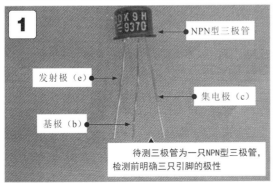
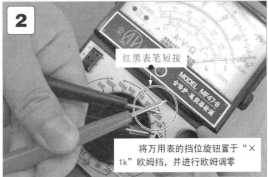
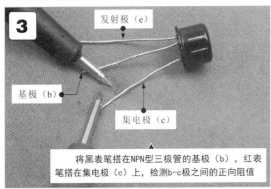
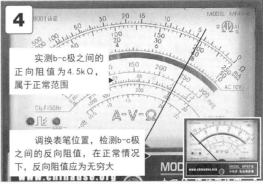
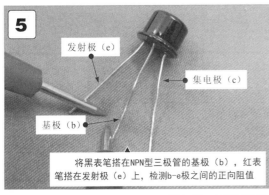
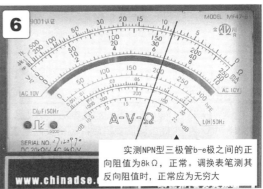

图6-30 NPN型三极管好坏的检测判别方法

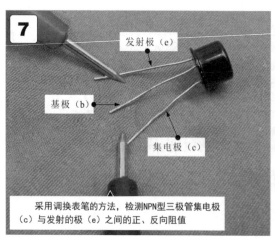
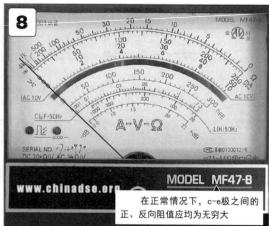

图 6-30 NPN 型三极管好坏的检测判别方法（续）

提示

通常，NPN 型三极管基极与集电极之间有一定的正向阻值，反向阻值为无穷大；基极与发射极之间有一定的正向阻值，反向阻值为无穷大；集电极与发射极之间的正、反向阻值均为无穷大。

6.5.2 PNP 型三极管好坏的检测方法

判别 PNP 型三极管好坏的方法与 NPN 型三极管的方法相同，也是通过用万用表检测三极管引脚阻值的方法进行判断，不同的是，万用表的红、黑表笔搭接 PNP 型三极管时正、反向阻值方向不同，如图 6-31 所示。

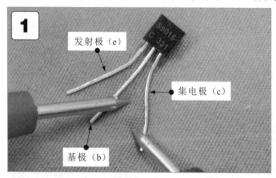

1 将万用表的红表笔搭在 PNP 三极管基极上，黑表笔分别搭在集电极和发射极，检测正向阻值。

2 万用表实测得基极与集电极之间的正向阻值为 9kΩ。调换表笔测得基极与集电极之间的反向阻值为无穷大。

图 6-31 PNP 型三极管好坏的检测判别方法

提示

黑表笔搭在 PNP 型三极管的集电极（c）上，红表笔搭在基极（b）上，检测 b 与 c 之间的正向阻值为 9×1kΩ = 9kΩ；调换表笔后，测得反向阻值为无穷大。

黑表笔搭在 PNP 型三极管的发射极（e）上，红表笔搭在基极（b）上，检测 b 与 e 之间的正向阻值为 9.5×1kΩ = 9.5kΩ；调换表笔后，测得反向阻值为无穷大。

红、黑表笔分别搭在 PNP 型三极管的集电极（c）和发射极（e）上，检测 c 与 e 之间的正、反向阻值均为无穷大。

> **提示**
>
> 判断三极管好坏时,一般借助指针万用表检测,检测机理如图 6-32 所示。
>
> ◇ 指针万用表检测 NPN 型三极管
>
> ·黑表笔接基极(b),红表笔分别接集电极(c)和发射极(e)时,测基极与集电极的正向阻值、基极与发射极的正向阻值;调换表笔测反向阻值。
>
> ·基极与集电极、基极与发射极之间的正向阻值为 3~10kΩ,且两值较接近,其他引脚间阻值均为无穷大。
>
> ◇ 指针万用表检测 PNP 型三极管
>
> ·红表笔接基极(b),黑表笔分别接集电极(c)和发射极(e)时,测基极与集电极的正向阻值、基极与发射极的正向阻值;调换表笔测反向阻值。
>
> ·基极与集电极、基极与发射极之间的正向阻值为 3~8kΩ,且两值较接近,其他引脚间阻值均为无穷大。

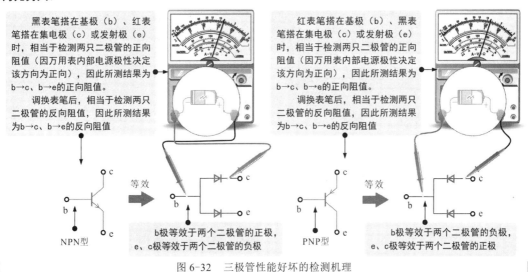

图 6-32 三极管性能好坏的检测机理

6.6 光敏三极管的检测

6.6.1 光敏三极管的检测方法

光敏三极管受光照时引脚间阻值会发生变化,因此可根据在不同光照条件下阻值会发生变化的特性来判断性能好坏,如图 6-33 所示。

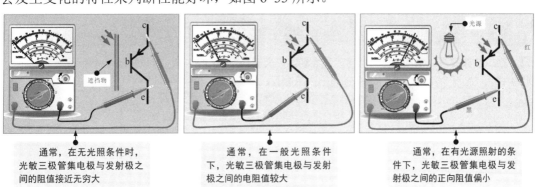

图 6-33 光敏三极管好坏的检测判别方法

6.6.2 光敏三极管的实用检测案例

图 6-34 为光敏三极管的检测案例。

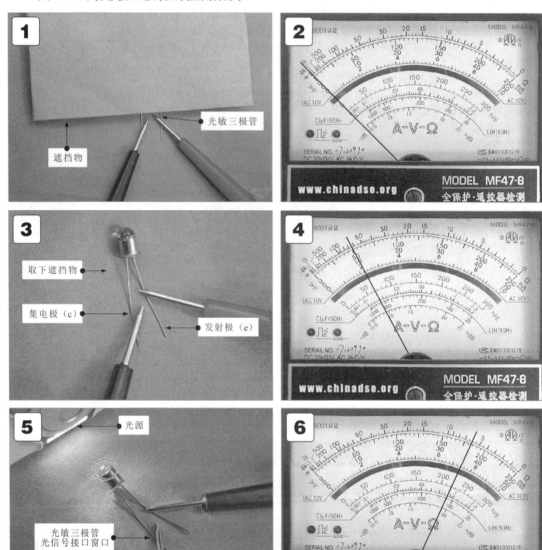

1. 光敏三极管用遮挡物遮挡，并将万用表红、黑表笔分别搭在发射极（e）和集电极（c）上。
2. 在无光照条件下，测得 e-c 之间的阻值为无穷大，正常。
3. 将遮挡物取下，保持万用表红、黑表笔不动，将光敏三极管置于一般光照条件下。
4. 实测在一般光照条件下，光敏三极管 e-c 之间的阻值为 650kΩ，正常。
5. 使用光源照射光敏三极管的光信号接收窗口，在较强光照条件下，检测光敏三极管发射极（e）和集电极（c）之间的阻值。
6. 实测在较强光照条件下，光敏三极管 e-c 之间的阻值为 60kΩ，正常。

图 6-34　光敏三极管的检测案例

6.7 三极管放大倍数的检测

6.7.1 三极管放大倍数的检测方法

三极管放大倍数是三极管的重要参数，可借助万用表检测三极管的放大倍数判断三极管的放大性能是否正常，如图 6-35 所示。

图 6-35 三极管放大倍数的检测判别方法

6.7.2 三极管放大倍数的实用检测案例

图 6-36 为三极管放大倍数的检测案例。

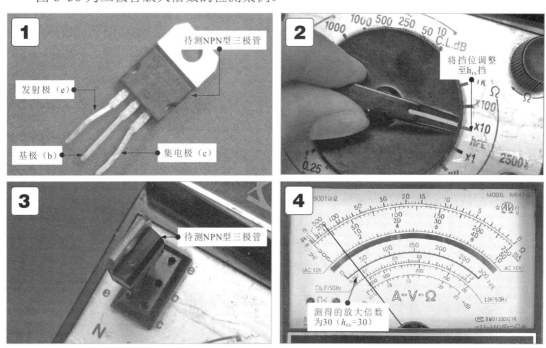

1. 识别待测三极管的类型及引脚极性。
2. 将万用表的挡位调整至 h_{FE} 挡，即三极管放大倍数挡。
3. 将待测NPN型三极管的三个引脚对应插接在万用表NPN检测插座上。
4. 识读万用表的表盘指针位置，实测得的放大倍数为30倍。

图 6-36 三极管放大倍数的检测案例

提示

除可借助指针万用表检测三极管的放大倍数外，还可借助数字万用表检测，如图 6-37 所示。

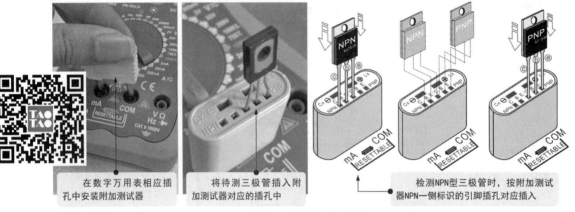

图 6-37　使用数字万用表检测三极管的放大倍数

提示

三极管的放大倍数（h_{FE}）是三极管在放大状态下集电极电流与基极电流之比，即 $h_{FE}=I_c/I_b$。NPN 型三极管放大倍数的检测电路如图 6-38 所示。

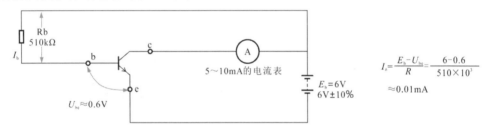

图 6-38　NPN 型三极管放大倍数的检测电路

一般小信号放大用三极管的基极—发射极电压 $U_{be}=0.6V$，电源电压为 6V，则基极电阻 Rb 的电压降为 6V-0.6V=5.4V。由此可求出基极电流，I_b=5.4V/510kΩ=0.01mA，此时检测集电极电流。三极管不同，放大倍数不同，所测得的集电极电流不同。用电流表或万用表电流挡测量三极管的集电极电流。如测得的集电极电流为 2mA，则 h_{FE}=2/0.01=200。三极管放大倍数测试电路的连接方法如图 6-39 所示。

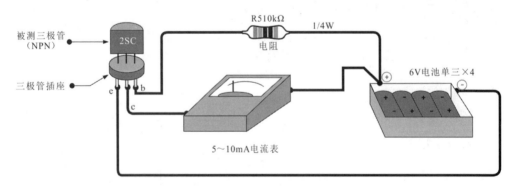

图 6-39　三极管放大倍数测试电路的连接方法

PNP 型三极管放大倍数测试电路及电路连接方法与 NPN 测试电路相比，电池的极性反接即可。

6.8 三极管特性参数的检测

6.8.1 三极管特性参数的检测方法

使用万用表检测三极管引脚间的阻值，只能大致判断三极管的好坏，若要了解一些具体特性参数，则需要使用专用的半导体特性图示仪测试特性曲线。

根据待测三极管确定半导体特性图示仪旋钮、按键设定范围将待测三极管按照极性插接到半导体特性图示仪检测插孔中，屏幕上即可显示相应的特性曲线，如图6-40所示。

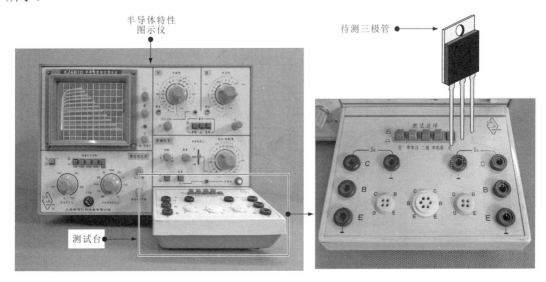

图 6-40 三极管特性曲线的检测方法

提示

使用半导体特性图示仪检测前，需要根据待测三极管的型号，查找技术手册上的参数确定仪器旋钮、按键的设定范围，以便能够检测出正确的特性曲线。

NPN型三极管与PNP型三极管性能（特性曲线）的检测方法相同，只是两种类型三极管的特性曲线正好相反，如图6-41所示。

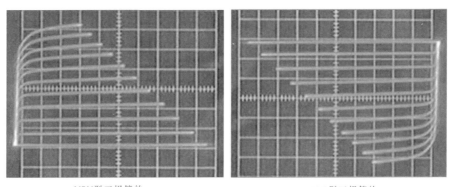

图 6-41 NPN型三极管和PNP型三极管的输出特性曲线

6.8.2 三极管特性参数的实用检测案例

图 6-42 为三极管特性曲线的检测案例。

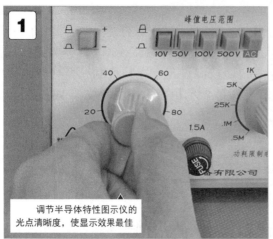
调节半导体特性图示仪的光点清晰度，使显示效果最佳

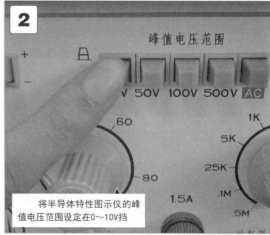
将半导体特性图示仪的峰值电压范围设定在0～10V挡

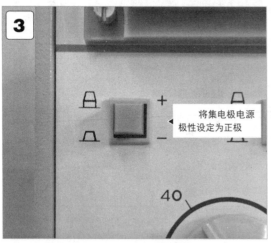
将集电极电源极性设定为正极

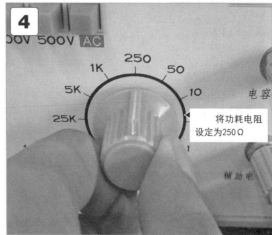
将功耗电阻设定为250Ω

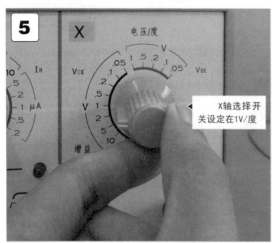
X轴选择开关设定在1V/度

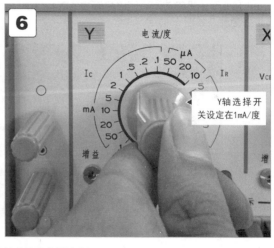
Y轴选择开关设定在1mA/度

图 6-42 三极管特性曲线的检测案例

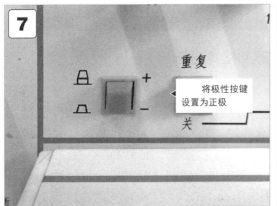
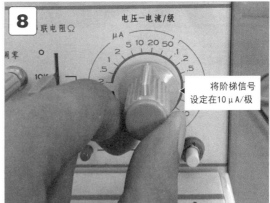
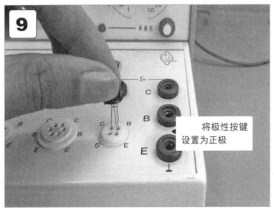
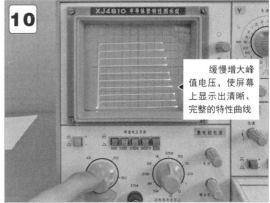

图 6-42 三极管特性曲线的检测案例（续）

提示

根据 3DK9 型三极管的参数将半导体特性图示仪峰值电压范围设定在 0～10V、集电极电源极性设为正极、功耗电阻设为 250Ω、X 轴选择开关设定在 1V/度、Y 轴设定在 1mA/度、阶梯信号为 10 级/簇、极性设置为正极、阶梯信号设定在 10μA/极。设定完成后，将三极管 3DK9 按极性插入到检测插孔中，缓慢增大峰值电压，屏幕上便会显示出特性曲线。

将检测出的特性曲线与三极管技术手册上的曲线对比，如图 6-43 所示，即可确定三极管的性能是否良好。此外，根据特性曲线也能计算出该三极管的放大倍数。读出 X 轴集电极电压 $U_{ce}=1V$ 时，最上面一条曲线的 I_b 值和 Y 轴 I_c 值，两者的比值即为放大倍数。

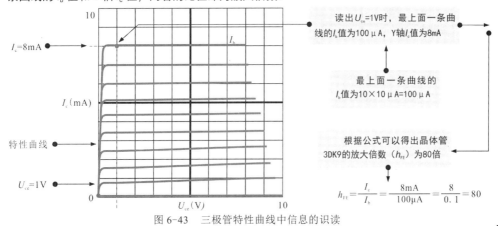

图 6-43 三极管特性曲线中信息的识读

$$h_{FE}=\frac{I_c}{I_b}=\frac{8mA}{100\mu A}=\frac{8}{0.1}=80$$

6.9 三极管在应用电路中的检测

6.9.1 三极管交流小信号放大器波形的检测方法

使用一个NPN型三极管（如2SC1815）和外围元器件组合可以构成交流小信号放大器，如图6-44所示。三极管的h_{FE}应选大于300的，电源经R1和R2分压后为基极提供偏压（约为2V），输入信号经耦合电路C1加到三极管的基极。基极偏压$U_b = R_2/(R_1+R_2)*12V = 22/(100+22)*12 = 2.16V$。如果输入电压为1V（±0.5V），则基极输入电压值为1.66～2.66V。由于三极管的基极与发射极之间的电压固定为0.6V，则三极管发射极电压为1.06～2.06V。发射极电阻为1.5kΩ，可求得发射极电流I_e，集电极电阻为5.6kΩ，可求得集电极电压。

集电极电压在4.3～8V之间变化，集电极与发射极之间的电压为1.94～6.7V。

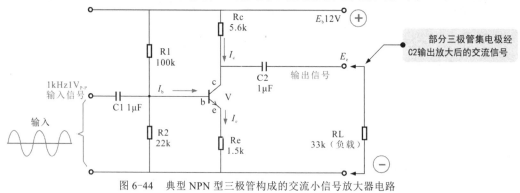

图6-44 典型NPN型三极管构成的交流小信号放大器电路

三极管交流小信号放大器的搭建和元器件的连接关系如图6-45所示。

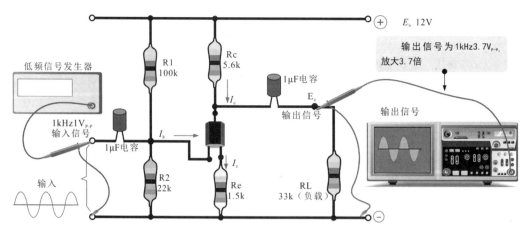

图6-45 三极管交流小信号放大器的搭建和元器件的连接关系

提示

放大器的检测可分为静态检测法和动态检测法。

静态检测法是在电路中加上电源、不加交流输入信号的情况下，检测三极管各极直流电压。

动态检测法是将低频信号（音频信号）发生器输出的1kHz-1V_{P-P}信号加到放大器的输入端，然后用示波器检测输出端的信号幅度和波形（不失真信号波形）。

6.9.2 三极管交流小信号放大器中三极管性能的检测方法

交流小信号放大器的电路结构如图 6-46 所示。该电路中具有放大功能的是 NPN 型三极管 V1（2SC1815）。

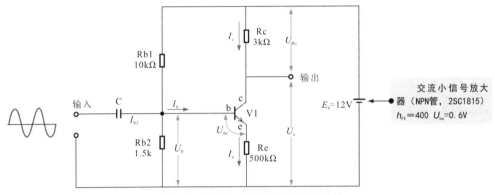

图 6-46 交流小信号放大器的电路结构

> **提示**
>
> 电路中，NPN 型三极管工作需要外加电源（+12V），所接电阻使该三极管处于放大状态。交流信号经耦合电容加到三极管基极，使基极电压随输入信号变化，基极电流的变化会引起三极管集电极电流的变化，放大后的信号从三极管集电极输出。无信号时的状态被称为静态。静态时，三极管各引脚的直流电压和工作电流反映三极管的基本性能，因而通过检测静态时的电压和电流可以判别电路和相关元器件的性能。

小信号放大器中三极管的输入电路如图 6-47 所示。电路中，电源电压（12V）经分压电路的三极管基极提供偏压。

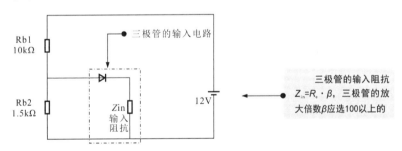

图 6-47 小信号放大器中三极管的输入电路

> **提示**
>
> 在计算分压电路的分压值时还应考虑三极管内的并联电阻，即三极管的输入阻抗 Z_{in}，即 $Z_{in}=R_e \cdot \beta$，三极管的放大倍数 β 应选 100 以上的，在本电路中选放大倍数为 400 的三极管。
>
> 于是有 $Z_{in}=0.5k\Omega \times 400=200k\Omega$，此值远大于 R_{b2}，可忽略。基极电压 U_b 为 R_{b1} 与 R_{b2} 的分压值，$U_b=1.5k\Omega/(1.5k\Omega+10k\Omega) \cdot 12V=1.56V$。
>
> 处于放大状态三极管的基极与发射极之间正向偏压 $U_{be}=0.6V$，发射极电压 $U_e=U_b-U_{be}=1.56-0.6=1V$。发射极电流 $I_e=U_e/R_e=1V/500\Omega=2mA$，$I_c=I_e=2mA$，则 V1 集电极电压 $U_c=I_c \cdot R_c=3k\Omega \cdot 2mA=6V$。

根据电路的分析结果搭建的检测电路，如图 6-48 所示。

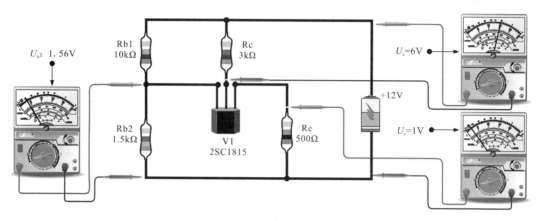

图 6-48　根据电路的分析结果搭建的检测电路

提示

- 检测三极管放大器的电源供电电压应为 12V。
- 检测三极管的基极电压应为 1.5V。
- 检测三极管的集电极电压应为 6V。

注意，如果所测电压值偏低，则可能三极管不良，或者三极管放大倍数太低，应更换三极管。

6.9.3　三极管直流电压放大器的检测方法

在驱动控制电路中，继电器驱动电路、直流电动机驱动电路都是直流电压放大电路。图 6-49 为三极管直流放大器电路。

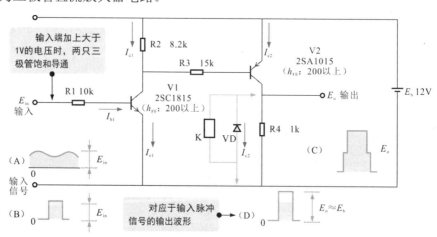

图 6-49　三极管直流放大器电路

该电路由两只三极管和外围元器件构成。从图可见，输入级采用 NPN 型三极管，输出级使用 PNP 型三极管，两管组合成放大器。电路中，输出三极管的集电极驱动继电器，输出端输出的极性与输入端相同，两只三极管正常时均工作在饱和区域。当输出端所加电压大于 1V 时，两只三极管均饱和导通。+12V 电源电压全加到继电器线圈上，使继电器动作。如输入端小于 0.6V，则两管截止，继电器不动作。

> **提示**
>
> 如果输入信号如图中（A）是直流电压叠加交流信号成分，则当所加电压高于1V时，输出端为12V，当输入端低于1V而又高于0.6V时，三极管处于放大状态，不会完全饱和至导通状态，则输出端输出电压会低于12V，输出波形呈阶梯状，如图中（C）波形所示。输入为脉冲电压（大于1V），输出也为脉冲电压，如图中（D）波形所示。

为了检测上述电路，可将一只 1kΩ 电阻器代替继电器，输入端用一只 10kΩ 的电位器，将测试电路搭建成如图 6-50 所示的状态，分别检测输出电压和输入电压的对应关系。

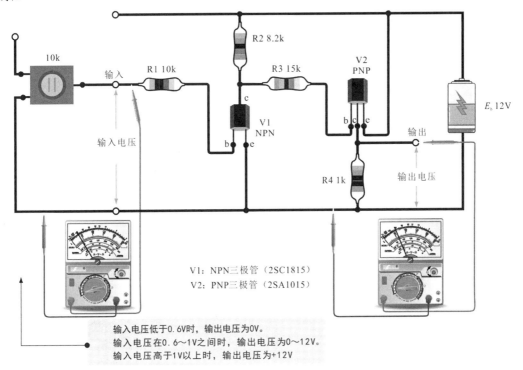

图 6-50 三极管直流电压放大器电路的检测方法

6.9.4 驱动三极管的检测方法

在电动机或继电器的驱动电路中常使用三极管。图 6-51 为 NPN 型和 PNP 型三极管的应用案例。

> **提示**
>
> 图中，当开关 SW1 置于 1 位置时，驱动三极管基极正偏而导通，继电器和电动机得电动作。
> 当 SW1 置于 2 位置时，三极管基极反偏而截止，继电器和电动机都不动作。
> 两个电路中分别用 NPN 型和 PNP 型两种三极管，因此三极管的连接极性也不同。

如图 6-52 所示，搭建上述检测电路，可用 LED 和限流电阻取代继电器，这样便于观测和识别测量结果。

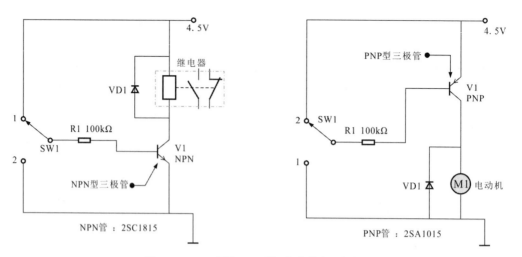

图 6-51 NPN 型和 PNP 型三极管的应用案例

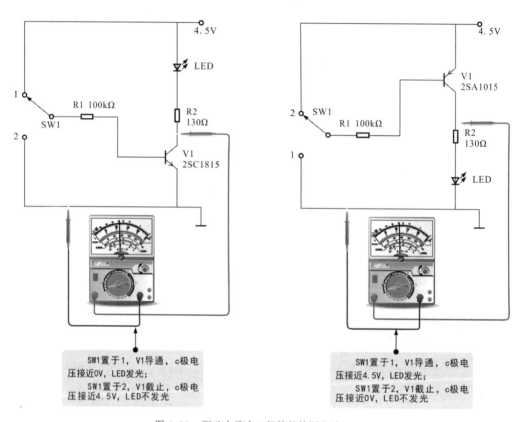

图 6-52 驱动电路中三极管的检测方法

6.9.5 三极管光控照明电路的检测方法

图 6-53 为三极管光控照明电路，当环境光变暗的时候，电路自动启动，点亮发光二极管，控制元件采用光敏电阻（cds），型号为 MKY-54C48L，发光二极管采用白色 LED（NSPW500CS）。

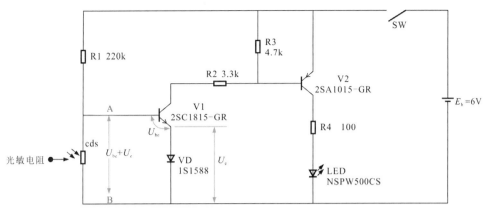

图 6-53 三极管光控照明电路

提示

光敏电阻接在 V1 的基极电路中，与 R1（220kΩ）构成分压电路，为 V1 提供基极电压。当光线较暗时，V1 基极电压（A 点）大于（$U_{be}+U_F$），V1 导通，V2 也导通。V2 集电极输出 +6V 电压，发光二极管 LED 得电发光。R4（100Ω）为限流电阻。当环境光变亮时，光敏电阻的阻值变小，V1 的基极电压降低，V1 截止，V2 也截止，LED 熄灭。

三极管光控照明电路的元器件连接关系及检测方法如图 6-54 所示。

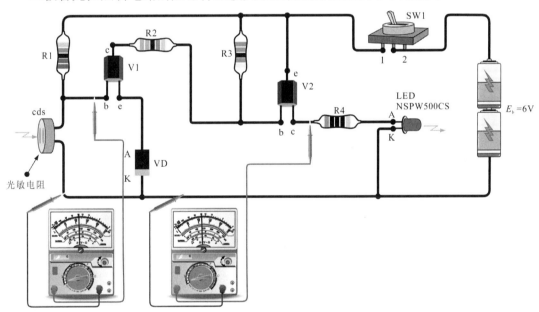

图 6-54 三极管光控照明电路的元器件连接关系及检测方法

提示

对该电路的检测可设置两种状态：

◇ 用手电筒或照明灯照射光敏电阻，同时用万用表检测 V1 三极管基极电压和 V2 集电极电压，并观察 LED。

当 V1 基极电压 U_b 小于 $U_{be}+U_F$ 时，V1、V2 截止。V2 集电极为 0V，LED 不发光。

◇ 用物体遮住光敏电阻时，检测 V1 基极电压和 V2 集电极电压并观察 LED。此时 $U_b \geqslant U_{be}+U_F$，V1、V2 饱和导通，V2 集电极为 6V，LED 发光。

第7章 场效应晶体管的识别选用与检测代换

7.1 场效应晶体管的种类与应用

场效应晶体管（Field-Effect Transistor）简称 FET，是一种典型的电压控制型半导体器件。场效应晶体管是电压控制器件，具有输入阻抗高、噪声小、热稳定性好、便于集成等特点，容易被静电击穿。

7.1.1 场效应晶体管的种类特点

场效应晶体管有三只引脚，分别为漏极（D）、源极（S）、栅极（G）。根据结构的不同，场效应晶体管可分为两大类：结型场效应晶体管（JFET）和绝缘栅型场效应晶体管（MOSFET），如图 7-1 所示。

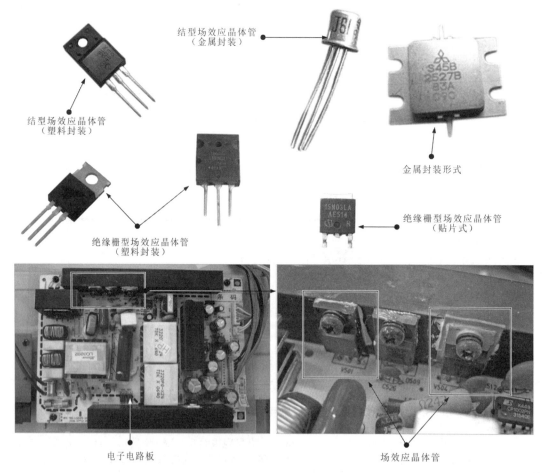

图 7-1　常见场效应晶体管的实物外形

1 结型场效应晶体管

结型场效应晶体管（JFET）是在一块 N 型（或 P 型）半导体材料两边制作 P 型（或 N 型）区形成 PN 结所构成的，根据导电沟道的不同可分为 N 沟道和 P 沟道两种。结型场效应晶体管的外形特点及内部结构如图 7-2 所示。

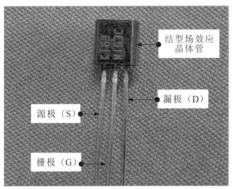

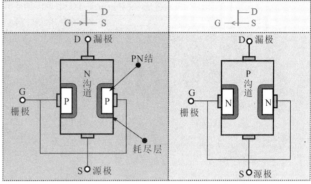

结型N沟道场效应晶体管　　　　结型P沟道场效应晶体管

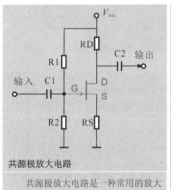

共源极放大电路

共源极放大电路是一种常用的放大电路。

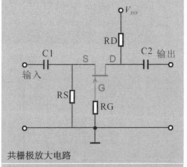

共栅极放大电路

共栅极放大电路输入信号从源极与栅极之间输入，输出信号从漏极与栅极之间输出，该放大电路高频特性较好。

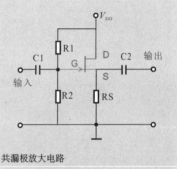

共漏极放大电路

共漏极放大电路又称源极输出器或源极跟随器。电路中的源极接电源，对交流信号而言，电源与地相当于短路。

图 7-2　结型场效应晶体管的外形特点及内部结构

提示

图 7-3 为 N 沟道结型场效应晶体管的输出特性曲线。当场效应晶体管的栅极电压 U_{GS} 取不同的电压值时，漏极电流 I_D 将随之改变；当 $I_D=0$ 时，U_{GS} 的值为场效应晶体管的夹断电压 U_P；当 $U_{GS}=0$ 时，I_D 的值为场效应晶体管的饱和漏极电流 I_{DSS}。在 U_{GS} 一定时，反映 I_D 与 U_{DS} 之间的关系曲线为场效应晶体管的输出特性曲线，分为 3 个区：饱和区、击穿区和非饱和区。

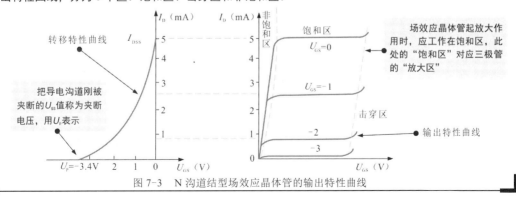

图 7-3　N 沟道结型场效应晶体管的输出特性曲线

2 绝缘栅型场效应晶体管

绝缘栅型场效应晶体管（MOSFET）简称 MOS 场效应晶体管，由金属、氧化物、半导体材料制成，因其栅极与其他电极完全绝缘而得名。绝缘栅型场效应晶体管除有 N 沟道和 P 沟道之分外，还可分别根据工作方式的不同分为增强型与耗尽型。绝缘栅型场效应晶体管的外形特点及内部结构如图 7-4 所示。

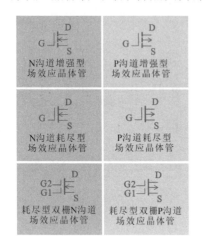
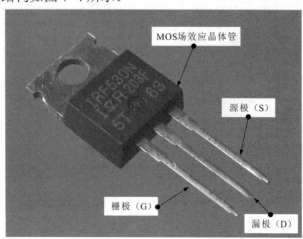

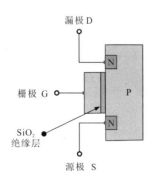
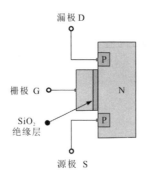

（a）N沟道增强型MOS场效应晶体管　　（b）P沟道增强型MOS场效应晶体管

图 7-4　绝缘栅型场效应晶体管的外形特点及内部结构

提示

图 7-5 为 N 沟道增强型 MOS 场效应晶体管的特性曲线。

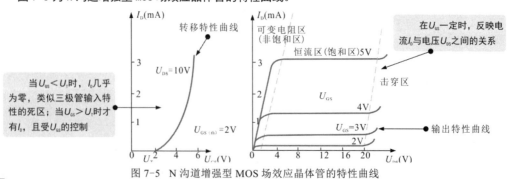

图 7-5　N 沟道增强型 MOS 场效应晶体管的特性曲线

7.1.2 场效应晶体管的功能应用

场效应晶体管是一种电压控制器件，栅极不需要控制电流，只需要有一个控制电压就可以控制漏极和源极之间的电流，在电路中常作为放大器件使用。

1 结型场效应晶体管的功能应用

结型场效应晶体管是利用沟道两边的耗尽层宽窄，改变沟道导电特性来控制漏极电流实现放大功能的，如图 7-6 所示。

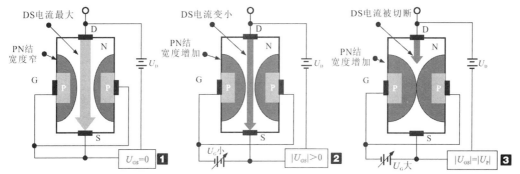

1 当场效应晶体管G、S间不加反向电压时（即$U_{GS}=0$），PN结的宽度窄，导电沟道宽，沟道电阻小，I_D电流大。

2 当场效应晶体管G、S间加负电压时，PN结的宽度增加，导电沟道宽度减小，沟道电阻增大，I_D电流变小。

3 当场效应晶体管G、S间负向电压进一步增加时，PN结宽度进一步加宽，两边PN结合拢（称夹断），没有导电沟道，即沟道电阻很大，电流I_D为0。

图 7-6 结型场效应晶体管的放大原理

结型场效应晶体管一般用于音频放大器的差分输入电路及调制、放大、阻抗变换、稳流、限流、自动保护等电路中。

图 7-7 为采用结型场效应晶体管构成的电压放大电路。在该电路中，结型场效应晶体管可实现对输出信号的放大。

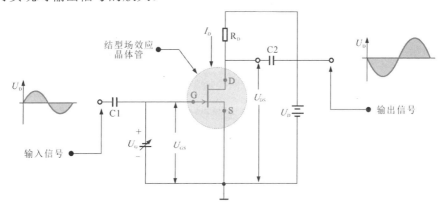

图 7-7 采用结型场效应晶体管构成的电压放大电路

2　绝缘栅型场效应晶体管的功能应用

绝缘栅型场效应晶体管是利用PN结之间感应电荷的多少，改变沟道导电特性来控制漏极电流实现放大功能的，如图7-8所示。

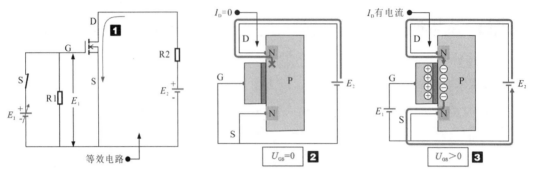

1 电源E_2经电阻R2为漏极供电，电源E_1经开关S为栅极提供偏压。

2 当开关S断开时，G极无电压，D、S极所接的两个N区之间没有导电沟道，所以无法导通，D极电流为零。

3 当开关S闭合时，G极获得正电压，与G极连接的铝电极有正电荷，产生电场穿过SiO_2层，将P型衬底的很多电子吸引至SiO_2层，形成N型导电沟道（导电沟道的宽窄与电流量的大小成正比），使S、D极之间产生正向电压，电流通过场效应晶体管。

图7-8　绝缘栅型场效应晶体管的放大原理

绝缘栅型场效应晶体管常用于音频功率放大、开关电源、逆变器、电源转换器、镇流器、充电器、电动机驱动、继电器驱动等电路中。

图7-9为绝缘栅型场效应晶体管在收音机高频放大电路中的应用。在收音机高频电路中，绝缘栅型场效应晶体管可实现高频放大作用。

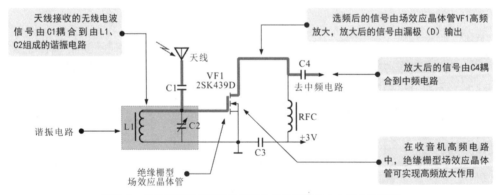

图7-9　绝缘栅型场效应晶体管在收音机高频放大电路中的应用

7.2　场效应晶体管的识别与选用

7.2.1　场效应晶体管的参数识读

场效应晶体管的类型、参数等是通过直标法标注在外壳上的，识读场效应晶体管需要了解不同国家、地区及生产厂商的命名规则。

1 国产场效应晶体管的识读

国产场效应晶体管的命名方式主要有两种，包含的信息不同。国产场效应晶体管的命名方式如图 7-10 所示。

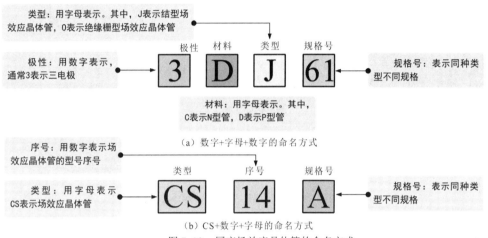

图 7-10 国产场效应晶体管的命名方式

图 7-11 为典型国产场效应晶体管的外形及标识识读方法。

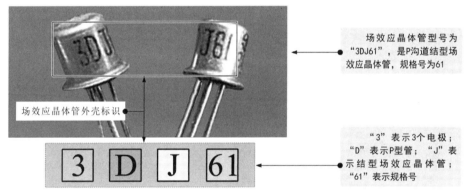

图 7-11 典型国产场效应晶体管的外形及标识识读方法

2 日产场效应晶体管的识读

日产场效应晶体管的命名方式与国产场效应晶体管不同，如图 7-12 所示。日产场效应晶体管一般由 5 个部分构成，包括名称、代号、类型、顺序号、改进类型等。

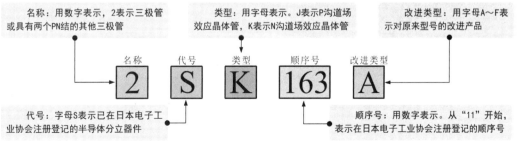

图 7-12 日产场效应晶体管的命名方式

图 7-13 为典型日产场效应晶体管的外形及标识识读方法。

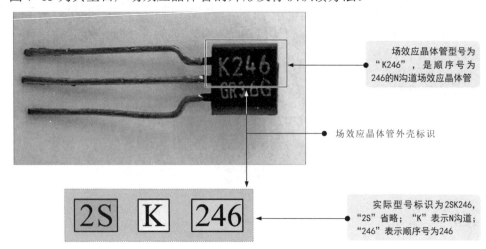

图 7-13　典型日产场效应晶体管的外形及标识识读方法。

3　场效应晶体管引脚极性的识别

与三极管一样，场效应晶体管也有三个电极，分别是栅极 G、源极 S 和漏极 D。场效应晶体管的引脚排列位置根据品种、型号及功能的不同而不同，识别场效应晶体管的引脚极性在测试、安装、调试等各个应用场合都十分重要。

◇ 根据型号标识查阅引脚功能

一般场效应晶体管的引脚识别主要是根据型号信息查阅相关资料。首先识别出场效应晶体管的型号，然后查阅半导体手册或在互联网上搜索该型号场效应晶体管的引脚排列，如图 7-14 所示。

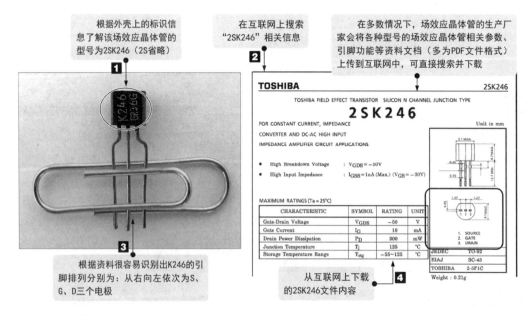

图 7-14　根据场效应晶体管的型号标识在互联网上查阅引脚功能的操作方法

◇ 根据一般排列规律识别

对于大功率场效应晶体管，一般情况下，将印有型号标识的一面朝上放置，从左至右，引脚排列基本为G、D、S极（散热片接D极）；采用贴片封装的场效应晶体管，将印有型号标识的一面朝上放置，散热片（上面的宽引脚）是D极，下面的三个引脚从左到右依次是G、D、S极。

图7-15为根据一般规律识别场效应晶体管引脚极性。

图7-15　根据一般规律识别场效应晶体管引脚极性

◇ 根据电路板上的标识信息或电路符号进行识别

识别安装在电路板上场效应晶体管的引脚时，可观察电路板上场效应晶体管的周围或背面焊接面上有无标识信息，根据标识信息可以很容易识别引脚极性。也可以根据场效应晶体管所在电路，找到对应的电路图纸，根据图纸中的电路符号识别引脚极性，如图7-16所示。

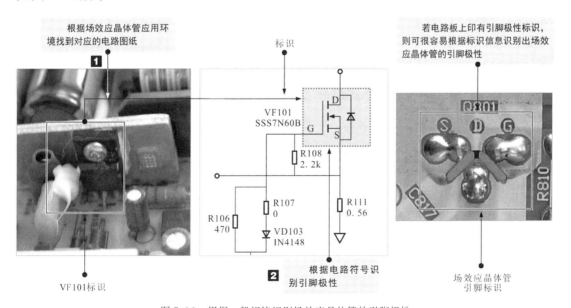

图7-16　根据一般规律识别场效应晶体管的引脚极性

7.2.2 场效应晶体管的选用代换

检测时，若场效应晶体管有损坏的情况，则应对损坏的场效应晶体管进行代换。代换场效应晶体管时，要遵循基本的代换原则。

1 场效应晶体管的代换原则

场效应晶体管的代换原则就是指在代换之前，要保证代换场效应晶体管的规格符合产品要求。在代换过程中，尽量采用最稳妥的代换方式，确保拆装过程安全可靠，不可造成二次故障，力求代换后的场效应晶体管能够良好、长久、稳定地工作。

◇场效应晶体管的种类比较多，在电路中的工作条件各不相同，代换时要注意类别和型号的差异，不可任意代换。

◇场效应晶体管在保存和检测时应注意防静电，以免被击穿。

◇代换时，应注意场效应晶体管的电路符号与类型。

提示

场效应晶体管的种类和型号较多，不同种类场效应晶体管的参数也不一样，若电路中的场效应晶体管损坏，最好选用同型号的场效应晶体管代换。

不同种类场效应晶体管的适用电路和选用注意事项见表7-1。

表7-1 不同种类场效应晶体管的实用电路和选用注意事项

类 型	适用电路	选用注意事项
结型场效应晶体管	音频放大器的差分输入电路及调制、放大、阻抗变换、稳压、限流、自动保护等电路	◇选用场效应晶体管时应重点考虑主要参数应符合电路需求。 ◇选用大功率场效应晶体管时应注意最大耗散功率应达到放大器输出功率的0.5～1倍；漏—源击穿电压应为功放工作电压的2倍以上。 ◇场效应晶体管的高度、尺寸应符合电路需求。 ◇结型场效应晶体管的源极和漏极可以互换。 ◇音频功率放大器推挽输出用MOS大功率场效应晶体管的各项参数要匹配
MOS场效应晶体管	音频功率放大、开关电源、逆变器、电源转换器、镇流器、充电器、电动机驱动、继电器驱动电路等	
双栅型场效应晶体管	彩色电视机的高频调谐器电路、半导体收音机的变频器等高频电路	

2 场效应晶体管的代换注意事项

由于场效应晶体管的形态各异，安装方式也不相同，因此代换时一定要注意方法，要根据电路特点及场效应晶体管的自身特性来选择正确、稳妥的代换方法。通常，场效应晶体管采用焊接的形式固定在电路板上，从焊接的形式上看，主要可以分为表面贴装和插接焊装两种形式，代换注意事项如图7-17所示。

【表面贴装式场效应晶体管代换注意事项】

表面贴装的场效应晶体管，体积普遍较小，常用于元器件密集的数码电路中。在拆卸和焊接时，最好使用热风焊枪进行加热，使用镊子实现对场效应晶体管的抓取、固定或挪动等操作

【插接焊装式场效应晶体管代换注意事项】

插接焊装的场效应晶体管，其引脚通常会穿过电路板，在电路板的另一面（背面）进行焊接固定，这种方式也是应用最广的一种安装方式，代换时，通常使用普通电烙铁即可

图7-17 场效应晶体管的代换注意事项

> **提示**
>
> 拆卸场效应晶体管之前,应首先对操作环境进行检查,确保操作环境干燥、整洁,确保操作平台稳固、平整,确保待检修电路板(或设备)处于断电、冷却状态。
>
> 由于场效应晶体管比较容易被击穿,操作前,操作者应对自身进行放电,最好在带有防静电手环的环境下操作,如图 7-18 所示。
>
> 拆卸时,应确认场效应晶体管引脚处的焊锡被彻底清除,才能小心地将场效应晶体管从电路板中取下。取下时,一定要谨慎,若在引脚焊点处还有焊锡粘连的现象,应再用电烙铁清除,直至待更换场效应晶体管被稳妥取下,切不可硬拔。

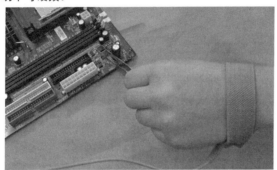

图 7-18 场效应晶体管代换操作的防静电要求

> 拆下后,用酒精清洁焊孔,若电路板上有氧化或未去除的焊锡,则可用砂纸等打磨,去除氧化层,为更换安装新的场效应晶体管做好准备。
>
> 焊接时,要保证焊点整齐、漂亮,不能有连焊、虚焊等现象,以免造成器件的损坏。在电烙铁加热后,可以在电烙铁上沾一些松香后再进行焊接,使焊点不容易氧化。
>
> 此外,有些大功率场效应晶体管安装有散热片,拆卸和焊接时,应首先将场效应晶体管从电路板和散热片上拆下,然后将同型号、良好的场效应晶体管与散热片之间涂抹导热硅胶,将其固定在散热片上,并对应电路板上的引脚插入后再进行引脚焊接。

3 场效应晶体管的代换方法

◇ 插接焊装场效应晶体管的代换方法

对插接焊装的场效应管进行代换时,应采用电烙铁、吸锡器和焊锡丝进行拆焊和安装操作,如图 7-19 所示。

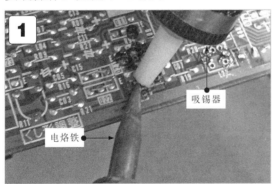

1 用电烙铁加热场效应晶体管各引脚焊点并用吸锡器吸走熔化的焊锡。
2 用电烙铁加热场效应晶体管各引脚焊点的同时用镊子取下场效应晶体管。

图 7-19 插接焊装场效应晶体管的代换方法

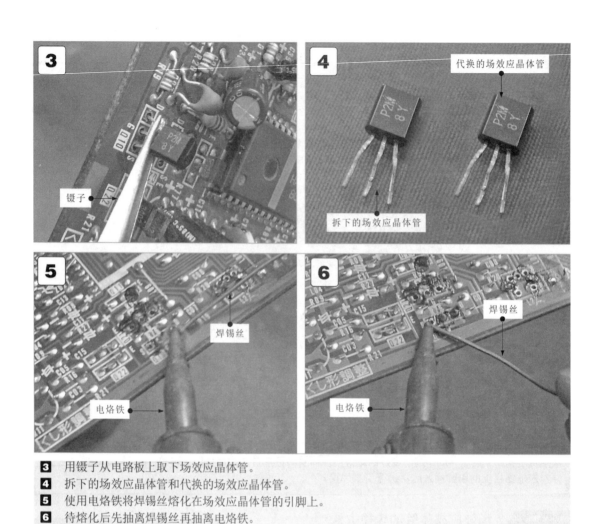

3 用镊子从电路板上取下场效应晶体管。
4 拆下的场效应晶体管和代换的场效应晶体管。
5 使用电烙铁将焊锡丝熔化在场效应晶体管的引脚上。
6 待熔化后先抽离焊锡丝再抽离电烙铁。

图 7-19 插接焊装场效应晶体管的代换方法（续）

◇表面贴装场效应晶体管的代换方法

对于表面贴装的场效应晶体管，需使用热风焊枪、镊子等进行拆焊和焊装。将热风焊枪的温度调节旋钮调至 4～5 挡，将风速调节旋钮调至 2～3 挡，打开电源开关预热后，即可进行拆焊和焊装操作，如图 7-20 所示。

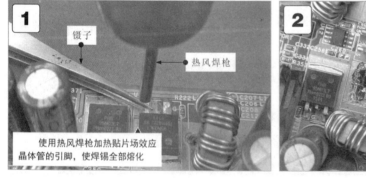
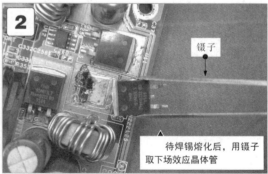

图 7-20 表面贴装场效应晶体管的代换方法

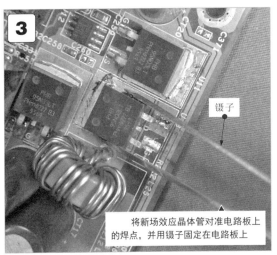
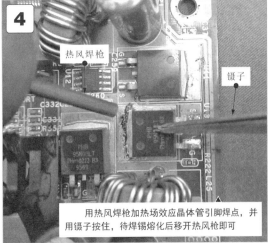

图 7-20 表面贴装场效应晶体管的代换方法（续）

> **提示**
>
> 更换场效应晶体管时，了解场效应晶体管的参数信息十分关键，常见场效应晶体管的型号及相关参数见表 7-2。

表 7-2 常见场效应晶体管的型号及相关参数

场效应晶体管的型号	沟道	击穿电压 $U_{(BR)DSS}$（V）	电流 I_{DS}（A）	功率（W）	类型
IRFU020	N	50	15	42	MOS场效应晶体管
IRFPG42	N	1000	4	150	MOS场效应晶体管
IRFPF40	N	900	4.7	150	MOS场效应晶体管
IRFP9240	P	200	12	150	MOS场效应晶体管
IRFP9140	P	100	19	150	MOS场效应晶体管
IRFP460	N	500	20	250	MOS场效应晶体管
IRFP450	N	500	14	180	MOS场效应晶体管
IRFP440	N	500	8	150	MOS场效应晶体管
IRFP353	N	350	14	180	MOS场效应晶体管
IRFP350	N	400	16	180	MOS场效应晶体管
IRFP340	N	400	10	150	MOS场效应晶体管
IRFP250	N	200	33	180	MOS场效应晶体管
IRFP240	N	200	19	150	MOS场效应晶体管
IRFP150	N	100	40	180	MOS场效应晶体管
IRFP140	N	100	30	150	MOS场效应晶体管
IRFP054	N	60	65	180	MOS场效应晶体管
IRFI744	N	400	4	32	MOS场效应晶体管

表7-2 常见场效应晶体管的型号及相关参数（续）

场效应晶体管的型号	沟 道	击穿电压 $U_{(BR)DSS}$（V）	电流 I_{DS}（A）	功率（W）	类 型
IRFI730	N	400	4	32	MOS场效应晶体管
IRFD9120	N	100	1	1	MOS场效应晶体管
IRFD123	N	80	1.1	1	MOS场效应晶体管
IRFD120	N	100	1.3	1	MOS场效应晶体管
IRFD113	N	60	0.8	1	MOS场效应晶体管
IRFBE30	N	800	2.8	75	MOS场效应晶体管
IRFBC40	N	600	6.2	125	MOS场效应晶体管
IRFBC30	N	600	3.6	74	MOS场效应晶体管
IRFBC20	N	600	2.5	50	MOS场效应晶体管
IRFS9630	P	200	6.5	75	MOS场效应晶体管
IRF9630	P	200	6.5	75	MOS场效应晶体管
IRF9610	P	200	1	20	MOS场效应晶体管
IRF9541	P	60	19	125	MOS场效应晶体管
IRF9531	P	60	12	75	MOS场效应晶体管
IRF9530	P	100	12	75	MOS场效应晶体管
IRF840	N	500	8	125	MOS场效应晶体管
IRF830	N	500	4.5	75	MOS场效应晶体管
IRF740	N	400	10	125	MOS场效应晶体管
IRF730	N	400	5.5	75	MOS场效应晶体管
IRF720	N	400	3.3	50	MOS场效应晶体管
IRF640	N	200	18	125	MOS场效应晶体管
IRF630	N	200	9	75	MOS场效应晶体管
IRF610	N	200	3.3	43	MOS场效应晶体管
IRF541	N	80	28	150	MOS场效应晶体管
IRF540	N	100	28	150	MOS场效应晶体管
IRF530	N	100	14	79	MOS场效应晶体管
IRF440	N	500	8	125	MOS场效应晶体管
IRF230	N	200	9	79	MOS场效应晶体管
IRF130	N	100	14	79	MOS场效应晶体管
BUZ20	N	100	12	75	MOS场效应晶体管
BUZ11A	N	50	25	75	MOS场效应晶体管
BS170	N	60	0.3	0.63	MOS场效应晶体管

7.3 结型场效应晶体管放大能力的检测

7.3.1 结型场效应晶体管放大能力的检测方法

场效应晶体管的放大能力是最基本的性能之一。一般可使用指针万用表粗略测量场效应晶体管是否具有放大能力。

图 7-21 为结型场效应晶体管放大能力的检测方法。

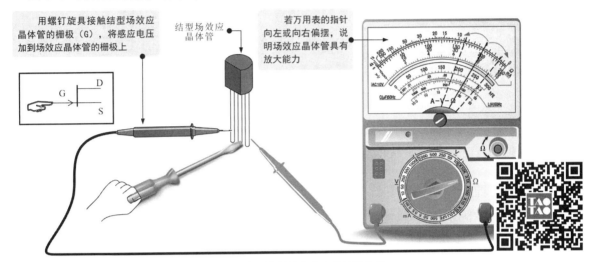

图 7-21　结型场效应晶体管放大能力的检测方法

7.3.2 结型场效应晶体管放大能力的实用检测案例

根据结型场效应晶体管放大能力的检测方法和判断依据，选取一个已知性能良好的结型场效应晶体管，检测方法和判断步骤如图 7-22 所示。

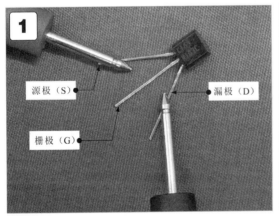

1 将万用表的量程按钮调至"×1k"欧姆挡，万用表的黑表笔搭在结型场效应晶体管的漏极（D）上，红表笔搭在源极（S）上。

2 观察万用表的指针位置可知，当前测量值为5kΩ。

图 7-22　结型场效应晶体管放大能力的检测方法和判断步骤

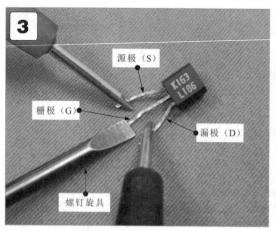

3 用螺钉旋具接触结型场效应晶体管的栅极（G）。
4 可看到指针产生一个较大的摆动（向左或向右）。

图 7-22 结型场效应晶体管放大能力的检测方法和判断步骤（续）

提示

在正常情况下，万用表指针摆动的幅度越大，表明结型场效应晶体管的放大能力越好；反之，表明放大能力越差。若螺钉旋具接触栅极（G）时指针不摆动，则表明结型场效应晶体管已失去放大能力。

测量一次后再次测量，表针可能不动，正常，可能是因为在第一次测量时，G、S 之间结电容积累了电荷。为能够使万用表的表针再次摆动，可在测量后短接一下 G、S 极。

提示

绝缘栅型场效应晶体管放大能力的检测方法与结型场效应晶体管放大能力的检测方法相同。需要注意的是，为避免人体感应电压过高或人体静电使绝缘栅型场效应晶体管击穿，检测时尽量不要用手触碰绝缘栅型场效应晶体管的引脚，借助螺钉旋具碰触栅极引脚完成检测，如图 7-23 所示。

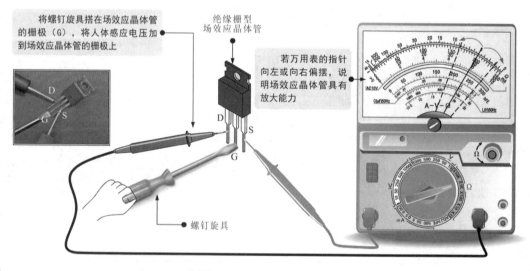

图 7-23 绝缘栅型场效应晶体管放大能力的检测方法

7.4 场效应晶体管在电路中的特性和工作状态的检测

场效应晶体管是一种常见电压控制器件,易被静电击穿损坏,原则上不能用万用表直接检测各引脚之间的正、反向阻值,可以在电路板上在路检测,或根据在电路中的功能搭建相应的电路,然后进行检测。

检测出场效应晶体管异常时,需要用同型号或可代换的型号代换。

7.4.1 搭建电路测试场效应晶体管的驱动放大特性

图 7-24 是场效应晶体管作为驱动放大器件的测试电路。图中,发光二极管是被驱动器件。场效应晶体管 VF 作为控制器件。场效应晶体管 D-S 之间的电流受栅极 G 电压的控制,特性如图中(b)所示。

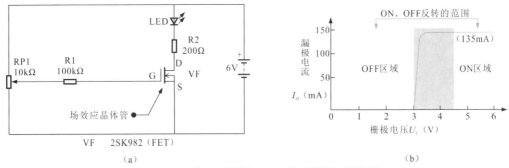

图 7-24 场效应晶体管作为驱动放大器件的测试电路

提示

当场效应晶体管的栅极电压低于 3V 时,场效应晶体管处于截止状态,发光二极管无电流,不亮。
当场效应晶体管的栅极电压超过 3V、小于 3.5V 时,漏极电流开始线性增加,处于放大状态。
当场效应晶体管的栅极电压大于 3.5V 时,场效应晶体管进入饱和导通状态。

可以使用数字万用表对场效应晶体管的驱动放大性能进行检测,搭建测试电路如图 7-25 所示。

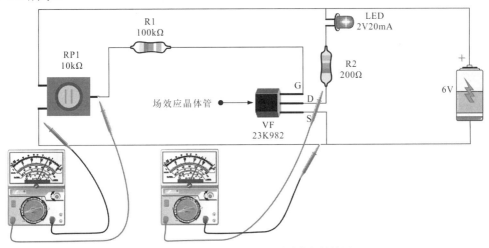

图 7-25 场效应晶体管驱动放大性能的检测

> **提示**
>
> 电路中,RP1 的动片经 R1 为场效应晶体管栅极提供电压,微调 RP1,分别输出低于 3V、3~3.5V、高于 3.5V 等几种电压,用数字万用表检测场效应晶体管漏极(D)的对地电压,即可了解导通情况。
>
> 同时,观察 LED 的发光状态。场效应晶体管截止时,LED 不亮;场效应晶体管放大时,LED 微亮;场效应晶体管饱和导通时,LED 全亮。
>
> 当场效应晶体管饱和导通时,LED 的压降为 2V,R2 的压降为 4V,电流为 20mA。

7.4.2 搭建电路测试场效应晶体管的工作状态

图 7-26 为采用小功率 MOS 场效应晶体管的直流电动机驱动电路。3 个小功率 MOS 场效应晶体管分别驱动 3 个直流电动机。3 个开关控制 3 个 MOS 场效应晶体管的栅极电压。

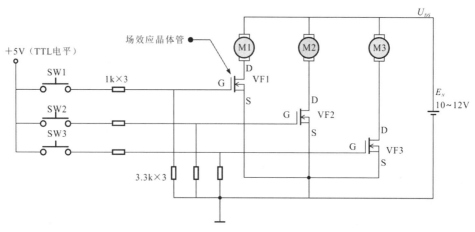

图 7-26 采用小功率 MOS 场效应晶体管的直流电动机驱动电路

> **提示**
>
> 电路中,当某一开关接通时,电源 5V 经电阻分压电路为栅极提供驱动电压。栅极电压上升达 3.5V。MOS 场效应晶体管饱和导通,电动机得电旋转。若开关断开,栅极电压下降为 0V,MOS 场效应晶体管截止,电动机断电停转。

小功率场效应晶体管的工作状态与等效电路如图 7-27 所示。

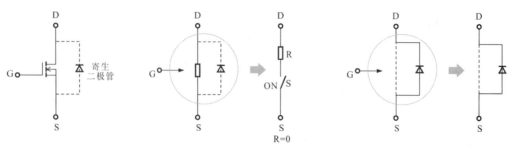

(a) MOS 场效应晶体管的电路符号
(b) G 电压>3.5V,D 极和 S 极间阻值趋于 0,导通
(c) G 电压低于 2V,D 极和 S 极间阻值为无穷大,截止

图 7-27 小功率场效应晶体管的工作状态与等效电路

小功率场效应晶体管的漏极和源极之间有一个寄生二极管，漏极 D 有反向电压时有保护作用。场效应晶体管漏极 D 与源极 S 之间的阻值受栅极电压的控制。当栅极 G 电压高于 3.5V 时，DS 间的阻值趋于 0，即饱和导通。当栅极 G 电压低于 2V 时，DS 间的阻值趋于无穷大，相当于短路状态截止。其关系曲线如图 7-28 所示。

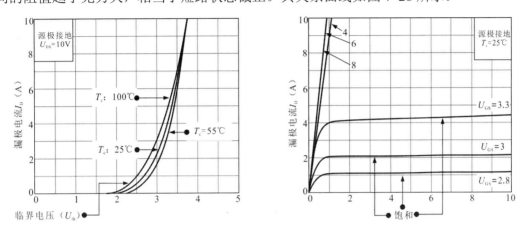

图 7-28　场效应晶体管 2SK4017 漏极电流与 UGS 和 UDS 的关系曲线

小功率场效应晶体管的检测电路如图 7-29 所示。

为了测试方便，电路中可用负载电路取代直流电动机，使用指针万用表分别检测小功率场效应晶体管栅极电压和漏极电压，即可判别小功率场效应晶体管的工作状态是否正常。

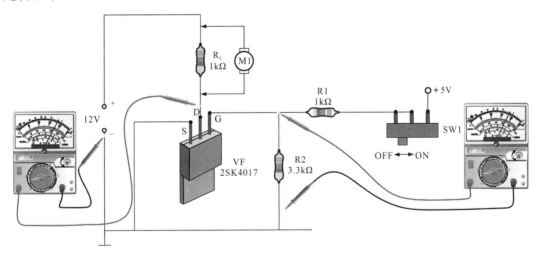

图 7-29　小功率场效应晶体管的检测电路

提示

检测的具体方法如下：

当开关 SW1 置于 ON 位置时，小功率场效应晶体管的栅极（G）电压上升为 3.5V，VF 导通，漏极（S）电压降为 0V。

当开关 SW1 置于 OFF 位置时，小功率场效应晶体管的栅极（G）电压为 0V，VF 截止，漏极电压升为 12V。

第8章 晶闸管的识别选用与检测代换

8.1 晶闸管的种类与应用

晶闸管是晶体闸流管的简称,是一种可控整流器件,也称为可控硅。晶闸管在一定的电压条件下,只要有一触发脉冲就可导通,触发脉冲消失,晶闸管仍然能维持导通状态。

8.1.1 晶闸管的种类特点

晶闸管常作为电动机驱动控制、电动机调速控制、电量通/断、调压、控温等的控制器件,广泛应用于电子电器产品、工业控制及自动化生产领域,如图8-1所示。

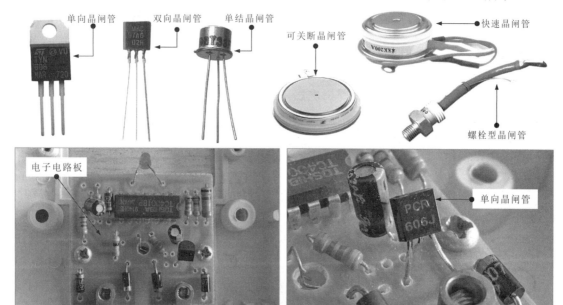

图8-1 常见晶闸管的实物外形

提示

晶闸管的类型较多,分类方式也多种多样。
◇ 按关断、导通及控制方式可分为普通单向晶闸管、双向晶闸管、逆导晶闸管、可关断晶闸管、BTG晶闸管、温控晶闸管及光控晶闸管等多种。
◇ 按引脚和极性可分为二极晶闸管、三极晶闸管和四极晶闸管。
◇ 按封装形式可分为金属封装晶闸管、塑封晶闸管和陶瓷封装晶闸管三种类型。其中,金属封装晶闸管又分为螺栓形、平板形、圆壳形等多种;塑封晶闸管又分为带散热片型和不带散热片型两种。
◇ 按电流容量可分为大功率晶闸管、中功率晶闸管和小功率晶闸管三种。
◇ 按关断速度可分为普通晶闸管和快速晶闸管。

1　单向晶闸管

单向晶闸管（SCR）是指触发后只允许一个方向的电流流过的半导体器件，相当于一个可控的整流二极管。它是由 P-N-P-N 共 4 层 3 个 PN 结组成的，被广泛应用于可控整流、交流调压、逆变器和开关电源电路中。单向晶闸管的基本特性如图 8-2 所示。

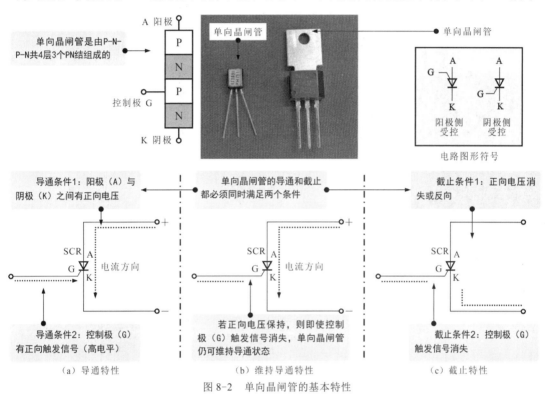

图 8-2　单向晶闸管的基本特性

提示

可以将单向晶闸管等效看成一个 PNP 型三极管和一个 NPN 型三极管的交错结构，如图 8-3 所示。当给单向晶闸管的阳极（A）加正向电压时，三极管 V1 和 V2 都承受正向电压，V2 发射极正偏，V1 集电极反偏。如果这时在控制极（G）加上较小的正向控制电压 U_g（触发信号），则有控制电流 I_g 送入 V1 的基极。经过放大，V1 的集电极便有 $I_{C1}=\beta_1 I_g$ 的电流流进。此电流送入 V2 的基极，经 V2 放大，V2 的集电极便有 $I_{C1}=\beta_1\beta_2 I_g$ 的电流流过。该电流又送入 V1 的基极，如此反复，两个三极管便很快导通。晶闸管导通后，V1 的基极始终有比 I_g 大得多的电流流过，因而即使触发信号消失，单向晶闸管仍能保持导通状态。

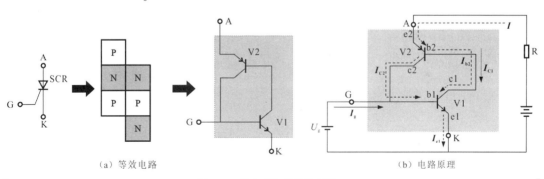

图 8-3　单向晶闸管的控制原理

2　双向晶闸管

双向晶闸管又称双向可控硅，属于 N-P-N-P-N 共 5 层半导体器件，有第一电极（T1）、第二电极（T2）、控制极（G）3 个电极，在结构上相当于两个单向晶闸管反极性并联，常用在交流电路调节电压、电流或用作交流无触点开关。

双向晶闸管的基本特性如图 8-4 所示。

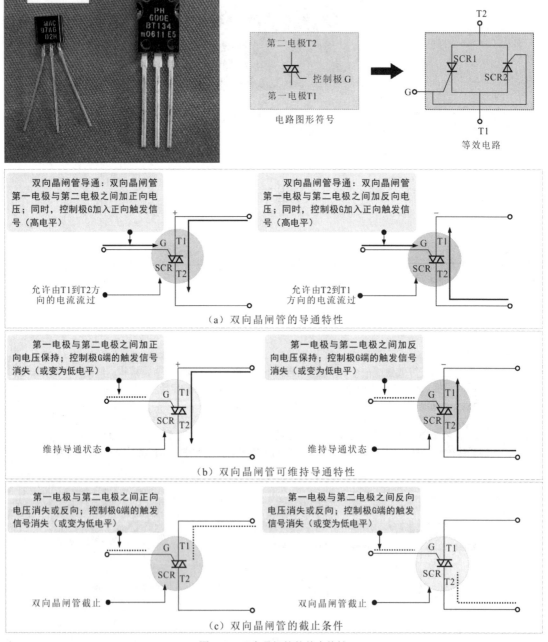

图 8-4　双向晶闸管的基本特性

3　单结晶闸管

单结晶闸管（UJT）也称双基极二极管。从结构功能上类似晶闸管，是由一个 PN 结和两个内电阻构成的三端半导体器件，有一个 PN 结和两个基极，广泛用于振荡、定时、双稳电路及晶闸管触发等电路中。

单结晶闸管的实物外形及基本特性如图 8-5 所示。

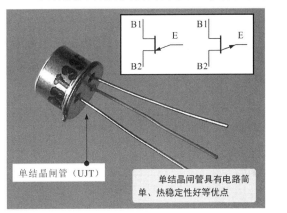
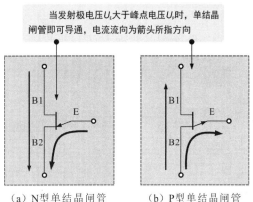

图 8-5　单结晶闸管的实物外形及基本特性

4　可关断晶闸管

可关断晶闸管 GTO（Gate Turn-Off Thyristor）俗称门控晶闸管，属于 P-N-P-N 共 4 层三端器件。其结构及等效电路与普通晶闸管相同。

可关断晶闸管的主要特点是当门极加负向触发信号时能自行关断，实物外形及基本特性如图 8-6 所示。

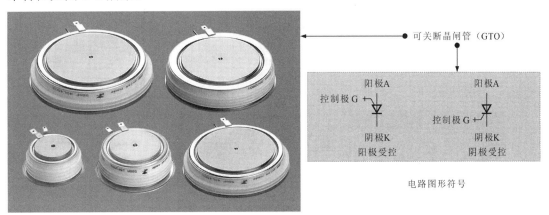

图 8-6　可关断晶闸管的实物外形及基本特性

提示

可关断晶闸管与普通晶闸管的区别：

普通晶闸管（SCR）受门极正信号触发后，撤掉信号亦能维持通态。欲使之关断，必须切断电源，使正向电流低于维持电流或施以反向电压强行关断。这就需要增加换向电路，不仅使设备的体积、重量增大，而且会降低效率，产生波形失真和噪声。

> **提示**
> 可关断晶闸管克服了普通晶闸管的上述缺陷，既保留了普通晶闸管耐压高、电流大等优点，又具有自关断能力，使用方便，是理想的高压、大电流开关器件。大功率可关断晶闸管已广泛用于斩波调速、变频调速、逆变电源等领域。

5　快速晶闸管

快速晶闸管是一个 P-N-P-N 共 4 层三端器件，符号与普通晶闸管一样，主要用于较高频率的整流、斩波、逆变和变频电路。图 8-7 为快速晶闸管的外形特点。

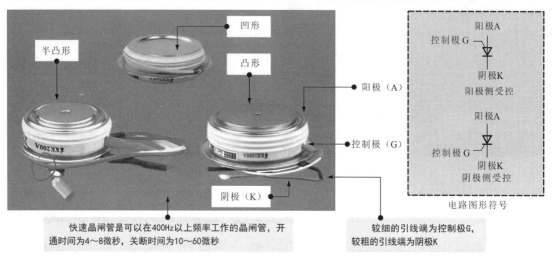

图 8-7　快速晶闸管的外形特点

6　螺栓型晶闸管

螺栓型晶闸管与普通单向晶闸管相同，只是封装形式不同，便于安装在散热片上，工作电流较大的晶闸管多采用这种结构形式。

图 8-8 为螺栓型晶闸管的外形特点。

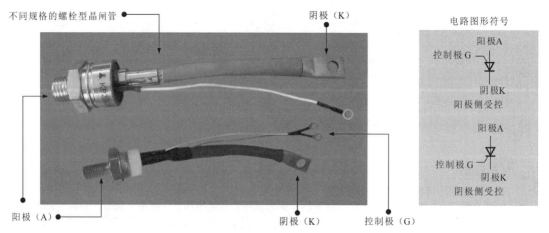

图 8-8　快速晶闸管的外形特点

8.1.2 晶闸管的功能应用

晶闸管是一种非常重要的功率器件，主要特点是通过小电流实现高电压、高电流的控制，在实际应用中主要作为可控整流器件和可控电子开关使用。

1　晶闸管作为可控整流器件使用

晶闸管可与整流器件构成调压电路，使整流电路输出电压具有可调性。图8-9为由晶闸管构成的典型调压电路。

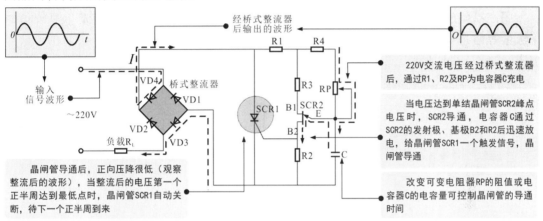

图8-9　由晶闸管构成的典型调压电路

2　晶闸管作为可控电子开关使用

在很多电子或电器产品电路中，晶闸管在大多情况下起到可控电子开关的作用，即在电路中由其自身的导通和截止来控制电路接通、断开。

图8-10为晶闸管作为可控电子开关在电路中的应用。

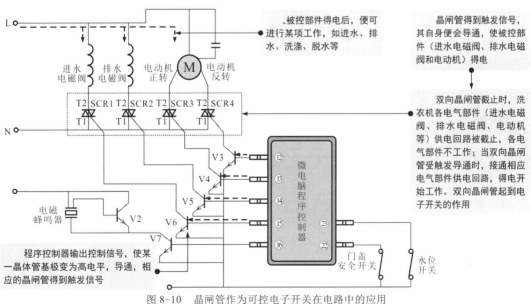

图8-10　晶闸管作为可控电子开关在电路中的应用

8.2 晶闸管的识别与选用

8.2.1 晶闸管的参数识读

晶闸管的类型、参数等是通过直标法标注在外壳上的，识读晶闸管包括型号识读和引脚极性识读等。不同国家及生产厂商的识读方式不同，下面分别进行介绍。

1 国产晶闸管的识读

国产晶闸管的命名通常会将晶闸管的名称、类型、额定通态电流值及重复峰值电压级数等信息标注在晶闸管的表面。根据国家规定，国产晶闸管的型号命名由4部分构成，如图8-11所示。

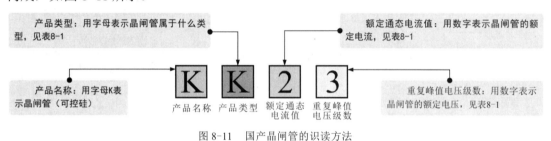

图8-11 国产晶闸管的识读方法

2 日产晶闸管的识读

日产晶闸管的型号命名由3部分构成，只将晶闸管的额定通态电流值、类型及重复峰值电压级数等信息标注在晶闸管的表面，如图8-12所示。

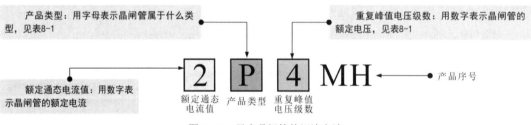

图8-12 日产晶闸管的识读方法

提示

表8-1 晶闸管的类型、额定通态电流值、重复峰值电压级数的符号对照表

额定通态电流值表示数字	含义	额定通态电流值表示数字	含义	重复峰值电压级数	含义	重复峰值电压级数	含义	类型字母	含义
1	1A	50	50A	1	100V	7	700V	P	普通反向阻断型
2	2A	100	100A	2	200V	8	800V		
5	5A	200	200A	3	300V	9	900V	K	快速反向阻断型
10	10A	300	300A	4	400V	10	1000V		
20	20A	400	400A	5	500V	12	1200V	S	双向型
30	30A	500	500A	6	600V	14	1400V		

3 国际电子联合会晶闸管的识读

国际电子联合会晶闸管分立器件的命名方式如图 8-13 所示。

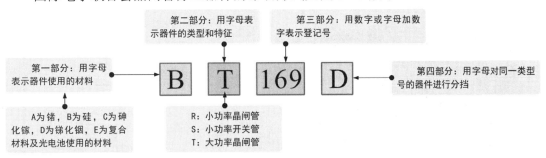

图 8-13 国际电子联合会晶闸管分立器件的命名方式

根据前文的命名方式识读如图 8-14 所示几个晶闸管的参数。

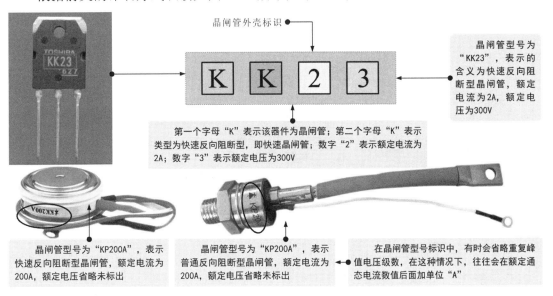

图 8-14 晶闸管参数的识读

4 晶闸管引脚极性的识别

对于普通单向晶闸管、双向晶闸管等各引脚外形无明显特征的晶闸管，目前主要根据其型号信息查阅相关资料进行识读，即首先识别出晶闸管的型号后，查阅半导体手册或在互联网上搜索该型号集成电路的引脚功能。

根据晶闸管的型号标识在互联网上查阅引脚极性的操作方法如图 8-15 所示。

在常见的几种晶闸管中，快速晶闸管和螺栓型晶闸管的引脚具有很明显的外形特征，可以根据引脚外形特性进行识别。

其中，快速晶闸管中间的金属环引出线为控制极 G，平面端为阳极 A，另一端为阴极 K；螺栓型普通晶闸管的螺栓一端为阳极 A，较细的引线端为控制极 G，较粗的引线端为阴极 K，如图 8-16 所示。

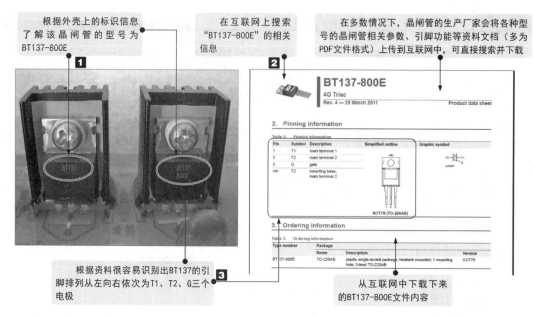

图 8-15 根据晶闸管的型号标识在互联网上查阅引脚极性的操作方法

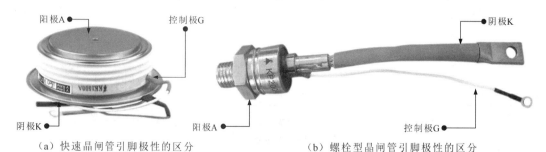

（a）快速晶闸管引脚极性的区分　　　　（b）螺栓型晶闸管引脚极性的区分

图 8-16 根据引脚外形特征识别晶闸管引脚极性

识别安装在电路板上的晶闸管引脚时，可观察电路板上晶闸管周围或背面焊接面上有无标识信息，根据标识信息可以很容易识别引脚极性。也可以根据晶闸管所在电路，找到对应的电路图纸，根据图纸中的电路图形符号识别引脚极性，如图 8-17 所示。

图 8-17 根据电路板上的标识信息或电路图形符号识别晶闸管的引脚极性

8.2.2 晶闸管的选用代换

检测时，若发现晶闸管损坏，则应对损坏的晶闸管进行代换。代换晶闸管时，要遵循晶闸管的代换原则及注意事项。

1 晶闸管的代换原则及注意事项

在代换晶闸管之前，要保证所代换晶闸管的规格符合要求；在代换过程中，要注意安全可靠，防止造成二次故障，力求代换后的晶闸管能够良好、长久、稳定地工作。

- 代换晶闸管时要注意反向耐压、允许电流和触发信号的极性。
- 反向耐压高的可以代换耐压低的。
- 允许电流大的可以代换允许电流小的。
- 触发信号的极性应与触发电路对应。

提示

晶闸管的种类和型号较多，不同种类晶闸管的参数也不一样，若电路中的晶闸管损坏，最好选用同型号的晶闸管代换。不同种类晶闸管的适用电路和选用注意事项见表8-2。

表8-2 不同种类晶闸管的适用电路和选用注意事项

类型	适用电路	选用注意事项
单向晶闸管	交直流电压控制、可控硅整流、交流调压、逆变电源、开关电源保护等电路	● 选用晶闸管时应重点考虑额定峰值电压、额定电流、正向压降、门极触发电流及触发电压、控制极触发电压与触发电流、开关速度等参数。 ● 一般选用晶闸管的额定峰值电压和额定电流均应高于工作电路中的最大工作电压和最大工作电流的1.5~2倍。 ● 所选用晶闸管的触发电压与触发电流一定要小于实际应用中的数值。 ● 所选用晶闸管的尺寸、引脚长度应符合应用电路的要求。 ● 选用双向晶闸管时，还应考虑浪涌电流参数应符合电路要求。 ● 一般在直流电路中，可以选用普通晶闸管或双向晶闸管；在以直流电源接通和断开来控制功率的直流电路中，开关速度快、频率高，需选用高频晶闸管。 ● 值得注意的是，在选用高频晶闸管时，要特别注意高温下和室温下的耐压量值，大多数高频晶闸管在额定高温下给定的关断时间为室温下关断时间的2倍多。
双向晶闸管	交流开关、交流调压、交流电动机线性调速、灯具线性调光及固态继电器、固态接触器等电路	
逆导晶闸管	电磁灶、电子镇流器、超声波电路、超导磁能存储系统及开关电源等电路	
光控晶闸管	光电耦合器、光探测器、光报警器、光计数器、光电逻辑电路及自动生产线的运行键控电路等	
门极关断晶闸管	交流电动机变频调速、逆变电源及各种电子开关电路等	

2 晶闸管的代换方法

晶闸管一般直接焊接在电路板上，代换时，可借助电烙铁、吸锡器或焊锡丝等进行拆卸和焊接操作。

图8-18为分离式晶闸管的代换方法。可以看到，晶闸管的代换包括拆卸和焊接两个环节。代换时，首先将电烙铁通电，进行预热，待预热完毕后，再配合吸锡器、焊锡丝等进行拆卸和焊接操作。

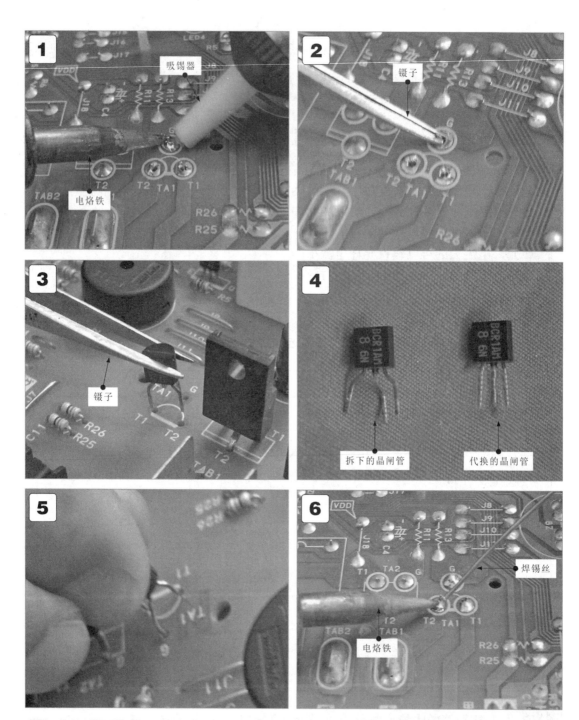

1 使用电烙铁加热晶闸管引脚焊点并用吸锡器吸走熔化的焊锡。
2 用镊子检查晶闸管引脚焊点是否与电路板完全脱离。
3 用镊子夹住拆除焊锡的晶闸管,将其从电路板上取下。
4 识别损坏晶闸管的型号及相关参数标识,选择同型号的晶闸管准备代换。
5 根据原晶闸管的引脚弯度加工代换晶闸管的引脚,然后将其插入电路板中。
6 使用电烙铁将焊锡丝熔化在晶闸管引脚上,待熔化后,先抽离焊锡丝再抽离电烙铁,完成焊装。

图 8-18 分离式晶闸管的代换方法

8.3 单向晶闸管引脚极性的检测

8.3.1 单向晶闸管引脚极性的检测方法

使用万用表检测单向晶闸管的性能，需要先判断其引脚极性。

识别单向晶闸管引脚极性时，除了根据标识信息和数据资料外，对于一些未知引脚的晶闸管，可以使用万用表的欧姆挡（电阻挡）进行简单判别，如图 8-19 所示。

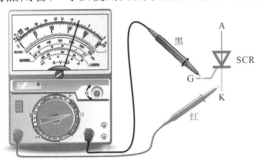

将万用表的挡位设置在"×1k"欧姆挡，两表笔任意搭在单向晶闸管的两引脚上。单向晶闸管只有控制极和阴极之间存在正向阻值，其他各引脚之间都为无穷大。当检测出两个引脚间有阻值时，可确定黑表笔所接引脚为控制极（G），红表笔所接引脚为阴极（K），剩下的一个引脚为阳极（A）

图 8-19 单向晶闸管引脚极性的识别方法

8.3.2 单向晶闸管引脚极性的实用检测案例

图 8-20 为单向晶闸管引脚极性的检测案例。

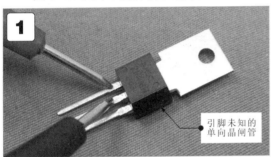
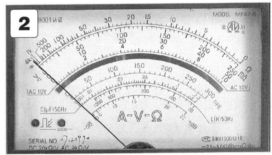
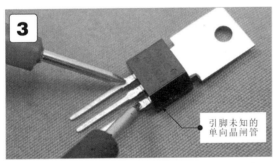

1 将万用表的黑表笔搭在单向晶闸管的中间引脚上，红表笔搭在单向晶闸管的左侧引脚上。
2 从万用表的显示屏上读取出实测的阻值为无穷大。
3 将万用表的黑表笔搭在单向晶闸管的右侧引脚上，红表笔不动。
4 从万用表的显示屏上读取出实测的阻值为8kΩ。这时可确定黑表笔所接引脚为控制极（G），红表笔所接引脚为阴极（K），剩下的一个引脚为阳极（A）。

图 8-20 单向晶闸管引脚极性的检测案例

8.4 单向晶闸管触发能力的检测

8.4.1 单向晶闸管触发能力的检测方法

晶闸管的触发能力是晶闸管的重要特性之一，也是影响晶闸管性能的重要因素。

检测单向晶闸管的触发能力时需要为其提供触发条件，一般可用万用表进行检测，既可作为检测仪表，又可利用内电压为晶闸管提供触发条件。

图 8-21 为待测单向晶闸管的实物外形，识别三个引脚的功能。

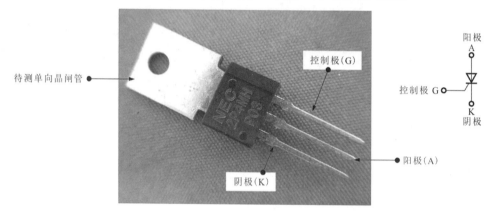

图 8-21　待测单向晶闸管的实物外形

图 8-22 为单向晶闸管触发能力的检测方法。

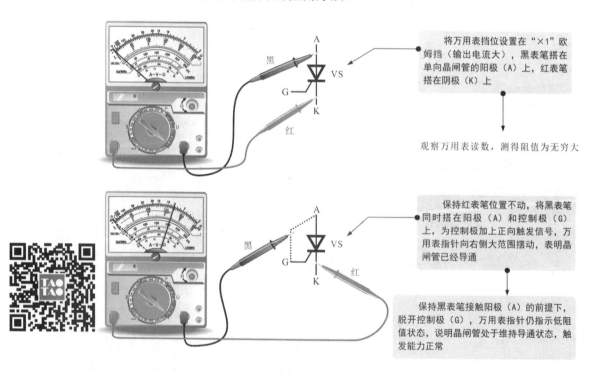

图 8-22　单向晶闸管触发能力的检测方法

8.4.2 单向晶闸管触发能力的实用检测案例

单向晶闸管作为一种可控整流器件，一般不直接用万用表检测好坏，但可借助万用表检测单向晶闸管的触发能力，如图 8-23 所示。

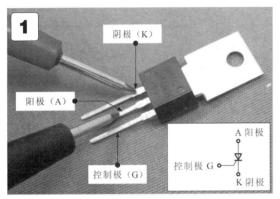

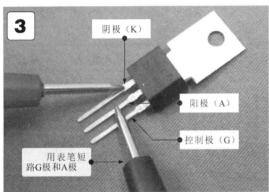

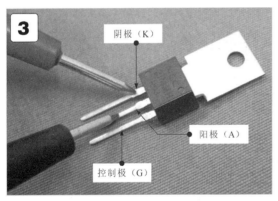

1. 将万用表的黑表笔搭在单向晶闸管的阳极（A）上，红表笔搭在阴极（K）上。
2. 观察万用表的表盘指针摆动，测得阻值为无穷大。
3. 保持红表笔位置不变，将黑表笔同时搭在阳极（A）和控制极（G）上。
4. 万用表的指针向右侧大范围摆动，表明晶闸管已经导通。
5. 保持黑表笔接触阳极（A）的前提下，脱开控制极（G）。
6. 万用表的指针仍指示低阻值状态，说明晶闸管处于维持导通状态，触发能力正常。

图 8-23 单向晶闸管触发能力的检测案例

上述检测方法是由万用表内电池产生的电流维持单向晶闸管的导通状态。但有些大电流晶闸管需要较大的电流才能维持导通状态，因此黑表笔脱离控制极（G）后，晶闸管不能维持导通状态也是正常的。这种情况需要借助如图8-24所示的电路进行检测。

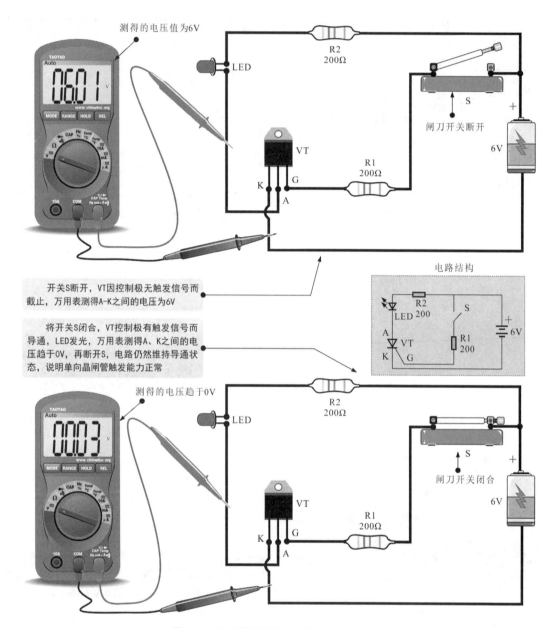

图8-24 在路检测单向晶闸管的触发能力

提示

将单向晶闸管接入电路中，开关S断开，万用表黑表笔搭在单向晶闸管的阴极（K）上，红表笔搭在阳极（A）上，观察发光二极管和显示屏显示，LED不亮并测得电压值为6V；将开关S闭合，LED立即发光，表明A、K间导通，红、黑表笔位置不动，万用表测得的电压接近0V。此时再次将开关S断开，LED仍保持发光状态。

8.5 双向晶闸管触发能力的检测

8.5.1 双向晶闸管触发能力的检测方法

检测双向晶闸管的触发能力与检测单向晶闸管触发能力的方法基本相同，只是所测晶闸管引脚极性不同。

检测双向晶闸管的触发能力时需要为其提供触发条件，一般可用万用表检测，既可作为检测仪表，又可利用内电压为晶闸管提供触发条件，如图 8-25 所示。

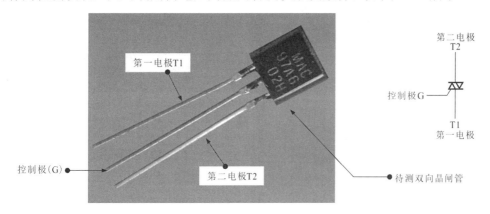

图 8-25　待测双向晶闸管的实物外形及引脚极性

图 8-26 为双向晶闸管触发能力的检测方法。

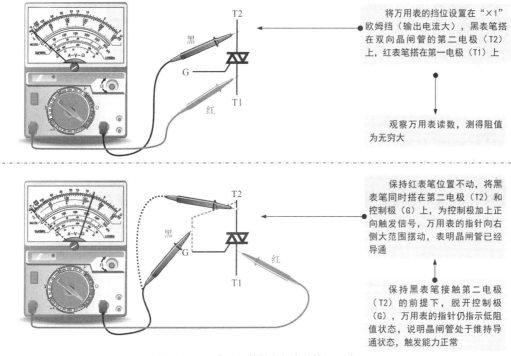

图 8-26　双向晶闸管触发能力的检测方法

8.5.2 双向晶闸管触发能力的实用检测案例

图 8-27 为双向晶闸管触发能力的实际检测案例。

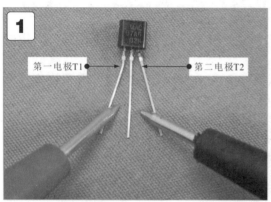

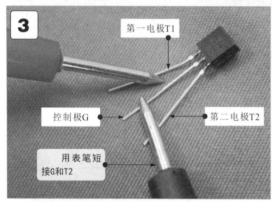

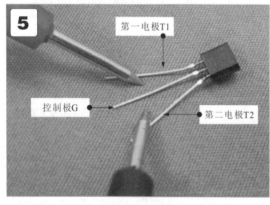

1 将万用表的黑表笔搭在双向晶闸管的第二电极（T2）上，红表笔搭在第一电极（T1）上。
2 观察万用表的表盘指针位置，实测得的阻值为无穷大。
3 保持红表笔位置不动，将黑表笔同时搭在第二电极（T2）和控制极（G）上。
4 万用表的指针向右侧大范围摆动（若将表笔对换后进行检测，万用表指针也向右侧大范围摆动），表明双向晶闸管已经导通。
5 保持黑表笔接触第二电极（T2）的前提下，脱开控制极（G）。
6 万用表的指针仍指示低阻值状态。

图 8-27 双向晶闸管触发能力的实际检测案例

上述检测方法是由万用表内电池产生的电流维持双向晶闸管的导通状态，有些大电流晶闸管需要较大的电流才能维持导通状态，黑表笔脱离控制极（G）后，晶闸管不能维持导通状态是正常的。这种情况需要借助如图8-28所示的电路进行检测。

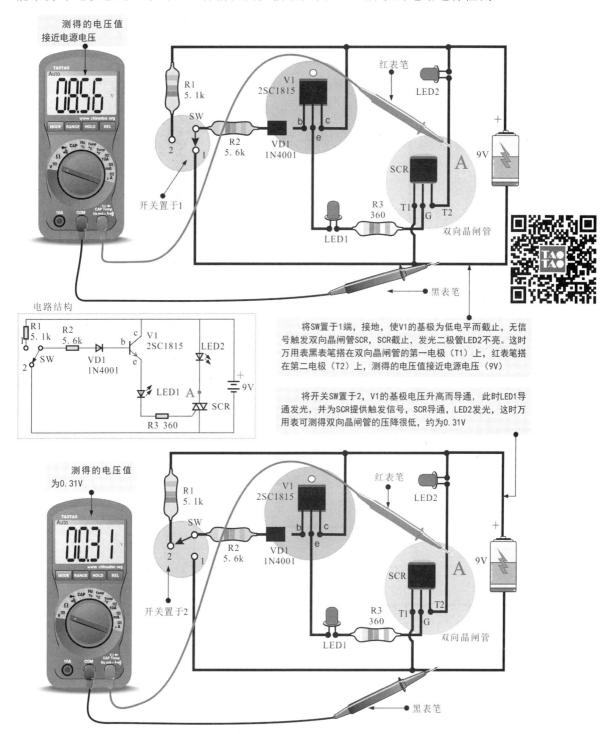

图8-28 在路检测双向晶闸管的触发能力

8.6 双向晶闸管正、反向导通特性的检测

除了使用指针万用表对双向晶闸管的触发能力进行检测外，还可以使用安装有附加测试器的数字万用表对双向晶闸管的正、反向导通特性进行检测。如图8-29所示，将双向晶闸管接到数字万用表附加测试器的三极管检测接口（NPN管）上，只插接E、C插口，并在电路中串联限流电阻（330Ω）。

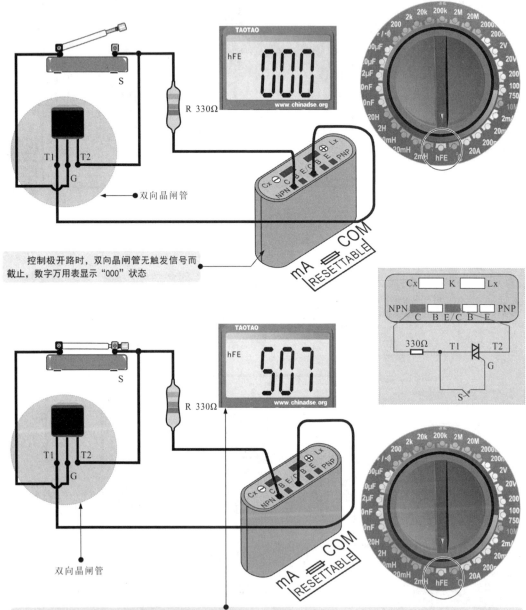

图 8-29 使用数字万用表检测双向晶闸管的正、反向特性

第9章 集成电路的识别选用与检测代换

9.1 集成电路的种类与应用

集成电路是利用半导体工艺将电阻器、电容器、晶体管及连线制作在很小的半导体材料或绝缘基板上,形成一个完整的电路,并封装在特制的外壳之中,具有体积小、重量轻、电路稳定、集成度高等特点,在电子产品中应用十分广泛。

图 9-1 为集成电路及各种元器件的外形。

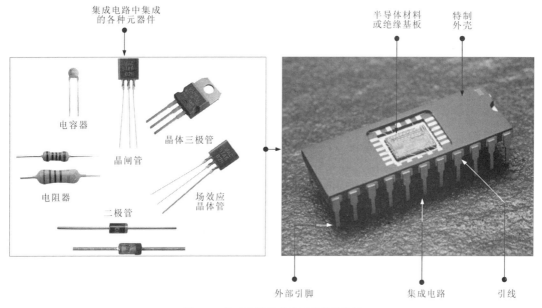

图 9-1 集成电路及各种元器件的外形

9.1.1 集成电路的种类特点

集成电路的种类繁多,分类方式也多种多样,根据外形和封装形式的不同主要可分为金属壳封装(CAN)集成电路、单列直插式封装(SIP)集成电路、双列直插式封装(DIP)集成电路、扁平封装(PFP、QPF)集成电路、插针网格阵列封装(PGA)集成电路、球栅阵列封装(BGA)集成电路、无引线塑料封装(PLCC)集成电路、超小型芯片级封装(CSP)集成电路、多芯片模块封装(MCM)集成电路等。

1 金属壳封装(CAN)集成电路

金属壳封装(CAN)集成电路一般为金属圆帽形,功能较为单一,引脚数较少,如图 9-2 所示。

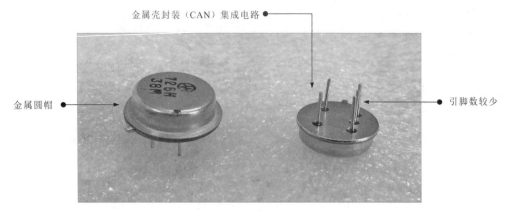

图 9-2　金属壳封装（CAN）集成电路的实物外形

2　单列直插式封装（SIP）集成电路

单列直插式封装集成电路的引脚只有一列，内部电路比较简单，引脚数较少（3~16 只），小型集成电路多采用这种封装形式，如图 9-3 所示。

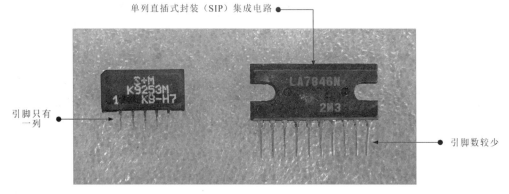

图 9-3　单列直插式封装（SIP）集成电路的实物外形

3　双列直插式封装（DIP）集成电路

双列直插式封装集成电路的引脚有两列，且多为长方形结构。大多数中小规模的集成电路均采用这种封装形式，引脚数一般不超过 100 个，如图 9-4 所示。

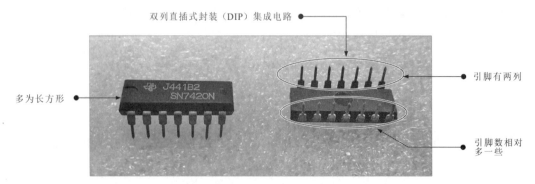

图 9-4　双列直插式封装（DIP）集成电路的实物外形

4 扁平封装（PFP、QPF）集成电路

扁平封装集成电路的引脚端子从封装外壳侧面引出，呈 L 字形，芯片引脚之间间隙很小，管脚很细，一般大规模或超大型集成电路都采用这种封装形式，引脚数一般在 100 只以上，主要采用表面安装技术安装在电路板上，如图 9-5 所示。

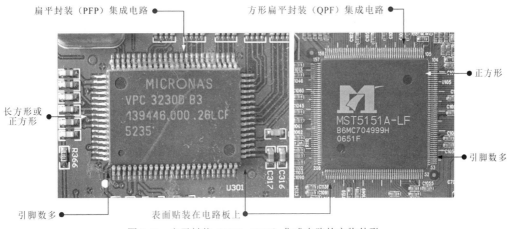

图 9-5 扁平封装（PFP、QPF）集成电路的实物外形

5 插针网格阵列封装（PGA）集成电路

插针网格阵列封装（PGA）集成电路在芯片内外有多个方阵形插针，每个方阵形插针沿芯片四周间隔一定的距离排列，根据引脚数目的多少可以围成 2～5 圈，多应用于高智能化数字产品中，如计算机的 CPU 多采用针脚插入型封装形式。

图 9-6 为插针网格阵列封装集成电路的实物外形。

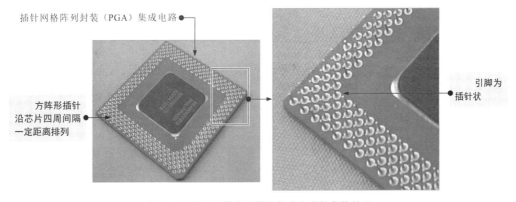

图 9-6 插针网格阵列封装集成电路的实物外形

6 球栅阵列封装（BGA）集成电路

球栅阵列型集成电路的引脚为球形端子，如图 9-7 所示，而不是用针脚引脚，引脚数一般大于 208 只，采用表面贴片焊装技术，广泛应用在小型数码产品中，如新型手机的信号处理集成电路、主板上南/北桥芯片、CPU 等。

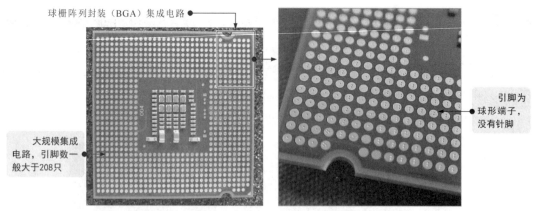

图 9-7　球栅阵列封装（BGA）集成电路的实物外形

7　无引线塑料封装（PLCC）集成电路

PLCC 集成电路是指在集成电路的四个侧面都设有电极焊盘，无引脚表面贴装型封装，如图 9-8 所示。

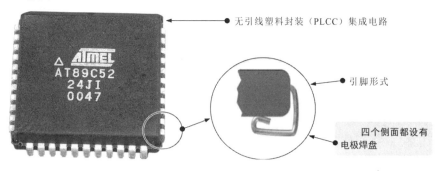

图 9-8　无引线塑料封装集成电路的实物外形

8　芯片缩放式封装（CSP）集成电路

芯片缩放式封装（CSP）集成电路是一种采用超小型表面贴装型封装形式的集成电路，减小了芯片封装的外形尺寸，封装后集成电路的尺寸边长不大于芯片的 1.2 倍。其引脚都在封装体下面，有球形端子、焊凸点端子、焊盘端子、框架引线端子等多种形式，如图 9-9 所示。

图 9-9　芯片缩放式封装集成电路的实物外形

9 多芯片模块封装（MCM）集成电路

多芯片模块封装（MCM）集成电路是将多个高集成度、高性能、高可靠性的芯片，在高密度多层互联基板上用 SMD 技术组成多种多样的电子模块系统。

图 9-10 为多芯片模块封装集成电路的实物外形。

图 9-10　多芯片模块封装集成电路的实物外形

9.1.2　集成电路的功能应用

集成电路的功能多种多样，具体功能根据内部结构的不同而不同。在实际应用中，集成电路往往起着控制、放大、转换（D/A 转换、A/D 转换）、信号处理及振荡等作用。

常用的运算放大器和交流放大器是电子产品中应用较为广泛的一类集成电路。

图 9-11 为具有放大功能的集成电路应用电路。

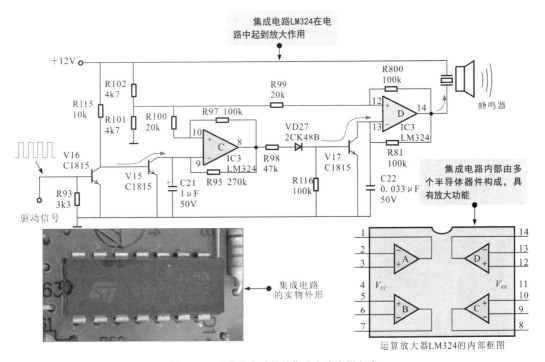

图 9-11　具有放大功能的集成电路应用电路

> **提示**
>
> 在实际应用中,集成电路多以功能命名,如常见的三端稳压器、运算放大器、音频功率放大器、视频解码器、微处理器等,如图9-12所示。

图9-12　不同功能的集成电路

9.2　集成电路的识别与选用

9.2.1　集成电路的参数识读

识别集成电路的参数信息主要是根据集成电路本身的一些标识信息了解集成电路的型号、引脚功能、引脚起始端及排列顺序等。

1　集成电路型号的识读

集成电路型号的识读包括两个方面：一是从集成电路信息标识中分辨出哪一个是型号标识；二是根据型号解读出集成电路的功能等信息。

① 辨别型号标识。

在大多集成电路的表面都会标有多行字母或数字信息,从这些信息中辨别出集成电路的型号信息十分重要,如图9-13所示。

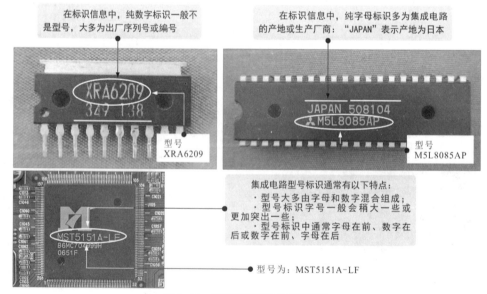

图9-13　辨别集成电路的型号标识

② 解读型号标识。

与识读其他电子元器件不同，一般无法从集成电路的外形上判断集成电路的功能，通常可通过集成电路的型号对照集成电路手册解读相关信息，如封装形式、代换型号、工作原理及各引脚功能等。

国内外集成电路生产厂商对集成电路的命名方式有所不同。国产集成电路的型号由 5 部分构成，如图 9-14 所示。

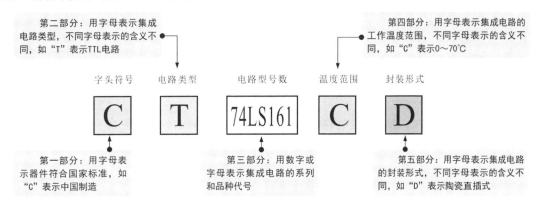

图 9-14 国产集成电路的命名方式

> **提示**
>
> 国产集成电路型号命名方式中各部分不同字母所表示的含义见表 9-1。

表 9-1 国产集成电路型号命名方式中各部分不同字母所表示的含义

第一部分		第二部分		第三部分	第四部分		第五部分	
字头符号		集成电路类型		集成电路型号数	集成电路工作温度范围		集成电路的封装形式	
符号	含义	符号	含义		符号	含义	符号	含义
C	中国制造	B	非线性电路	用数字或字母表示电路系列和代号	C	0℃～70℃	B	塑料扁平
		C	CMOS		E	-40℃～+85℃	D	陶瓷直插
		D	音响、电视		R	-55℃～+85℃	F	全密封扁平
		E	ECL		M	-55℃～+125℃	J	黑陶瓷直插
		F	放大器				K	金属菱形
		H	HTL				T	金属圆形
		J	接口器件					
		M	存储器					
		T	TTL					
		W	稳压器					
		U	微机					

索尼公司（SONY）集成电路的型号一般由四部分构成，如图 9-15 所示。

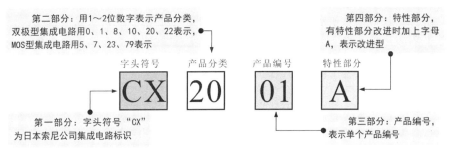

图 9-15 索尼公司集成电路的命名方式

日立公司（HITACHI）集成电路型号一般由五部分构成，如图9-16所示。

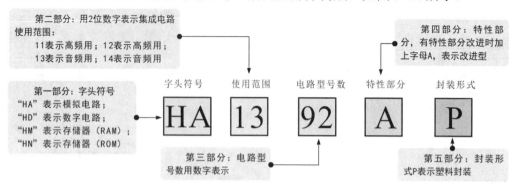

图9-16 日立公司集成电路的命名方式

三洋公司（SANYO）集成电路型号一般由两部分构成，如图9-17所示。

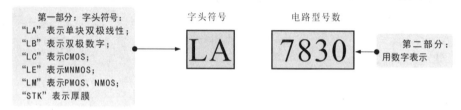

图9-17 三洋公司集成电路的命名方式

东芝公司（TOSHIBA）集成电路型号一般由三部分构成，如图9-18所示。

图9-18 东芝公司集成电路的命名方式

提示

常见集成电路公司的型号字头符号见表9-2。

表9-2 常见集成电路公司的型号字头符号

公司名称	型号字头符号	公司名称	型号字头符号
先进微器件公司（美国）	AM	富士通公司（日本）	MB、MBM
模拟器件公司（美国）	AD	松下电子公司（日本）	AN
仙童半导体公司（美国）	F、μA	三菱电气公司（日本）	M
摩托罗拉半导体公司（美国）	MC、MLM、MMS	日本电气（NEC）有限公司	μPA、μPB、μPC
英特尔公司（美国）	I	新日本无线电有限公司	NJM

在具体应用集成电路时，仅了解集成电路型号的命名方式是不够的，在选用、检测、维修、调试时还需要详细了解集成电路的功能，这时就要查阅相关的集成电路应用手册。手册会详细给出集成电路的各种技术参数、引脚名称、内部电路结构及一些典型应用电路或各引脚的相关电压或对地阻值，对检查集成电路的好坏是很有帮助的。

2　集成电路引脚起始端及排列顺序的识读

在实际应用中，除了集成电路的型号、功能、参数等信息外，弄清集成电路的引脚起始端及引脚分布规律对于解读、检测、更换集成电路也十分重要。

集成电路种类和型号繁多，不可能全部根据型号去记忆引脚位置和排列顺序，这时就需要找出各种集成电路引脚的分布规律进行识别。通常，不同类型集成电路引脚的起始端及排列顺序都有不同的规律可循。下面介绍几种常用集成电路的引脚分布规律和识别方法。

（1）金属壳封装集成电路的引脚起始端和引脚分布

金属壳封装集成电路的圆形金属帽上通常会有一个突起，识读时，将集成电路引脚朝上，从突起端起，顺时针方向依次对应引脚①②③④⑤…如图9-19所示。

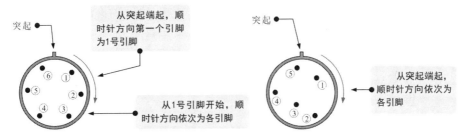

图9-19　金属壳封装集成电路的引脚起始端和引脚分布

（2）单列直插式封装集成电路的引脚起始端和引脚分布

在通常情况下，单列直插式封装集成电路左侧有特殊的标识来明确引脚①的位置，标识有可能是一个小缺角、一个小圆凹坑、一个半圆缺、一个小圆点、一个色点等。引脚①往往是起始引脚，可以顺着引脚排列的位置，依次对应引脚②③④⑤…如图9-20所示。

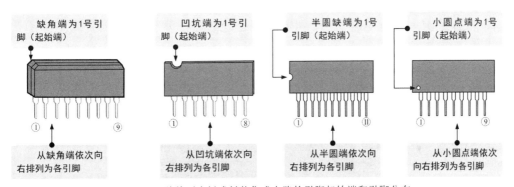

图9-20　几种单列直插式封装集成电路的引脚起始端和引脚分布

（3）双列直插式封装集成电路的引脚分布

在通常情况下，双列直插式封装集成电路左侧有特殊的标识来明确引脚①的位置。一般来讲，标识下方的引脚就是引脚①，标识上方往往是最后一个引脚。标识有可能是一个小圆凹坑、一个小半圆缺、一个小色点、条状标记等。引脚①往往是起始引脚，可以顺着引脚排列的位置，按逆时针顺序依次对应引脚②③④⑤…如图9-21所示。

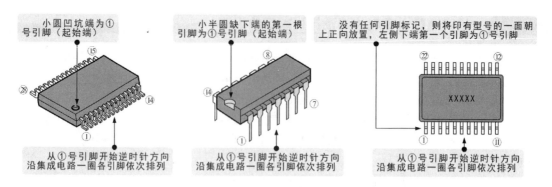

图 9-21 双列直插式封装集成电路的引脚起始端和引脚分布

（4）扁平封装集成电路的引脚分布

在通常情况下，扁平封装集成电路左侧一角有特殊的标识来明确引脚①的位置。一般来讲，标识下方的引脚就是引脚①。标识有可能是一个小圆凹坑、一个小色点等。引脚①往往是起始引脚，可以顺着引脚排列的位置，按逆时针顺序依次对应引脚②③④⑤…如图 9-22 所示。

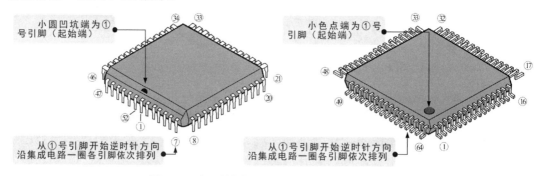

图 9-22 扁平封装集成电路的引脚起始端和引脚分布

图 9-23 为典型集成电路的实物外形，根据型号标识可了解相关的参数信息。

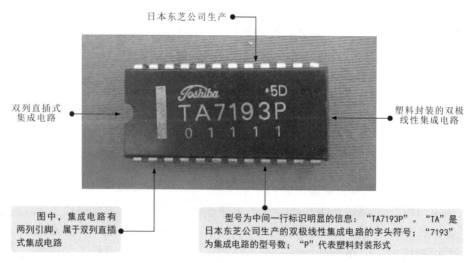

图 9-23 典型集成电路的实物外形

3 识别集成电路在电路中的标识信息

集成电路在电子电路中有特殊的电路标识，种类不同，电路标识也有所区别，识读时，通常先从电路标识入手，了解集成电路的种类和功能特点。

图 9-24 为识别典型集成电路的电路标识。

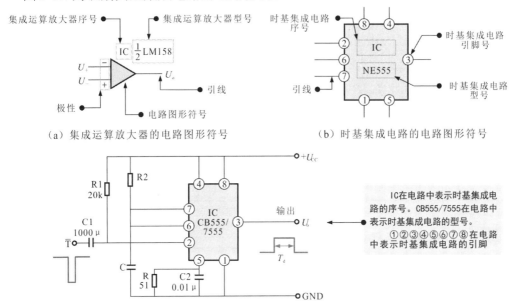

图 9-24　识别典型集成电路的电路标识

> **提示**
>
> 电路图形符号表明集成电路的类型；引线由电路图形符号两端伸出，与电路图中的电路线连通，构成电子线路；标识信息通常提供集成电路的类别、在该电路图中的序号及集成电路的型号等。

9.2.2　集成电路的选用代换

若发现电子产品中的集成电路损坏，则应对损坏的集成电路进行代换。代换集成电路时，要遵循基本的代换原则。

1　集成电路的代换原则

集成电路的代换原则是指在代换之前，要保证代换集成电路的规格符合产品要求，在代换过程中，注意安全，防止造成二次故障，力求代换后的集成电路能够良好、长久、稳定地工作。

◇ 使用同一型号的集成电路代换，安装集成电路时，要注意方向不要搞错，否则，通电时集成电路很可能被烧毁。

◇ 使用不同型号的集成电路进行代换时，要求相互间的引脚功能完全相同，内部电路和电参数稍有差异也可相互直接代换。

集成电路的种类和型号较多，不同种类集成电路的参数也不一样，最好选用同型号的集成电路进行代换。此外，还需了解不同种类集成电路的适用电路和选用注意事项。

提示

不同种类集成电路的适用电路和选用注意事项见表9-3。

表9-3 不同种类集成电路的适用电路和选用注意事项

类型		适用电路	选用注意事项
模拟集成电路	三端稳压器	各种电子产品的电源稳压电路	◇ 集成电路需严格根据电路要求选择，如电源电路是选用串联型还是开关型、输出电压是多少、输入电压是多少等都是选择时需要重点考虑的。 ◇ 选用集成电路时需要首先了解集成电路的各种性能，重点考虑类型、参数、引脚排列等是否符合应用电路要求。 ◇ 选用集成电路时，首先应查阅相关集成电路的有关资料，了解各引脚功能、应用环境、工作温度等可能影响到的因素是否符合要求。 ◇ 根据不同的应用环境，应选用不同的封装形式，即使参数功能完全相同，也应视实际情况而定。 ◇ 所选用集成电路的尺寸应符合应用电路需求。 ◇ 所选用集成电路的基本工作条件，如工作电压、功耗、最大输出功率等主要参数应符合电路要求
	集成运算放大器	放大、振荡、电压比较、模拟运算、有源滤波等电路	
	时基集成电路	信号发生、波形处理、定时、延时等电路	
	音频信号处理集成电路	各种音像产品中的声音处理电路	
数字集成电路	门电路	数字电路	
	触发器	数字电路	
	存储器	数码产品电路	
	微处理器	各种电子产品中的控制系统电路	
	编程器	程控设备	

2 集成电路的代换方法

由于集成电路的形态各异，安装方式也不相同，因此代换时一定要注意方法，要根据电路的特点及集成电路的自身特性来选择正确、稳妥的代换方法。通常，集成电路都是采用焊装的形式固定在电路板上的，从焊装的形式上看，主要可以分为插接焊装和表面贴装两种形式。

◇ 插接焊装集成电路的代换方法

对于插接焊装的集成电路，其引脚通常会穿过电路板，在电路板的另一面（背面）进行焊接固定是应用最广的一种安装方式。代换这类集成电路时，通常采用电烙铁、吸锡器和焊锡丝进行拆焊和安装操作，如图9-25所示。

1 使用电烙铁加热集成电路引脚焊点并用吸锡器吸走熔化的焊锡。
2 使用镊子查看集成电路引脚与电路板是否完全脱离。

图9-25 插接焊装集成电路的代换方法

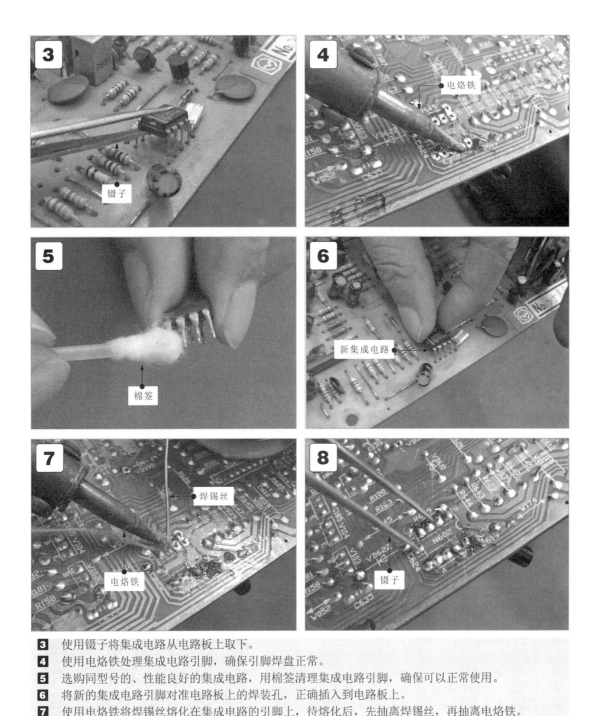

3 使用镊子将集成电路从电路板上取下。
4 使用电烙铁处理集成电路引脚,确保引脚焊盘正常。
5 选购同型号的、性能良好的集成电路,用棉签清理集成电路引脚,确保可以正常使用。
6 将新的集成电路引脚对准电路板上的焊装孔,正确插入到电路板上。
7 使用电烙铁将焊锡丝熔化在集成电路的引脚上,待熔化后,先抽离焊锡丝,再抽离电烙铁。
8 使用镊子清理两焊点之间残留的焊锡,以免造成连焊现象。

图 9-25 插接焊装集成电路的代换方法(续)

◇ 表面贴装集成电路的代换方法

对于表面贴装的集成电路,则需使用热风焊枪、镊子等进行拆焊和焊装,将热风焊枪的温度调节旋钮调至 5～6 挡,将风速调节旋钮调至 4～5 挡,打开电源开关进行预热,然后进行拆焊和焊装的操作,如图 9-26 所示。

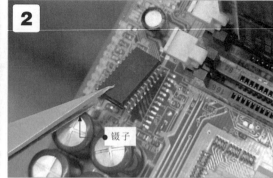

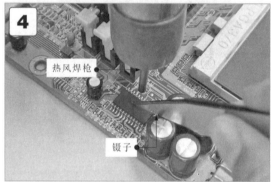

1 使用热风焊枪对集成电路的引脚焊点均匀加热，使全部引脚受热均匀。
2 待焊锡熔化后，用镊子快速将其从电路板上取下。
3 主电路板上的引脚焊点处焊锡过多，使用电烙铁将焊盘刮平，注意不要损伤焊盘。
4 将代换用集成电路的引脚对准主电路板上的焊点，用镊子按住，然后用热风焊枪均匀加热，待焊锡熔化后即可将集成电路焊接在电路板上。

图 9-26 表面贴装集成电路的代换方法

提示

在集成电路代换操作中，拆焊之前，应首先对操作环境进行检查，确保操作环境干燥、整洁，确保操作平台稳固、平整，确保电路板（或设备）处于断电、冷却状态。

操作前，操作者应对自身进行放电，以免静电击穿电路板上的元器件，放电后，即可使用拆焊工具对电路板上的集成电路进行拆焊操作。

拆焊时，应确认集成电路针脚处的焊锡被彻底清除，才能小心地将集成电路从电路板上取下，取下时，一定要谨慎，若在引脚焊点处还有焊锡粘连的现象，应再用电烙铁及时清除，直至待更换集成电路稳妥取下，切不可硬拔。

拆下后，用酒精对焊孔进行清洁，若电路板上有未去除的焊锡，可用平头电烙铁刮平电路板焊点上的焊锡，为焊装集成电路做好准备。

在对集成电路进行焊装时，要保证焊点整齐、漂亮，不能有连焊、虚焊等现象，以免造成元器件的损坏。

值得注意的是，对于引脚较密集的集成电路，采用手工焊接的方法较易造成引脚连焊，一般在条件允许的情况下要使用贴片机进行焊接，如图 9-27 所示。

图 9-27 使用贴片机专业焊接集成电路

9.3 三端稳压器的检测

检测集成电路好坏常用的方法主要有电阻检测法、电压检测法和信号检测法三种。下面以三端稳压器、运算放大器、功率放大器和微处理器等几种典型集成电路为例,分别采用不同的检测方法完成集成电路的检测训练。

9.3.1 三端稳压器的结构和功能特点

三端稳压器是一种具有三只引脚的直流稳压集成电路。图 9-28 为典型三端稳压器的实物外形。

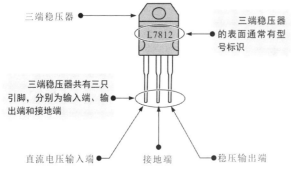
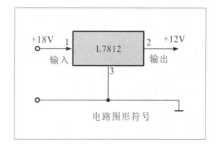

图 9-28 典型三端稳压器的实物外形

提示

三端稳压器的外形与普通晶体三极管十分相似,三只引脚分别为直流电压输入端、稳压输出端和接地端,在三端稳压器表面印有型号标识,用以直观体现三端稳压器的性能参数(稳压值)。

三端稳压器的功能是将输入端的直流电压稳压后输出一定值的直流电压。不同型号三端稳压器的输出端稳压值不同。图 9-29 为三端稳压器的功能示意图。

一般来说,三端稳压器输入端的电压可能会发生偏高或偏低变化,但都不影响输出侧的电压值,只要输入侧电压在三端稳压器的承受范围内,则输出侧均为稳定的一个数值,这也是三端稳压器最突出的功能特性。

常用的三端稳压器 7805 是一种 5V 三端稳压器，工作时，只要输入侧电压在该承受范围内（9～14V），则输出侧均为 5V。

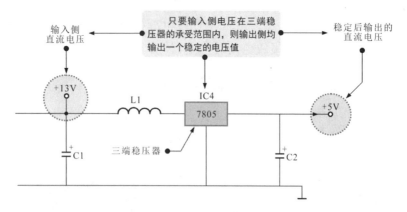

图 9-29 三端稳压器的功能示意图

9.3.2 三端稳压器的检测方法

检测三端稳压器主要有两种方法：一种是将三端稳压器置于电路中，在工作状态下，用万用表检测三端稳压器输入端和输出端的电压值，与标准值比对，即可判别三端稳压器的性能；另一种方法是在三端稳压器未通电的工作状态下，通过检测输入端、输出端的对地阻值来判别三端稳压器的性能。

检测之前，应首先了解待测三端稳压器各引脚功能及标准输入、输出电压和电阻值，为三端稳压器的检测提供参考标准，如图 9-30 所示。

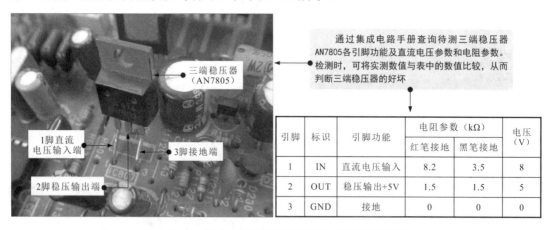

图 9-30 了解待测三端稳压器各引脚功能及标准参数值

1　检测三端稳压器输入、输出电压

借助万用表检测三端稳压器的输入端、输出端电压时，需要将三端稳压器置于实际工作环境中，然后用万用表分别检测输入、输出电压值来判断三端稳压器的好坏，如图 9-31 所示。

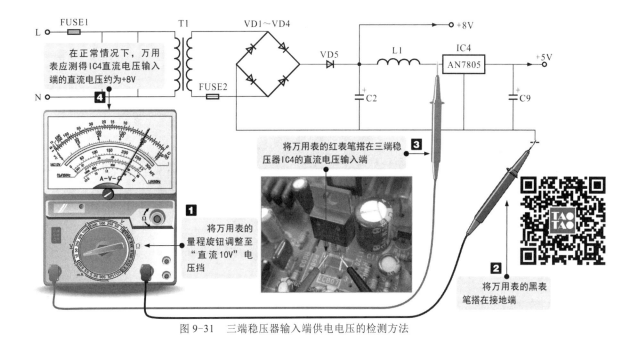

图 9-31　三端稳压器输入端供电电压的检测方法

在正常情况下,在三端稳压器输入端应能够测得相应的直流电压值。根据电路标识,本例中实测三端稳压器输入端的电压为 8 V。

保持万用表的黑表笔不动,将红表笔搭在三端稳压器的输出端引脚上,如图 9-32 所示,检测三端稳压器输出端的电压值。

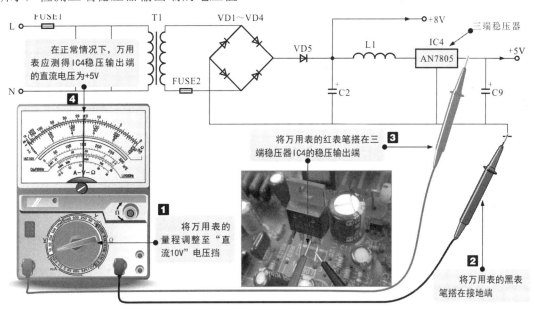

图 9-32　输出端电压值的检测方法

提示

在正常情况下,若三端稳压器的直流电压输入端电压正常,则稳压输出端应有稳压后的电压输出;若输入端电压正常,而无电压输出,则说明三端稳压器损坏。

2　检测三端稳压器各引脚的阻值

判断三端稳压器的好坏还可以借助万用表检测三端稳压器各引脚的阻值，如图9-33所示。

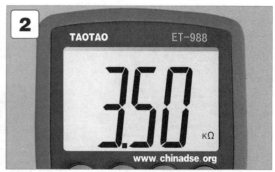

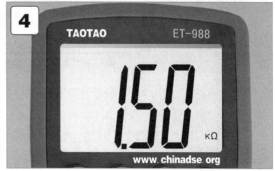

1 将万用表的量程旋钮调整至"20k"欧姆挡，将万用表的黑表笔搭在三端稳压器的接地端，红表笔搭在三端稳压器的直流电压输入端。

2 测得三端稳压器直流电压输入端正向对地阻值约为3.5kΩ。调换表笔，检测三端稳压器直流输入端反向对地阻值，实测约为8.2kΩ。

3 将万用表的黑表笔搭在三端稳压器的接地端，红表笔搭在三端稳压器的稳压输出端上。

4 测得三端稳压器稳压输出端的正向对地阻值约为1.50kΩ。调换表笔，检测三端稳压器稳压输出端反向对地阻值，实测约为1.50kΩ。

图9-33　三端稳压器各引脚对地阻值的检测方法

提示

在正常情况下，三端稳压器各引脚阻值应与正常阻值近似或相同；若阻值相差较大，则说明三端稳压器性能不良。

在路检测三端稳压器引脚正、反向对地阻值判断好坏时，可能会受到外围元器件的影响导致检测结果不准，可将三端稳压器从电路板上焊下后再进行检测。

9.4　运算放大器的检测

9.4.1　运算放大器的结构和功能特点

运算放大器是具有很高放大倍数的电路单元，早期应用于模拟计算机中实现数字运算，故得名"运算放大器"。实际上，这种放大器可以应用在很多电子产品中。

从结构上，运算放大器是一个具有放大功能的电路单元，将这个电路单元集成在一起独立封装，便构成常见的以集成电路结构形式出现的运算放大器。

图 9-34 为典型运算放大器的实物外形。

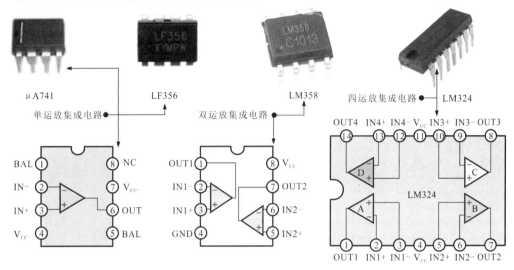

图 9-34　典型运算放大器的实物外形

运算放大器简称集成运放，是一种集成化的、高增益的多级直接耦合放大器。运算放大器作为一种通用电子器件，由多种不同的基本电子元件和半导体器件按照一定的电路关系连接、集成后形成。图 9-35 为运算放大器的电路图形符号及内部结构。

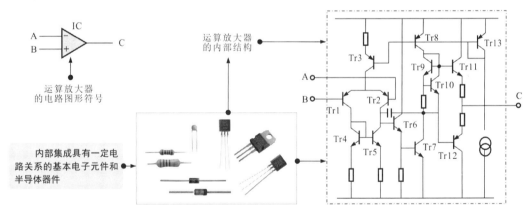

图 9-35　运算放大器的电路图形符号及内部结构

标准运算放大器的内部电路从功能上来说是由 3 种放大器组成的，即差动放大器、电压放大器和推挽式放大器。

三种放大器集成在一起并封装成集成电路形式，如图 9-36 所示。

运算放大器与外部元器件配合可以制成交/直流放大器、高频/低频放大器、正弦波或方波振荡器、高通/低通/带通滤波器、限幅器和电压比较器等，在放大、振荡、电压比较、模拟运算、有源滤波等各种电子电路中得到越来越广泛的应用。

图 9-37 为加法运算电路。

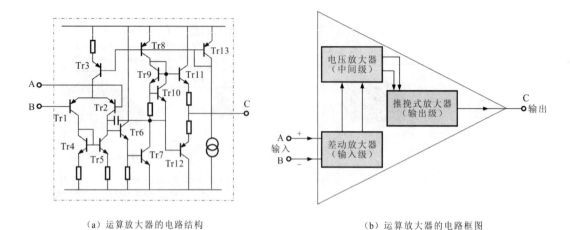

(a) 运算放大器的电路结构　　　　　　(b) 运算放大器的电路框图

图 9-36　运算放大电路的基本构成

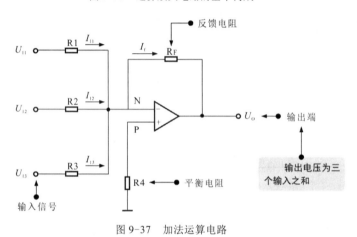

图 9-37　加法运算电路

图 9-38 为由运算放大器构成的电压比较电路，是通过两个输入端电压值（或信号）的比较结果决定输出端状态的一种放大器件。

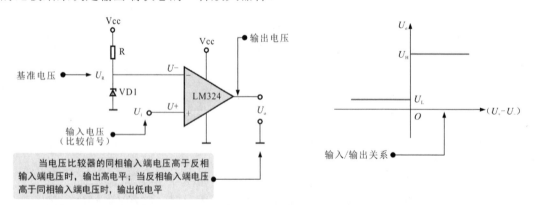

图 9-38　由运算放大器构成的电压比较电路

电压比较器常应用于信号幅度比较、信号幅度选择、波形变换和整形等方面。其中，信号幅度比较就是将一个模拟量电压信号（比较信号）与一个基准电压相比较。

9.4.2 运算放大器的检测方法

检测运算放大器主要有两种方法：一种是将运算放大器置于电路中，在工作状态下，用万用表检测运算放大器各引脚的对地电压值，与标准值比较，即可判别运算放大器的性能；另一种方法是借助万用表检测运算放大器各引脚的对地阻值，从而判别运算放大器的好坏。检测之前，首先通过集成电路手册查询待测运算放大器各引脚的直流电压参数和电阻参数，为运算放大器的检测提供参考标准，如图9-39所示。

引脚	标识	集成电路引脚功能	电阻参数（kΩ）		直流电压（V）
			红笔接地	黑笔接地	
1	OUT1	放大信号（1）输出	0.38	0.38	1.8
2	IN1-	反相信号（1）输入	6.3	7.6	2.2
3	IN1+	同相信号（1）输入	4.4	4.5	2.1
4	VCC	电源+5V	0.31	0.22	5
5	IN2+	同相信号（2）输入	4.7	4.7	2.1
6	IN2-	反相信号（2）输入	6.3	7.6	2.1
7	OUT2	放大信号（2）输出	0.38	0.38	1.8
8	OUT3	放大信号（3）输出	6.7	23	0
9	IN3-	反相信号（3）输入	7.6	∞	0.5
10	IN3+	同相信号（3）输入	7.6	∞	0.5
11	GND	接地	0	0	0
12	IN4+	同相信号（4）输入	7.2	17.4	4.6
13	IN4-	反相信号（4）输入	4.4	4.6	2.1
14	OUT4	放大信号（4）输出	6.3	6.8	4.2

通过集成电路手册查询待测运算放大器LM324的直流电压参数和电阻参数。检测时，可将实测数值与该表中的数值进行比较，从而判断运算放大器的好坏

图9-39 待测运算放大器各引脚功能及标准参数值

1 检测运算放大器各引脚的直流电压

借助万用表检测运算放大器各引脚的直流电压值，需要先将运算放大器置于实际的工作环境中，然后将万用表置于电压挡，分别检测各引脚的电压值来判断运算放大器的好坏，如图9-40所示。

1 将万用表的挡位旋钮调至"直流10V"电压挡。将黑表笔搭在运算放大器的接地端（11脚），红表笔依次搭在运算放大器的各引脚上（以3脚为例）。

2 实测运算放大器3脚的直流电压约为2.1V。

图9-40 运算放大器各引脚直流电压的检测

> **提示**
>
> 在实际检测中，若检测电压与标准值比较相差较多时，不能轻易认为运算放大器故障，应首先排除是否由外围元器件异常引起的；若输入信号正常，而无输出信号时，则说明运算放大器已损坏。
>
> 另外需要注意的是，若集成电路接地引脚的静态直流电压不为零，则一般有两种情况：一种是对地引脚上铜箔线路开裂，从而造成对地引脚与地线之间断开；另一种情况是集成电路对地引脚存在虚焊或假焊情况。

2　检测运算放大器各引脚的阻值

判断运算放大器的好坏还可以借助万用表检测运算放大器各引脚的正、反向对地阻值，将实测结果与正常值比较，即可判断出运算放大器的好坏，如图 9-41 所示。

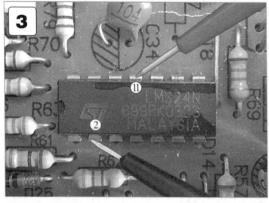

1 将万用表挡位旋钮调至"×1k"欧姆挡，黑表笔搭在运算放大器的接地端（11脚），红表笔依次搭在运算放大器各引脚上（以2脚为例）。

2 实测运算放大器2脚的正向对地阻值约为7.6kΩ。

3 调换表笔，将万用表红表笔搭在接地端，黑表笔依次搭在运算放大器各引脚上（以2脚为例）。

4 实测运算放大器2脚的反向对地阻值约为6.3kΩ。

图 9-41　运算放大器各引脚正、反向对地阻值的检测方法

> **提示**
>
> 在正常情况下，运算放大器各引脚的正、反向对地阻值应与正常值相近。若实测结果与对照表偏差较大，或出现多组数值为零或无穷大，则多为运算放大器内部损坏。

9.5 音频功率放大器的检测

9.5.1 音频功率放大器的结构和功能特点

音频功率放大器是一种用于放大音频信号输出功率的集成电路,能够推动扬声器音圈振荡发出声音,在各种影音产品中应用十分广泛。

图 9-42 为常见音频功率放大器的实物外形。

单列直插式封装
音频功率放大器

双列直插式封装
音频功率放大器

扁平封装
音频功率放大器

图 9-42 常见音频功率放大器的实物外形

图 9-43 为典型多声道音频功率放大电路,所有的功率放大元器件都集成在 AN7135 中,由于具有两个输入、输出端,因此也称双声道音频功率放大器,特别适合大中型音响产品。

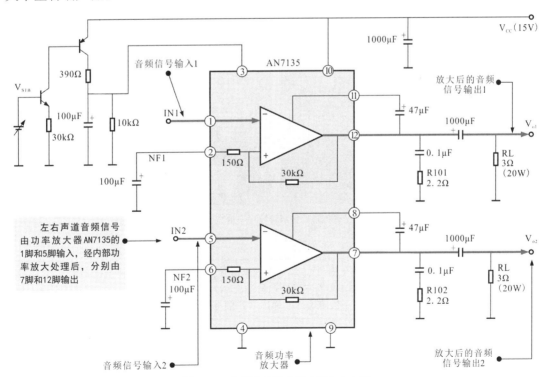

图 9-43 典型多声道音频功率放大电路

9.5.2 音频功率放大器的检测方法

音频功率放大器也可以采用检测各引脚动态电压值、各引脚正反向对地阻值,并与正常参数值比较的方法来判断好坏,具体的检测方法和操作步骤与前面运算放大器的检测方法相同。另外,根据音频功率放大器对信号放大处理的特点,还可以通过信号检测法进行判断,将音频功率放大器置于实际工作环境中,或搭建测试电路模拟实际工作条件,并向功率放大器输入指定信号,然后用示波器检测输入、输出端信号波形来判断好坏。

下面以典型彩色电视机中音频功率放大器(TDA8944J)为例,介绍音频功率放大器的检测方法。首先根据相关电路图纸或集成电路手册了解和明确待测音频功率放大器各引脚功能,为音频功率放大器的检测做好准备,如图9-44所示。

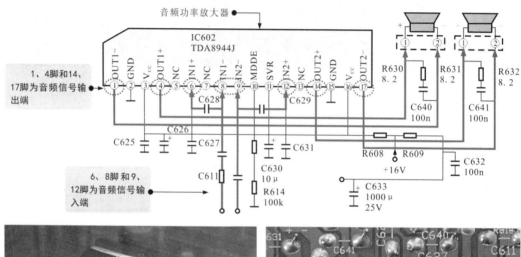

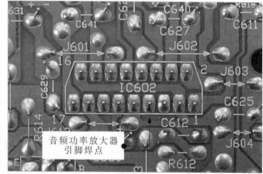

图9-44 了解和明确待测音频功率放大器各引脚功能

> **提示**
>
> 音频功率放大器(TDA8944J)的3脚和16脚为电源供电端,6脚和8脚为左声道信号输入端,9脚和12脚为右声道信号输入端,1脚和4脚为左声道信号输出端,14脚和17脚为右声道信号输出端。这些引脚是音频信号的主要检测点,除了检测输入、输出音频信号外,还需对电源供电电压进行检测。

采用信号检测法检测音频功率放大器(TDA8944J),需要明确音频功率放大器的基本工作条件正常,如供电电压、输入端信号等,在满足工作条件正常的基础上,再借助示波器检测输出音频信号来判断好坏。音频功率放大器的检测方法如图9-45所示。

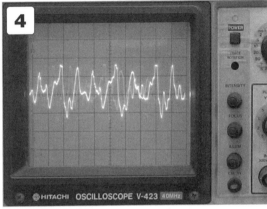

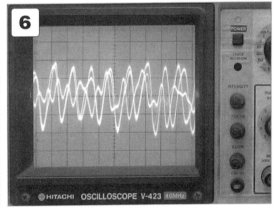

1 将万用表的挡位旋钮调至"直流50V"电压挡，将万用表的黑表笔搭在音频功率放大器的接地端（2脚），红表笔搭在音频功率放大器的供电引脚上（以3脚为例）。

2 实测音频功率放大器3脚的直流电压约为16V。

3 将示波器接地夹接地，探头搭在音频功率放大器的音频信号输入端引脚上。

4 在正常情况下，音频功率放大器音频信号输入端可测得音频信号波形。

5 将示波器的接地夹接地，探头搭在音频功率放大器的音频信号输出端引脚上。

6 在正常情况下，音频功率放大器音频信号输出端可测得经过放大后的音频信号波形。

图 9-45　音频功率放大器的检测方法

> **提示**
>
> 若经检测,音频功率放大器的供电正常,输入信号也正常,但无输出或输出异常,则多为音频功率放大器内部损坏。
>
> 需要注意的是,只有在明确音频功率放大器工作条件正常的前提下检测输出端信号才有实际意义,否则,即使音频功率放大器本身正常、工作条件异常,也无法输出正常的音频信号,可直接影响测量结果。

检测音频功率放大器也可采用检测各引脚对地阻值的方法,如图9-46所示。

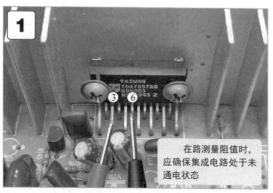

在路测量阻值时,应确保集成电路处于未通电状态

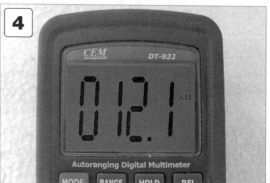

5

黑笔接地	0.8	∞	27.2	40.2	150	0	0.8	30.2	0	30.2	30.2	0	30.2
引脚号	1	2	3	4	5	6	7	8	9	10	11	12	13
红笔接地	0.8	∞	12.1	5	11.4	0	0.8	8.5	0	8.5	8.5	0	8.5

注:单位为kΩ ← 实测结果

黑笔接地	0.78	∞	27	40.2	150	0	0.78	30.1	0	30.1	30.2	0	30.1
引脚号	1	2	3	4	5	6	7	8	9	10	11	12	13
红笔接地	0.78	∞	12	5	11.4	0	0.78	8.4	0	8.4	8.4	0	8.4

注:单位为kΩ ← 标准数值

1 将万用表的黑表笔搭在接地端,红表笔依次搭在集成电路各引脚上,检测各引脚正向阻值。
2 从万用表的显示屏上读取出实测各正向阻值数值。
3 调换表笔,将万用表的红表笔搭在接地端,黑表笔依次搭在集成电路各引脚上,检测各引脚反向阻值。
4 从万用表的显示屏上读取出实测各反向阻值数值。
5 将实测结果与集成电路手册中的标准值比较。

图9-46 音频功率放大器对地阻值的检测方法

> **提示**
>
> 根据比较结果可对集成电路的好坏做出判断：
> ◇ 若实测结果与标准值相同或十分相近，则说明集成电路正常。
> ◇ 若出现多组引脚正、反向阻值为零或无穷大时，表明集成电路内部损坏。
> 电阻法检测集成电路需要有标准值比较才能做出判断，如果无法找到集成电路的手册资料，则可以找一台与所测机器型号相同的、正常的机器作为对照，通过实测相同部位的集成电路各引脚阻值作为比较，若所测集成电路与对照机器中集成电路引脚的对地阻值相差很大，则多为所测集成电路损坏。

9.6 微处理器的检测

9.6.1 微处理器的结构和功能特点

微处理器简称CPU，是将控制器、运算器、存储器、稳压电路、输入和输出通道、时钟信号产生电路等集成一体的大规模集成电路，如图9-47所示，由于具有分析和判断功能，犹如人的大脑，因而又称为微电脑，广泛应用于各种电子电器产品中，为产品增添智能功能。

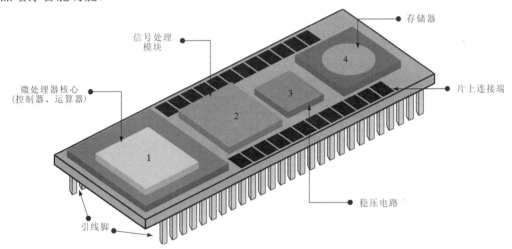

图 9-47 微处理器的实物外形

> **提示**
>
> 微处理器是一种智能化器件，可以根据所检测的信号进行分析和判断，其他的集成电路则不具有此功能。
>
> 微处理器是由几百万甚至几千万个晶体管集成到芯片中的，所以微处理器可以完成很多功能。另外，根据内部集成器件的数量和电路关系的不同，微处理器又具有一定的灵活性，在不同的地方可以发挥不同的作用。

目前，大多数电子产品都具备自动控制功能，该功能大多是由微处理器实现的。由于不同电子产品的功能不同，因此微处理器所实现的具体控制功能也不同。

例如，空调器中的微处理器是实现空调器自动制冷/制热功能的核心器件，内部集成有运算器和控制器，主要用来对人工指令信号和传感器检测信号进行识别，输出对控制器各电气部件的控制信号，实现空调器制冷/制热功能控制。

图9-48为典型空调器中微处理器的实物外形及功能框图。

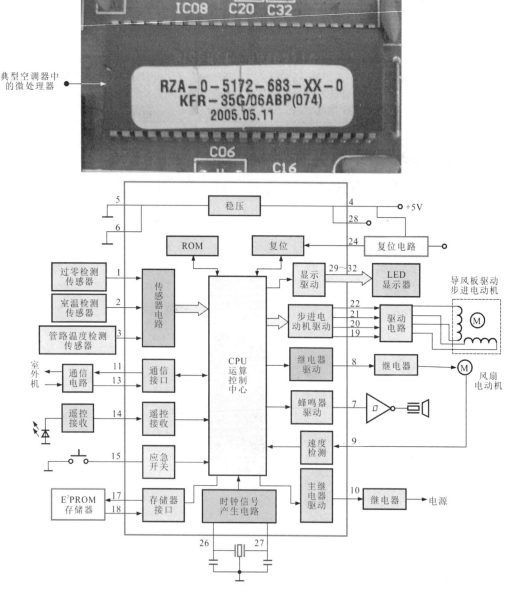

图 9-48 典型空调器中微处理器的实物外形及功能框图

彩色电视机中的微处理器主要用来接收由遥控器或操作按键送来的人工指令，并根据内部程序和数据信息将这些指令信息变为控制各单元电路的控制信号，实现对彩色电视机开/关机、选台、音量/音调、亮度、色度、对比度等功能和参数的调整和控制。

图 9-49 为典型彩色电视机中微处理器的实物外形及功能框图。

> **提示**
>
> 在彩色电视机中，微处理器外接晶体，与其内部电路构成时钟信号发生器，为整个微处理器提供同步脉冲。微处理器中的只读存储器（ROM）存储微处理器的基本工作程序。人工操作指令和遥控指令分别由操作按键和遥控接收电路送入微处理器的中央处理单元。中央处理单元便会根据当前接收的指令，向彩色电视机各单元电路发送控制指令。

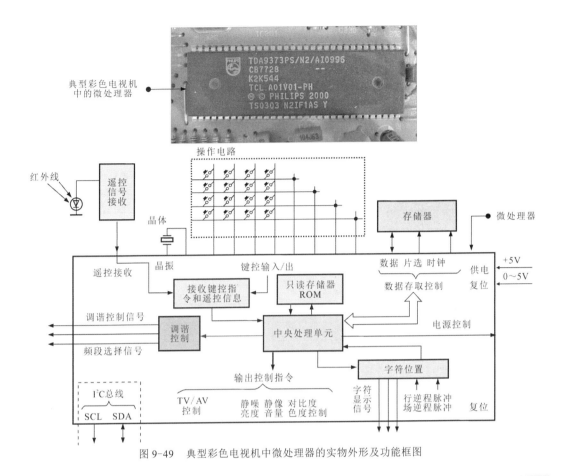

图 9-49 典型彩色电视机中微处理器的实物外形及功能框图

9.6.2 微处理器的检测方法

检测微处理器主要有两种方法：一种是借助万用表检测微处理器各引脚的电压值或正、反向对地阻值，根据实测结果与集成电路手册中的正常数值比较，从而判别微处理器的性能；另一种方法是将微处理器置于工作环境中，在工作状态下，借助万用表及示波器检测关键引脚的电压或信号波形，根据检测结果判断微处理器的性能。

检测之前，首先通过集成电路手册查询待测微处理器相关性能参数，作为微处理器实际检测结果的比较标准。图 9-50 为待测微处理器的实物外形。

图 9-50 待测微处理器的实物外形

提示

表9-4为待测微处理器P87C52各引脚的功能及相关参数标准值。

表9-4 待测微处理器P87C52各引脚的功能及相关参数标准值

引脚号	名称	引脚功能	电阻参数（kΩ）		直流电压参数（V）
			红笔接地	黑笔接地	
1	HSEL0	地址选择信号（0）输出	9.1	6.8	5.4
2	HSEL1	地址选择信号（1）输出	9.1	6.8	5.5
3	HSEL2	地址选择信号（2）输出	7.2	4.6	5.3
4	DS	主数据信号输出	7.1	4.6	5.3
5	R/W	读写控制信号	7.1	4.6	5.3
6	CFLEVEL	状态标志信号输入	9.1	6.8	0
7	DACK	应答信号输入	9.1	6.8	5.5
8/9	RESET	复位信号	9.1/2.3	6.8/2.2	5.5/0.2
10	SCL	时钟线	5.8	5.2	5.5
11	SDA	数据线	9.2	6.6	0
12	INT	中断信号输入/输出	5.8	5.6	5.5
13	REM IN-	遥控信号输入	9.2	5.8	5.4
14	DSA CLK	时钟信号输入/输出	9.2	6.6	0
15	DSA DATA	数据信号输入/输出	5.4	5.3	5.3
16	DSA ST	选通信号输入/输出	9.2	6.6	5.5
17	OK	卡拉OK信号输入	9.2	6.6	5.5
18/19	XTAL	晶振（12MHz）	9.2/9.2	5.3/5.2	2.7/2.5
20	GND	接地	0	0	0
21	VFD ST	屏显选通信号输入/输出	8.6	5.5	4.4
22	VFD CLK	屏显时钟信号输入/输出	8.6	6.2	5.3
23	VFD DATA	屏显数据信号输入/输出	9.2	6.7	1.3
24/25	P23/P24	未使用	9.2	6.6	5.5
26	MIN IN	话筒检测信号输入	9.2	6.6	5.5
27	P26	未使用	9.2	6.7	2
28	-YH CS	片选信号输出	9.2	6.6	5.5
29	PSEN	使能信号输出	9.2	6.6	5.5
30	ALE/PROG	地址锁存使能信号	9.2	6.7	1.7
31	EANP	使能信号	1.6	1.6	5.5
32	P07	主机数据信号（7）输出/输入	9.5	6.8	0.9
33	P06	主机数据信号（6）输出/输入	9.3	6.7	0.9
34	P05	主机数据信号（5）输出/输入	5.4	4.8	5.2
35	P04	主机数据信号（4）输出/输入	9.3	6.8	0.9
36	P03	主机数据信号（3）输出/输入	6.9	4.8	5.2
37	P02	主机数据信号（2）输出/输入	9.3	6.7	1
38	P01	主机数据信号（1）输出/输入	9.3	6.7	1
39	P00	主机数据信号（0）输出/输入	9.3	6.7	1
40	VCC	电源+5.5V	1.6	1.6	5.5

使用万用表检测微处理器各引脚直流电压或正、反向对地阻值的方法与运算放大器的检测方法相同。下面以检测微处理器各引脚正、反向对地阻值为例。

首先将万用表的黑表笔搭在微处理器的接地端，红表笔依次搭在其他各引脚上检测引脚的正向对地阻值，然后调换表笔检测引脚的反向对地阻值，如图9-51所示。

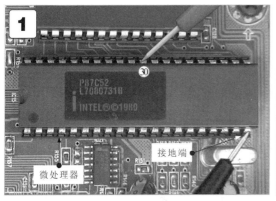

1 将万用表的挡位旋钮调至"×1k"欧姆挡，并进行欧姆调零操作，将万用表的黑表笔搭在微处理器的接地端（20脚），红表笔依次搭在微处理器各引脚上（以30脚为例）。

2 实测微处理器30脚的正向对地阻值约为6.1kΩ。

3 调换表笔，将万用表的红表笔搭在接地端，黑表笔依次搭在微处理器各引脚上（以30脚为例）。

4 实测微处理器30脚的反向对地阻值约为9.2kΩ。

图9-51 微处理器各引脚对地阻值的检测方法

提示

在正常情况下，微处理器各引脚的正、反向对地阻值应与标准值相近，否则，可能为微处理器内部损坏，需要用同型号的集成电路代换。

微处理器的型号不同，引脚功能也不同，但基本都包括供电端、晶振端、复位端、I^2C总线信号端和控制信号输出端，因此，判断微处理器的性能可通过对这些引脚的电压或信号参数进行检测。若这些关键引脚参数均正常，但微处理器控制功能仍无法实现，则多为微处理器内部电路异常。

微处理器供电及复位电压的检测方法与前面集成电路供电电压的检测方法相同。下面主要介绍用示波器检测微处理器晶振信号、总线信号的检测方法，如图9-52所示。

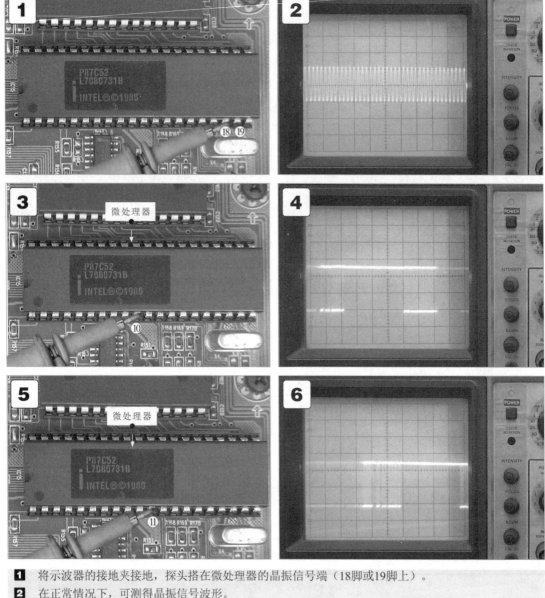

1. 将示波器的接地夹接地，探头搭在微处理器的晶振信号端（18脚或19脚上）。
2. 在正常情况下，可测得晶振信号波形。
3. 将示波器的接地夹接地，探头搭在微处理器I^2C总线信号中的串行时钟信号端（10脚）。
4. 在正常情况下，可测得I^2C总线串行时钟信号（SCL）波形。
5. 将示波器的接地夹接地，探头搭在微处理器I^2C总线信号中的数据信号端（11脚）。
6. 在正常情况下，可测得I^2C总线数据信号（SDA）波形。

图 9-52 使用示波器检测微处理器的晶振信号、I^2C 总线信号

提示

I^2C 总线信号是微处理器中的标志性信号之一，也是微处理器对其他电路进行控制的重要信号，若该信号消失，则可以说明微处理器没有处于工作状态。

在正常情况下，若微处理器供电、复位和晶振三大基本条件正常，一些标志性输入信号正常，但 I^2C 总线信号异常或输出端控制信号异常，则多为微处理器内部损坏。

第10章 变压器的识别选用与检测代换

10.1 变压器的种类与应用

变压器是利用电磁感应原理传递电能或传输交流信号的器件,在各种电子产品中的应用比较广泛。

变压器是将两组或两组以上的线圈绕制在同一个线圈骨架上或绕在同一铁芯上制成的,利用电感线圈靠近时的互感原理,将电能或信号从一个电路传向另一个电路。

图 10-1 为变压器的实物外形及结构。

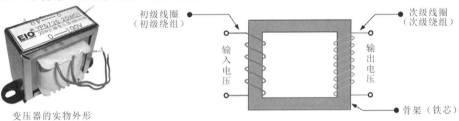

图 10-1 变压器的实物外形及结构

10.1.1 变压器的种类特点

常用的几种变压器主要有低频变压器、中频变压器、高频变压器及特殊变压器。

1 低频变压器

低频变压器是指工作频率相对较低的一些变压器。常见的低频变压器有电源变压器和音频变压器。图 10-2 为常见电源变压器的实物外形。

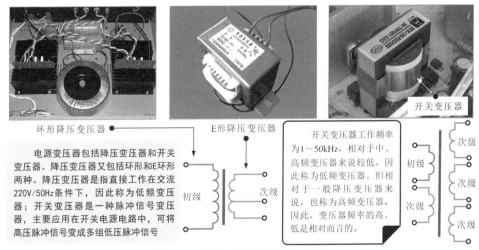

图 10-2 常见电源变压器的实物外形

图 10-3 为音频变压器的外形结构。

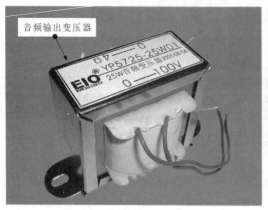

音频变压器是传输音频信号的变压器,主要用来耦合传输信号和进行阻抗匹配,多应用于功率放大电路中,如高保真音响放大器,需要采用高品质的音频变压器。

音频变压器根据功能还可分为输入变压器和输出变压器,分别接在功率放大器的输入级和输出级

图 10-3　音频变压器的外形结构

2　中频变压器

中频变压器简称中周,适用范围一般在几千赫兹至几十兆赫兹,频率相对较高,实物外形如图 10-4 所示。

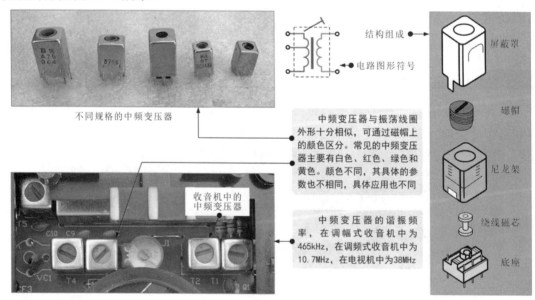

中频变压器与振荡线圈外形十分相似,可通过磁帽上的颜色区分。常见的中频变压器主要有白色、红色、绿色和黄色。颜色不同,其具体的参数也不相同,具体应用也不同

中频变压器的谐振频率,在调幅式收音机中为 465kHz,在调频式收音机中为 10.7MHz,在电视机中为 38MHz

图 10-4　中频变压器的实物外形

提示

在收音机电路中,通常白色中频变压器为第一中频,红色中频变压器为第二中频,绿色中频变压器为第三中频,黑色中频变压器为本振线圈。在实际应用中,不同厂家对中频变压器的颜色标识没有统一的标准,应具体问题具体分析,但不论哪个厂家生产的中频变压器,不同颜色的不可互换。

3　高频变压器

工作在高频电路中的变压器被称为高频变压器，主要有收音机、电视机、手机、卫星接收机中的高频变压器。短波收音机中的高频变压器工作在 1.5～30MHz。FM 收音机的高频变压器工作在 88～108 MHz。图 10-5 为典型高频变压器的实物外形。

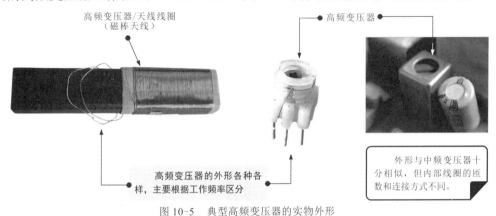

图 10-5　典型高频变压器的实物外形

4　特殊变压器

特殊变压器是指应用在一些专用、特殊环境中的变压器。在电子产品中，常见的特殊变压器主要有彩色电视机中的行输出变压器、行激励变压器和逆变器中的高压变压器等，如图 10-6 所示。

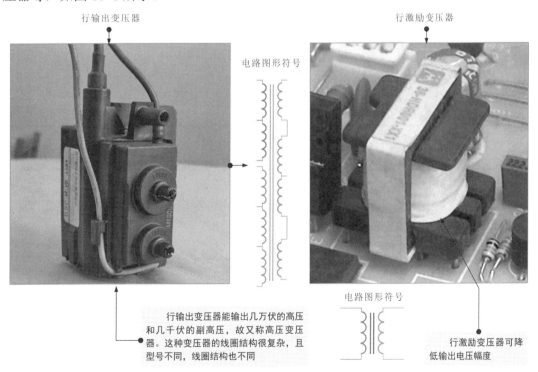

图 10-6　常见特殊变压器的实物外形

10.1.2 变压器的功能应用

变压器在电路中主要可用于实现电压变换、阻抗变换、相位变换、电气隔离、信号传输等功能。

1　变压器的电压变换功能

变压器是变换电压的器件，提升或降低交流电压是变压器在电工电路中的主要功能，如图10-7所示。

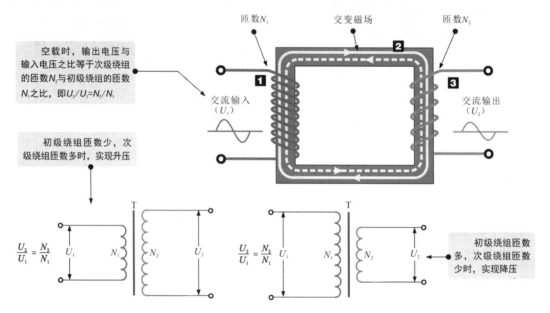

1. 当交流220V流过初级绕组时，在初级绕组上就形成感应电动势。
2. 绕制的线圈产生出交变的磁场，使铁芯磁化。
3. 次级绕组也产生与初级绕组变化相同的交变磁场，再根据电磁感应原理，次级绕组便会产生交流电压。

图10-7　变压器的电压变换功能

2　变压器的阻抗变换功能

变压器通过初级线圈、次级线圈还可实现阻抗的变换，即初级与次级线圈的匝数比不同，输入与输出的阻抗也不同，如图10-8所示。

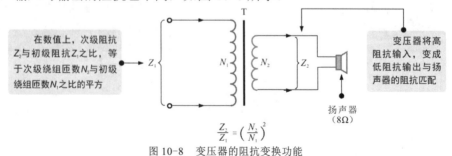

图10-8　变压器的阻抗变换功能

3　变压器的相位变换功能

通过改变变压器初级和次级绕组的绕线方向和连接，可以很方便地将输入信号的相位倒相，如图 10-9 所示。

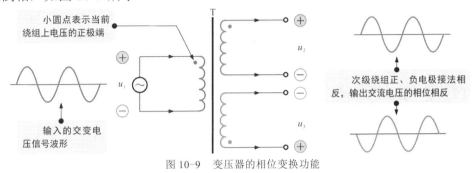

图 10-9　变压器的相位变换功能

4　变压器的电气隔离功能

根据变压器的变压原理，初级部分的交流电压是通过电磁感应原理"感应"到次级绕组上的，而没有进行实际的电气连接，因而变压器具有电气隔离功能，如图 10-10 所示。

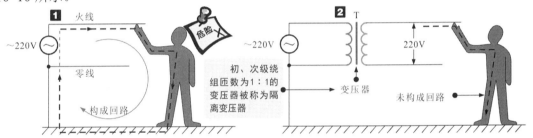

1 无隔离变压器的电气线路：人体直接与市电220V接触，人体会通过大地与交流电源形成回路而发生触电事故。
2 接入隔离变压器的电气线路：接入隔离变压器后，变压器线圈分离不接触，可起到隔离的作用。人体接触到电压，不会与交流220V市电构成回路，保证了人身安全。

图 10-10　变压器的电气隔离功能

5　自耦变压器的信号自耦功能

只具有一个线圈多个抽头的变压器被称为自耦变压器。这种变压器具有信号自耦功能，但无隔离功能。

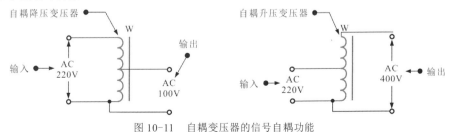

图 10-11　自耦变压器的信号自耦功能

10.2 变压器的识别与选用

10.2.1 变压器的参数识读

变压器的参数识读主要包含型号和参数的识读。

1 变压器的型号识读

变压器常用字母与数字的组合构成整个型号的命名,不同变压器的命名方式略有不同,所代表的含义也有差异。

我国标准规定,普通变压器的型号命名由3部分构成,如图10-12所示。

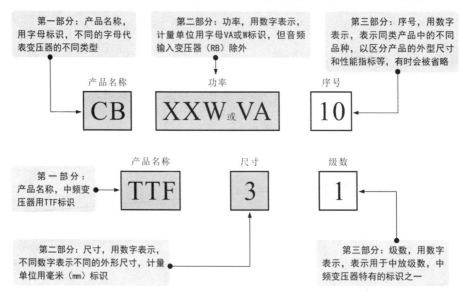

图 10-12 变压器的型号识读

> **提示**
> 在识读变压器的标识信息时,可对照变压器的型号标识含义表10-1识读。值得注意的是,中频变压器比较特殊,其型号标识的第二、三部分分别标识变压器的尺寸和级数。

表10-1 变压器的型号标识含义表

型号标识		含义	型号标识		含义
产品名称	DB	电源变压器	尺寸(mm)中频变压器专用标识	1	7×7×12
	CB	音频输出变压器		2	10×10×14
	RB/JB	音频输入变压器		3	12×12×16
	GB	高压变压器		4	10×25×36
	HB	灯丝变压器	级数	1	第一级中放
	SB/ZB	音频输送变压器		2	第二级中放
	T	中频变压器		3	第三级中放
	TTF	调幅收音机用中频变压器	功率	用数字表示,单位为W或V/A,音频输入变压器除外	
序号		用数字表示(可省略)			

2 变压器的参数识读

识读变压器与其他电子元器件（如电阻器、电容器等）不同。识别变压器通常并不关注变压器的具体型号，而是重点看额定功率、输入电压、输出电压等数值。通常，这些数值都可以在变压器上直接找到。生产厂商不同或变压器的类型不同，所标注的方法也不相同。

有些变压器的铭牌上直接将额定功率、输入电压、输出电压等数值明确标出。这种标识的识读比较直接、简单，如图 10-13 所示。

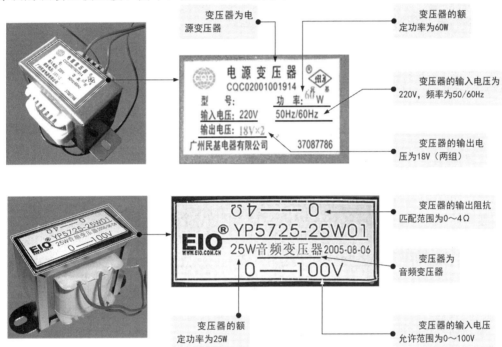

图 10-13　根据变压器铭牌直接识读参数信息

识别变压器初、次级绕组的引线是变压器安装操作中的重要环节。有些变压器初、次级绕组的引线也在铭牌中进行了标记，可以直接根据标识识别后，进行变压器的安装连接，如图 10-14 所示。

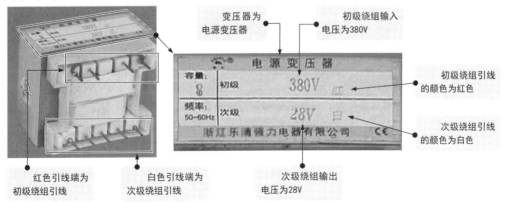

图 10-14　根据变压器铭牌识别初、次级绕组引线

10.2.2 变压器的选用代换

若电子产品中的变压器损坏或性能不良后,需要选用和代换变压器以满足电路功能。这一过程需要遵循一定的原则。

1 电源变压器的选用与代换原则

选用与代换电源变压器时,铁芯材料、输出功率、输出电压等性能参数必须与负载电路相匹配,电源变压器的输出功率应略大于负载电路的最大功率,输出电压应与负载电路供电部分的交流输入电压相同。

E形铁芯电源变压器一般用于普通电源电路;C形铁芯电源变压器一般用于高保真音频功率放大器;环形铁芯电源变压器一般也用于高保真音频功率放大器;对于铁芯材料、输出功率、输出电压相同的电源变压器,通常可以直接互换使用。

2 中频变压器的选用与代换原则

中频变压器有固定的谐振频率,选用与代换中频变压器时,只能选用同型号、同规格的中频变压器,代换后还要进行微调,将谐振频率调准。调幅收音机的中频变压器、调频收音机的中频变压器、电视机中的伴音中频变压器、图像中频变压器相互之间都不能互换使用。

3 行输出变压器的选用与代换原则

选用电视机行输出变压器时,应注意检测变压器磁芯有无松动或断裂情况,外观是否有密封不严处,最好能够将待选用的行输出变压器与与原机行输出变压器对比测量,看引脚与内部绕组是否完全一致。

代换电视机行输出变压器时,在一般情况下,应选用与原机型号相同的行输出变压器进行代换。若无同型号行输出变压器代换,也可以选用磁芯及各绕组输出电压相同、但引脚位置不同的行输出变压器来变通代换(对调绕组端头、改变引脚顺序等),即要求结构相同。

提示

在选用变压器时,应了解变压器的性能参数及规格型号等,并根据这些参数为电子产品选用和代换相应最佳性能的变压器部件。

变压器的性能参数包括变压比(n)、额定电压(U)、额定功率(P)、工作频率(f)、绝缘电阻、空载电流(I)、空载损耗、电压调整率等。

◇绝缘电阻。绝缘电阻是表示变压器各线圈之间、各线圈与铁芯之间绝缘性能的一个参数。绝缘电阻的高低与所使用绝缘材料的性能、温度高低和潮湿程度有关,即绝缘电阻(MΩ)=施加电压(V)/漏电电流(μA)。变压器各线圈与线圈间、线圈与铁芯之间能够在一定时间内承受比工作电压更高的电压而不被击穿,具有较大的抗电强度。变压器的绝缘电阻越大,性能越稳定。

◇空载电流。变压器次级开路时,初级仍有一定的电流,该电流被称为空载电流。空载电流由磁化电流(产生磁通)和铁损电流(由铁芯损耗引起)组成。电源变压器的空载电流基本上等于磁化电流。

◇空载损耗。空载损耗指变压器次级开路时,在初级测得的功率损耗。空载损耗由铁芯损耗(简称铁损)和铜损(空载电流在初级线圈铜线上产生的损耗)组成。其中铜损部分所占的比例很小。

10.3　变压器绕组阻值的检测

变压器是一种以初、次级绕组为核心部件的器件，使用万用表检测变压器时，可通过检测变压器的绕组阻值来判断变压器是否损坏。

10.3.1　变压器绕组阻值的检测方法

检测变压器绕组阻值主要包括对变压器初、次级绕组本身阻值的检测、绕组与绕组之间绝缘电阻的检测、绕组与铁芯（或外壳）之间绝缘电阻的检测三个方面，如图10-15所示，在检测变压器绕组阻值之前，应首先区分待测变压器的绕组引脚，为变压器的检测提供参照标准。

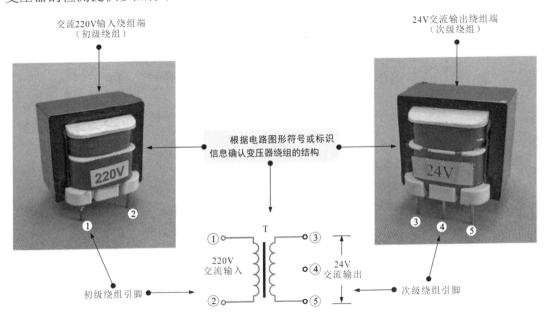

(a) 区分待测变压器的绕组引脚

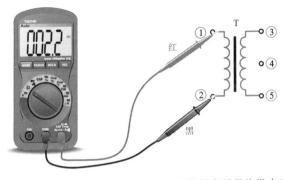

将万用表挡位设置在欧姆挡，红、黑表笔分别搭在待测变压器的初级绕组两引脚上或次级绕组两引脚上，观察万用表显示屏，识读当前测量值，在正常情况下应有一固定值。若实测阻值为无穷大，则说明所测绕组中存在断路现象。

(b) 检测变压器绕组本身阻值的方法

图10-15　变压器绕组阻值的检测方法

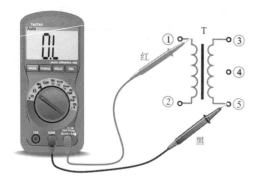

> 将万用表挡位设置在欧姆挡，红、黑表笔分别搭在待测变压器的初、次级绕组任意两引脚上，观察万用表显示屏，识读当前测量值，在正常情况下应为无穷大。若绕组间有一定的阻值或阻值很小，则说明所测变压器绕组间存在短路现象。

（c）检测变压器绕组与绕组之间阻值的方法

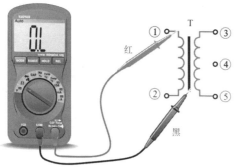

> 将万用表挡位设置在欧姆挡，红、黑表笔分别搭在待测变压器的初、次级绕组任意两引脚上，观察万用表显示屏，识读当前测量值，在正常情况下应为无穷大。若绕组间有一定的阻值或阻值很小，则说明所测变压器绕组间存在短路现象。

（d）检测变压器绕组与铁芯之间阻值的方法

图 10-15　变压器绕组阻值的检测方法（续）

10.3.2　变压器绕组阻值的实用检测案例

图 10-16 为变压器绕组本身阻值的检测案例。

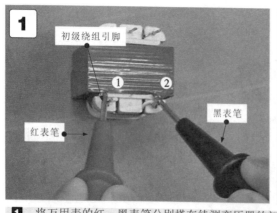

1 将万用表的红、黑表笔分别搭在待测变压器的初级绕组两引脚上。

2 从万用表的显示屏上读取出实测初级绕组的阻值为 2.2kΩ，正常。

图 10-16　变压器绕组本身阻值的检测案例

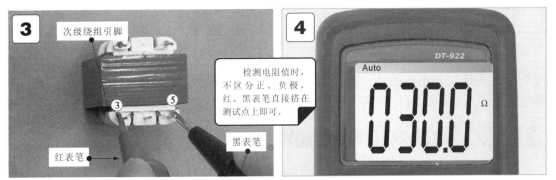

1. 将万用表红、黑表笔分别搭在待测变压器次级绕组两引脚上。
2. 从万用表的显示屏上读取实测次级绕组的阻值为30Ω，正常。

图 10-16　变压器绕组本身阻值的检测案例（续）

图 10-17 为变压器绕组与绕组之间阻值的检测案例。

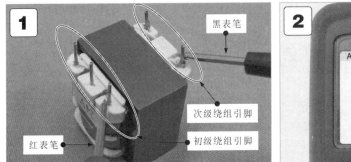

1. 将万用表的红、黑表笔分别搭在待测变压器初级绕组和次级绕组的任意两引脚上。
2. 从万用表的显示屏上读取实测初级绕组与次级绕组之间的阻值为无穷大，正常。若变压器有多个次级绕组，应依次检测各次级与初级绕组之间的阻值。

图 10-17　变压器绕组与绕组之间阻值的检测案例

图 10-18 为变压器绕组与铁芯之间阻值的检测案例。

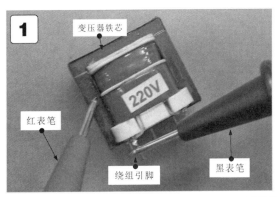

1. 将万用表的红、黑表笔分别搭在待测变压器任意绕组引脚和铁芯上。
2. 从万用表的显示屏上读取实测绕组与铁芯之间的阻值为无穷大，正常。

图 10-18　变压器绕组与铁芯之间阻值的检测案例

10.4 变压器输入、输出电压的检测

变压器主要的功能就是电压变换,因此在正常情况下,若输入端电压正常,则输出端应有变换后的电压输出。使用万用表检测变压器时,可通过检测变压器的输入、输出电压来判断变压器是否损坏。

10.4.1 变压器输入、输出电压的检测方法

使用万用表检测变压器的输入、输出端电压需要将变压器置于实际的工作环境中,或搭建测试电路模拟实际工作条件,并向变压器输入一定值的交流电压,然后用万用表分别检测输入、输出端的电压值来判断变压器的好坏,如图10-19所示,检测之前,首先区分待测变压器的输入、输出引脚,了解输入、输出电压值,为变压器的检测提供参照标准。

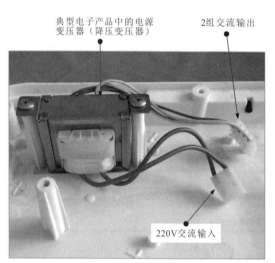
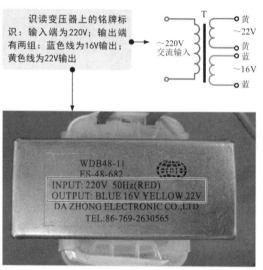

(a) 区分待测变压器的输入、输出引脚

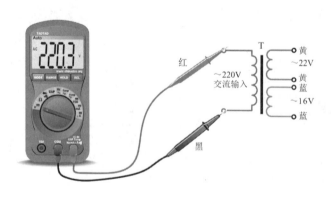

(b) 检测变压器输入、输出电压的方法

图 10-19 变压器输入、输出电压的检测方法

10.4.2 变压器输入、输出电压的实用检测案例

图 10-20 为变压器输入、输出电压的检测案例。

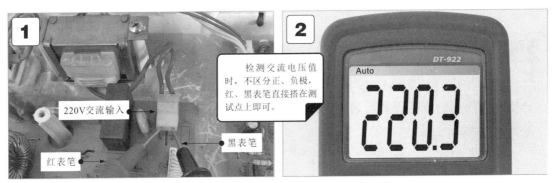

❶ 将变压器置于实际的工作环境中,或搭建测试电路模拟实际工作条件,将万用表的红、黑表笔搭在待测电源变压器的交流输入端引脚上。
❷ 从万用表的显示屏上读取实测输入端电压值为交流220.3V,正常。

(a) 检测变压器输入电压

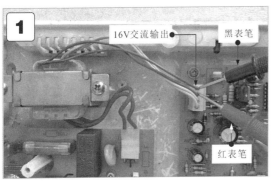

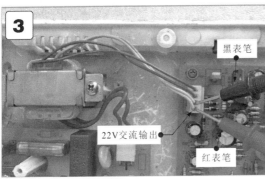

❶ 将万用表的红、黑表笔搭在待测电源变压器的16V交流输出端蓝色引线上。
❷ 从万用表的显示屏上读取出实测输出端电压值为交流16.1V,正常。
❸ 检测变压器22V交流输出端黄色引线上的交流电压。
❹ 从万用表的显示屏上读取出实测输出端电压值为交流22.4V,正常。

(b) 检测变压器输出电压

图 10-20 变压器输入、输出电压的检测案例

10.5 变压器绕组电感量的检测

变压器初、次级绕组都相当于多匝数的电感线圈,检测时,可以用万用电桥检测初、次级绕组的电感量来判断好坏。

10.5.1 变压器绕组电感量的检测方法

使用万用电桥检测变压器绕组的电感量来判断变压器的好坏。检测之前,应首先区分待测变压器的绕组引脚,为变压器的检测提供参照标准,如图10-21所示。

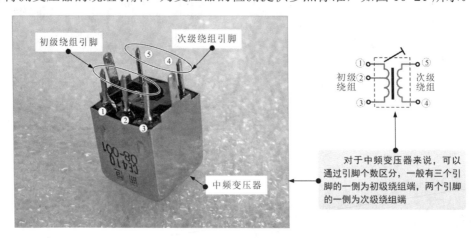

图 10-21 区分待测变压器的绕组引脚

提示

对于其他类型的变压器来说,如果没有标记变压器初级、次级绕组的引线,一般可以通过检测或观察引线粗细的方法来辨别。通常,对于降压变压器来说,线径较细的一组引线为初级绕组引线,线径较粗的为次级绕组引线;初级绕组的线圈匝数较多,次级绕组的线圈匝数较少。另外,通过测量绕组线圈的阻值也可判别,即阻值较大的为初级绕组,阻值较小的为次级绕组。如果是升压变压器,则判别方法正好相反。

图10-22为使用万用电桥检测变压器绕组电感量示意图。

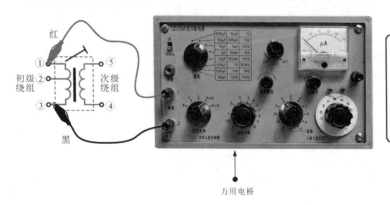

图 10-22 检测变压器绕组电感量的示意图

10.5.2 变压器绕组电感量的实用检测案例

图 10-23 为变压器绕组电感量的检测案例。

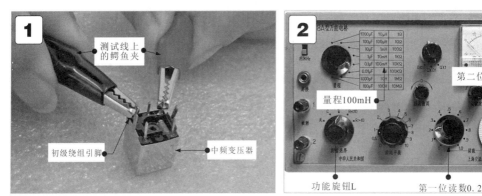

1 将万用电桥测试线上的鳄鱼夹夹在中频变压器初级绕组的两个引脚上。
2 功能旋钮调至"L"处,量程选择旋钮调至100mH处,分别调整各读数旋钮,使指示电表指向0位,读取万用电桥显示数值为(0.2+0.013)×100mH=21.3mH,正常。

图 10-23 变压器绕组电感量的检测案例

提示

万用电桥的旋钮虽然比较多,但每个旋钮都有各自的功能,了解旋钮的功能后,读取数值就会十分简单,如图 10-24 所示。

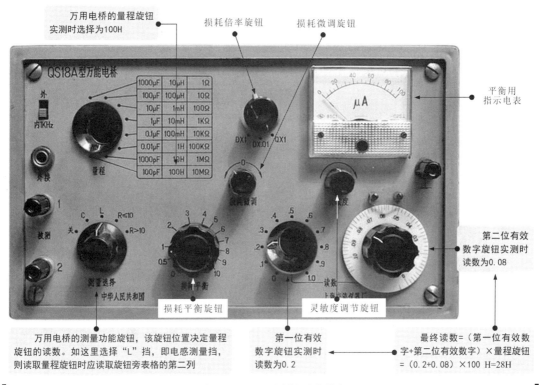

图 10-24 万用电桥的结构特点

第11章 电动机的识别选用与检测代换

11.1 电动机的种类与应用

电动机是一种利用电磁感应原理将电能转换为机械能的动力部件,广泛应用于电气设备、控制线路或电子产品中。

11.1.1 电动机的种类特点

在实际应用中,不同应用场合下,电动机的种类多种多样,分类方式也各式各样。其中,最简单的分类是按照电动机供电类型的不同,将电动机分为直流电动机和交流电动机两大类。

1 直流电动机

按照定子磁场的不同,直流电动机可以分为永磁式直流电动机和电磁式直流电动机,如图11-1所示。

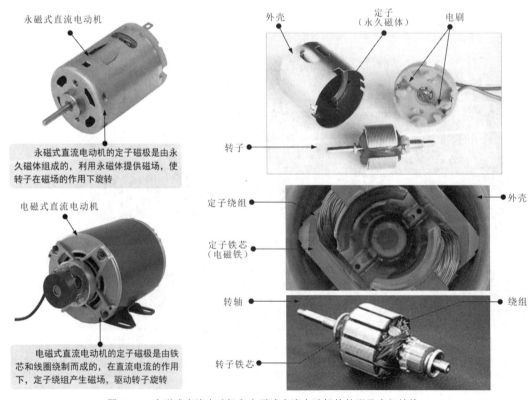

图11-1 永磁式直流电动机和电磁式直流电动机的外形及内部结构

按照结构的不同，直流电动机可以分为有刷直流电动机和无刷直流电动机，如图 11-2 所示。

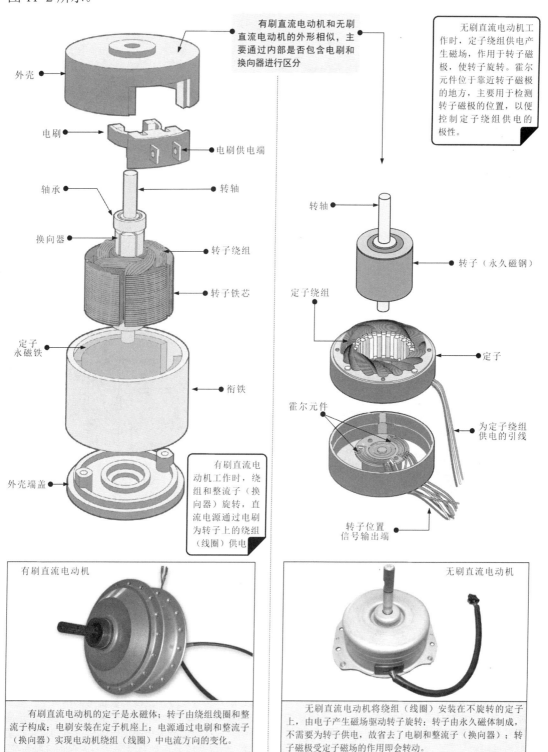

图 11-2　有刷直流电动机和无刷直流电动机的外形及内部结构

按照功能的不同，直流电动机可以分为机械稳速直流电动机和电子稳速直流电动机，如图 11-3 所示。

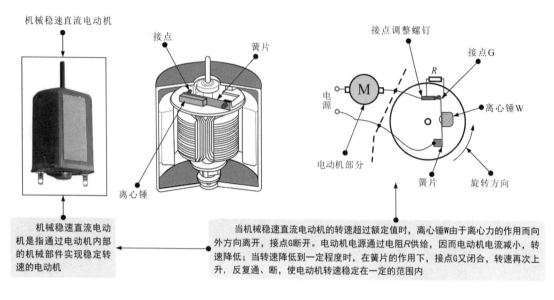

机械稳速直流电动机是指通过电动机内部的机械部件实现稳定转速的电动机

当机械稳速直流电动机的转速超过额定值时，离心锤W由于离心力的作用而向外方向离开，接点G断开。电动机电源通过电阻R供给，因而电动机电流减小，转速降低；当转速降低到一定程度时，在簧片的作用下，接点G又闭合，转速再次上升，反复通、断，使电动机转速稳定在一定的范围内

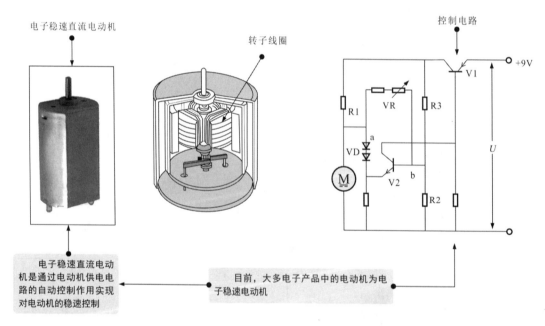

电子稳速直流电动机是通过电动机供电电路的自动控制作用实现对电动机的稳速控制

目前，大多电子产品中的电动机为电子稳速电动机

图 11-3　机械稳速直流电动机和电子稳速直流电动机的外形及内部结构

提示

直流电动机除了上述几种分类方式外，还经常会听到一些如步进电动机、伺服电动机等电动机名称。其中，步进电动机是将电脉冲信号转换为角位移或线位移的开环控制器件，在负载正常的情况下，电动机转速、停止的位置（或相位）只取决于驱动脉冲信号的频率和脉冲数，不受负载变化的影响，广泛应用在各种电子电气设备中，特别是自动控制的机电系统中，如空调器导风板驱动电动机、打印机字车驱动电动机等；伺服电动机的"伺服"是英文 Servo 的音译，伺服系统是指具有反馈环节的自动控制系统，伺服电动机是伺服系统中执行任务的主要动力元件。

2 交流电动机

交流电动机是由交流电源供给电能,将电能转换为机械能的一类电动机。交流电动机根据供电方式和绕组结构的不同,可分为单相交流电动机和三相交流电动机。

单相交流电动机利用单相交流电源供电方式提供电能,多用于家用电子产品中,如图 11-4 所示。

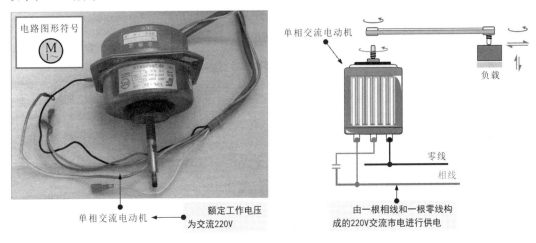

(a) 单相交流电动的机外形

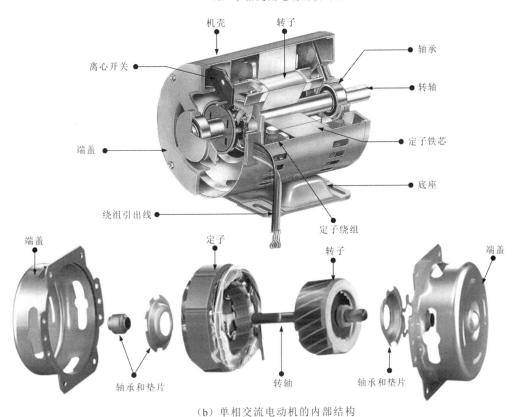

(b) 单相交流电动机的内部结构

图 11-4 单相交流电动机的外形及内部结构

三相交流电动机利用三相交流电源供电方式提供电能,工业生产中的动力设备多采用三相交流电动机,如图 11-5 所示。

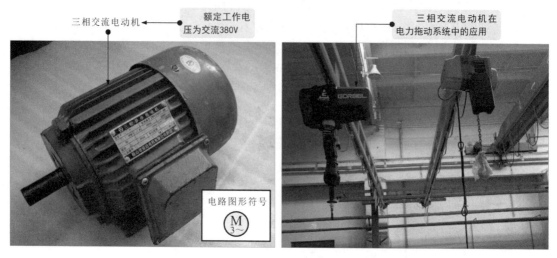

(a) 三相交流电动机的外形

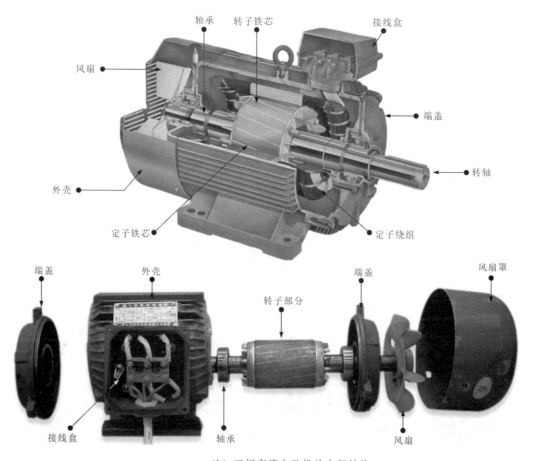

(b) 三相交流电动机的内部结构

图 11-5 三相交流电动机的外形及内部结构

单相交流电动机和三相交流电动机根据转动速率和电源频率关系的不同,又可以细分为同步电动机和异步电动机两种,如图 11-6 所示。

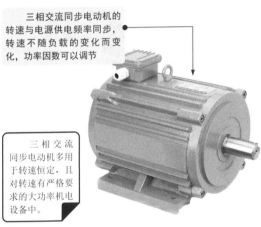

单相交流同步电动机多用于对转速有一定要求的自动化仪器和生产设备中。

单相交流同步电动机的转动速度与供电电源的频率保持同步,转速不随负载的变化而变化

(a)单相交流同步电动机

单相交流异步电动机多用于输出转矩大、转速精度要求不高的家用电子产品中。

单相交流异步电动机的转速与电源供电频率不同步,具有输出转矩大、成本低等特点

(b)单相交流异步电动机

三相交流同步电动机的转速与电源供电频率同步,转速不随负载的变化而变化,功率因数可以调节

三相交流同步电动机多用于转速恒定,且对转速有严格要求的大功率机电设备中。

(c)三相交流同步电动机

三相交流异步电动机的转速与电源供电频率不同步,结构简单,价格低廉,应用广泛,运行可靠

三相交流异步电动机广泛应用于工农业机械、运输机械、机床等设备中。

(d)三相交流异步电动机

图 11-6 交流同步电动机和交流异步电动机

提示

交流电动机还可根据工作频率是否恒定分为定频电动机和变频电动机两种,如图 11-7 所示。定频电动机是电力拖动系统中应用最广泛的一类电动机,是指工作在恒频恒压(220V/50Hz)条件下的电动机;变频电动机目前多指专用于与变频器配合使用的一类电动机。

从外形和结构来说,定频和变频交流电动机十分相似。但变频交流电动机的频率、转速和转矩的性能较好

(a)定频交流电动机　　　　(b)变频交流电动机

图 11-7 定频电动机和变频电动机

11.1.2 电动机的功能应用

电动机的主要功能就是实现电能向机械能的转换，即将供电电源的电能转换为电动机转子转动的机械能，最终通过转子上转轴的转动带动负载转动，实现各种传动功能，如图 11-8 所示。

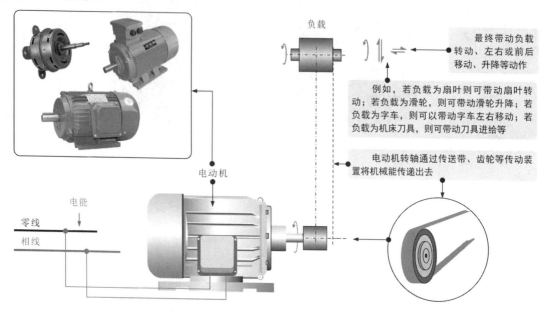

图 11-8　电动机的功能特点

图 11-9 为电动机的典型应用。

图 11-9　电动机的典型应用

11.2 电动机的识别与选用

11.2.1 电动机的参数识读

电动机的参数识读主要是指通过铭牌或标识信息识别出所属类型、可适用的场合、应用环境及基本的电气参数,学会识读这些信息是电动机应用、检测、维修、调试等操作环节中最基本的要求。

图 11-10 为典型电动机铭牌标识的位置。

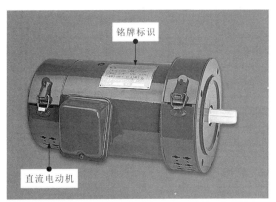

电动机的铭牌是电动机的主要参数标识,一般位于电动机外壳比较明显的位置,标识电动机的主要技术参数,为选择、安装、使用和维修提供重要依据。

图 11-10 典型电动机铭牌标识的位置

1 直流电动机的参数识读

直流电动机的各种参数信息一般都标识在铭牌上,包括直流电动机的型号、额定电压、额定电流、转速等相关规格参数,如图 11-11 所示。

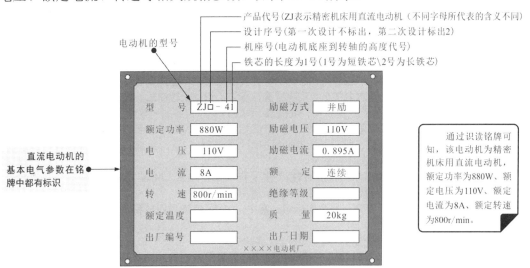

图 11-11 典型直流电动机铭牌及识读方法

从电动机的外观上一般无法直接判断属于哪种类型，但如果这种电动机工作时采用的是直流电源供电，则一定是直流电动机，这是从大范围内先确定主要类型，然后可以从电动机铭牌标识或应用场合再进一步细分。

提示

在通常情况下，在直流电动机外壳铭牌上会有明显的标识，如直流电动机的型号、额定电压、额定电流、转速等相关规格参数。从直流电动机的型号中可以对其类型做进一步的确认。

表11-1 为在直流电动机铭牌中常用字母代号的含义。

表11-1 在直流电动机铭牌中常用字母代号的含义

常用字母代号	含义	常用字母代号	含义	常用字母代号	含义
Z	直流电动机	ZHW	无换向器式	ZZF	轧机辅传动用
ZK	高速直流电动机	ZX	空心杯式	ZDC	电铲起重用
ZYF	幅压直流电动机	ZN	印刷绕组式	ZZJ	冶金起重用
ZY	永磁（铝镍钴）式	ZYJ	减速永磁式	ZZT	轴流式通风用
ZYT	永磁（铁氧体）式	ZYY	石油井下用永磁式	ZDZY	正压型
ZYW	稳速永磁（铝镍钴）式	ZJZ	静止整流电源供电用	ZA	增安型
ZTW	稳速永磁（铁氧体）式	ZJ	精密机床用	ZB	防爆型
ZW	无槽直流电动机	ZTD	电梯用	ZM	脉冲直流电动机
ZZ	轧机主传动直流电动机	ZU	龙门刨床用	ZS	试验用
ZLT	他励直流电动机	ZKY	空气压缩机用	ZL	录音机用永磁式
ZLB	并励直流电动机	ZWJ	挖掘机用	ZCL	电唱机永磁式
ZLC	串励直流电动机	ZKJ	矿场卷扬机用	ZW	玩具用
ZLF	复励直流电动机	ZG	辊道用	FZ	纺织用

电动机有多种类型，铭牌标识也是各式各样的。在实际应用中，会遇到各种各样的电动机，这些电动机除了型号标识外，其他的基本电气参数信息都直接标注，识读比较简单。如果型号不符合基本的命名规则，可以找到该电动机的生产厂家资料，可根据不同生产厂家自身的一些命名方式进行识读。另外，如果知道电动机的应用场合，也可以从功能入手，查阅相关资料获取型号命名的规则。

例如，从一台很旧的录音机上拆下微型电动机的型号为"36L52"。经查阅资料可知，在一些录音机等电子产品中，其型号中包含如下四部分。

第一部分为机座号，表示电动机外壳的直径，主要有20mm、28mm、34mm、36mm几种。

第二部分为产品名称，用字母标识，表示电动机适用的场合。

第三部分为电动机的性能参数，用数字标识。其中，01～49表示机械稳速电动机；51～99表示电子稳速电动机。

第四部分为电动机结构派生代号，用字母标识，可省略。

可知，该电动机型号"36L52"表示的含义为："36"表示电动机外壳直径为36mm；"L"表示录音机用直流电动机；"52"表示该电动机为电子稳速式直流电动机。

2 交流电动机的参数识读

在交流电动机中，单相交流电动机与三相交流电动机的铭牌标识有所区别，可以分别对单相交流电动机和三相交流电动机的参数进行识别。

不同单相交流电动机的规格参数有所不同，各参数均标识在单相交流电动机的铭牌上，并贴在电动机较明显的部位，便于使用者了解该电动机的相关参数。典型单相交流电动机上的铭牌及识读方法如图11-12所示。

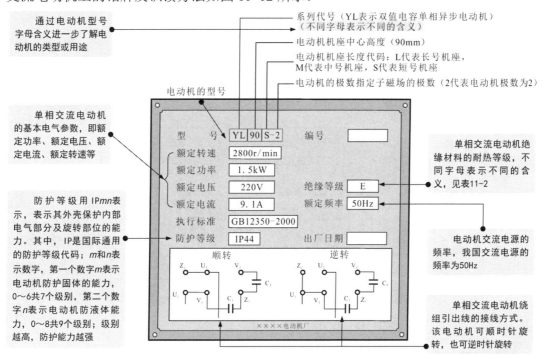

图11-12 典型单相交流电动机上的铭牌及识读方法

提示

单相交流电动机铭牌标识信息中不同字母或数字的含义见表11-2。

表11-2 单相交流电动机铭牌标识信息中不同字母或数字的含义

系列代号含义		防护等级（IPmn）			
字母	含义	m值	防护固体能力	n值	防护液体能力
YL	双值电容单相异步电动机	0	没有防护措施	0	没有专门的防护措施
YY	单相电容运转异步电动机	1	防护物体直径为50mm	1	可防护滴水
YC	单相电容启动异步电动机	2	防护物体直径为12mm	2	水平方向夹角15°滴水
绝缘等级		3	防护物体直径为2.5mm	3	60°方向内的淋水
代码	耐热温度	4	防护物体直径为1mm	4	可任何方向溅水
E	120℃	5	防尘	5	可防护一定压力的喷水
B	130℃	6	严密防尘	6	可防护一定强度的喷水
F	155℃			7	可防护一定压力的浸水
H	180℃			8	可防护长期浸在水里

三相交流电动机的各种规格参数也标识在电动机的铭牌上，包含型号、额定功率、额定电压、额定电流、额定频率、额定转速、噪声等级、接线方法、防护等级、绝缘等级、工作制等。

图11-13为典型三相交流电动机上的铭牌及识读方法。

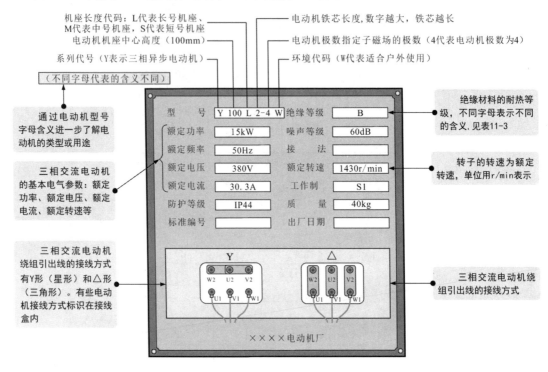

图11-13 典型三相交流电动机上的铭牌及识读方法

提示

三相交流电动机铭牌标识中不同字母所表示的含义见表11-3。

表11-3 三相交流电动机铭牌标识中不同字母所表示的含义

字母	含义	字母	含义	字母	含义
Y	基本系列	YBS	隔爆型运输机用	YPC	基本系列
YA	增安型	YBT	隔爆型轴流局部扇风机	YPJ	增安型
YACG	增安型齿轮减速	YBTD	隔爆型电梯用	YPL	增安型齿轮减速
YACT	增安型电磁调整	YBY	隔爆型链式运输用	YPT	增安型电磁调整
YDA	增安型多速	YBZ	隔爆型起重用	YQ	高启动转矩
YADF	增安型电动阀门用	YBZD	隔爆型起重用多速	YQL	井用潜卤
YAH	增安型高滑差率	YBZS	隔爆型起重用双速	YQS	井用（充水式）潜水
YAQ	增安型高启动转矩	YBU	隔爆型掘进机用	YQSG	井用（充水式）高压潜水
YAR	增安型绕线转子	YBUS	隔爆型掘进机用冷水	YQSY	井用（充油式）高压潜水
YATD	增安型电梯用	YBXJ	隔爆型摆线针轮减速	YQY	井用潜油

提示

表11-3 三相交流电动机铭牌标识中不同字母所代表的含义（续）

字母	含义	字母	含义	字母	含义
YB	隔爆型	YCJ	齿轮减速	YR	绕线转子
YBB	耙斗式装岩机用隔爆型	YCT	电磁调速	YRL	绕线转子立式
YBCJ	隔爆型齿轮减速	YD	多速	YS	分马力
YBCS	隔爆型采煤机用	YDF	电动阀门用	YSB	电泵（机床用）
YBCT	隔爆型电磁调速	YDT	通风机用多速	YSDL	冷却塔用多速
YBD	隔爆型多速	YEG	制动（杠杆式）	YSL	离合器用
YBDF	隔爆型电动阀门用	YEJ	制动（附加制动器式）	YSR	制冷机用耐氟
YBEG	隔爆型杠杆式制动	YEP	制动（旁磁式）	YTD	电梯用
YBEJ	隔爆型旁磁式制动	YEZ	锥形转子制动	YTTD	电梯用多速
YBEP	隔爆型旁磁式制动	YG	辊道用	YUL	装入式
YBGB	隔爆型管道泵用	YGB	管道泵用	YX	高效率
YBH	隔爆型高转差率	YGT	滚筒用	YXJ	摆线针轮减速
YBHJ	隔爆型回柱绞车用	YH	高滑差	YZ	冶金及起重
YBI	隔爆型装岩机用	YHJ	行星齿轮减速	YZC	低振动、低噪声
YBJ	隔爆型绞车用	YI	装煤机用	YZD	冶金及起重用多速
YBK	隔爆型矿用	YJI	谐波齿轮减速	YZE	冶金及起重用制动
YBLB	隔爆型立交深井泵用	YK	大型高速	YZJ	冶金及起重减速
YBPG	隔爆型高压屏蔽式	YLB	立式深井泵用	YZR	冶金及起重用绕线转子
YBPJ	隔爆型泥浆屏蔽式	YLJ	力矩	YZRF	冶金及起重用绕线转子（自带风机式）
YBPL	隔爆型制冷屏蔽式	YLS	立式	YZRG	冶金及起重用绕线转子（管道通风式）
YBPT	隔爆型特殊屏蔽式	YM	木工用	YZRW	冶金及起重用涡流制动绕线转子
YBQ	隔爆型高启动转矩	YNZ	耐振用	YZS	低振动精密机床用
YBR	隔爆型绕线转子	YOJ	石油井下用	YZW	冶金及起重用涡流制动
		YP	屏蔽式		

提示

三相交流电动机工作制代号的含义见表11-4。

表11-4 三相交流电动机工作制代号的含义

代号	含义	字母	含义
S1	长期工作制：在额定负载下连续动作	S9	非周期工作制
S2	短时工作制：短时间运行到标准时间	S10	离散恒定负载工作制
S3~S8	不同情况断续周期工作制		

11.2.2 电动机的选用代换

由于电动机特殊的结构和工作特性,内部电气性能要求高,选用和代换电动机时必须严格按照代换的要求和原则进行。

一般来说,电动机代换分为整体代换和零部件代换两方面。

1 电动机整体的选用与代换

若电动机因老化或故障原因导致无法使用时,可将整个电动机代换。应尽量选择与被代换电动机规格型号一致的电动机代换。若无法找到规格型号完全相同的电动机,也必须至少满足所选电动机的电压、功率、转速、安装方式、使用环境、绝缘等级、安装尺寸、功率因数等参数与原电动机一致。

以电动自行车中的直流电动机为例。电动自行车中直流电动机的内部结构较复杂,对内部进行检修或更换部件后,后期的调整工作尤为繁琐和关键,需要具有一定经验的专业维修人员才能完成此操作,因此对于损坏严重的直流电动机通常需要进行整体更换。

整体更换电动自行车中的直流电动机时应遵循以下基本原则。

(1) 类型相匹配:有刷直流电动机与有刷直流电动机之间进行代换;无刷直流电动机与无刷直流电动机之间进行代换。

(2) 型号相匹配:36V 直流电动机与 36V 直流电动机之间进行代换;48V 直流电动机与 48V 直流电动机之间进行代换。

(3) 输出引线插头与控制器插头相匹配:直流电动机三相绕组及霍尔元件输出引线插头应与被替换直流电动机插头相同,否则无法与控制器相匹配。

图 11-14 为电动自行车中电动机的整体代换方法。

1 根据电动机整体代换原则,选择与损坏电动机规格相同的电动机作为代换用电动机。

2 将选配的新电动机及后轮一同安装到原后轮安装位置处固定和调整,并将选配的新电动机连接线与损坏电动机控制器的连接线连接。

图 11-14 电动自行车中电动机的整体代换方法

2 电动机零部件的选用与代换

电动机内部包含多个零部件，如转子、定子、电刷、换向器、磁钢、绕组等，任意一个零部件异常都可能导致电动机工作异常。

若电动机仅出现个别零部件异常，整体的电气和机械性能良好时，可仅更换零部件来排除故障。以更换电刷为例。

在正常情况下，电动机电刷允许一定程度的正常磨损，但如果电刷磨损过快，也说明存在异常故障，特别是同一组电刷中，一侧电刷磨损明显大于另一侧电刷磨损的情况，如图 11-15 所示。

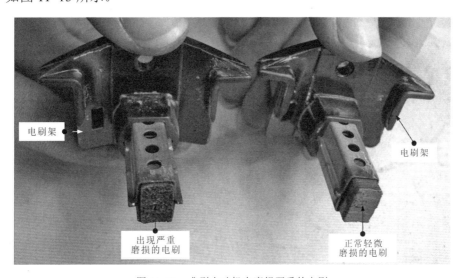

图 11-15 典型电动机中磨损严重的电刷

提示

根据维修经验，造成电刷磨损过快的原因主要有以下几点：
◇ 电刷承受压力过大。
◇ 电刷含炭量过多，即材料成分不合格或更换错误型号的电刷。
◇ 电动机长期处于温度过高或湿度过高的环境下工作。
◇ 滑环表面粗糙，电刷在运行过程中，磨损过大或产生火花。

检修时，应根据具体情况，找出电刷磨损的具体原因，观察电刷的磨损情况，当电刷磨损高度占电刷原高度的一半以上时，需更换电刷。

电刷作为电动机的关键部件，若安装不当，不仅容易造成磨损，严重时还可能在通电工作时与滑环之间产生严重火花，损坏滑环，因此，在更换新电刷时应注意以下几点：

◆ 更换时，应保证电刷与原电刷的型号一致，否则更换后，会引起电刷因接触状态不良导致电刷过热的故障现象。

◆ 更换电刷时，最好一次全部更换，如果新旧混用，则可能会出现电流分布不均匀的现象。

◆ 为了使电刷与滑环接触良好，新电刷应该进行弧度研磨，磨弧度一般在电动机上进行。在电刷与滑环之间放置一张细玻璃砂纸，在正常的弹簧压力下，沿电动机旋转方向研磨电刷，砂纸应该尽量粘紧滑环，直至电刷弧面吻合，然后取下砂纸，用压缩空气吹净粉尘，用软布擦拭干净。

图 11-16 为典型电动机中电刷的代换方法。

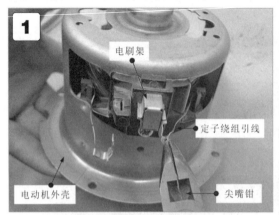
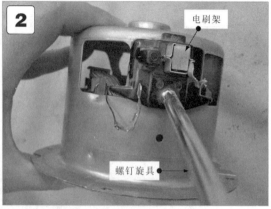
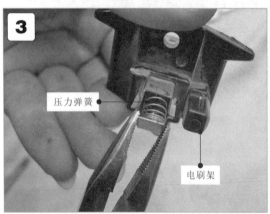
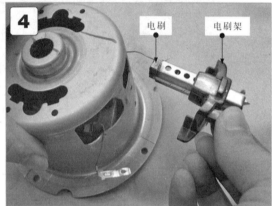
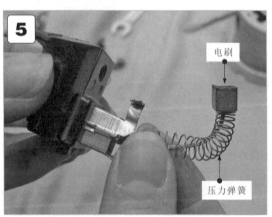
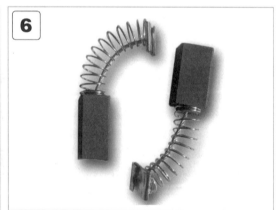

1. 将电刷与电源、定子绕组之间的连接引线分离。
2. 拧下电刷架上的固定螺钉。
3. 掰开电刷架一端的金属片，即可看到所连接的电刷引线及压力弹簧。
4. 将电刷架连同电刷一起从电动机中取出。
5. 将电刷连同压力弹簧一起从电刷架中抽出。
6. 选择一根与损坏电刷规格型号完全一致的电刷代换，重新安装。

图 11-16　典型电动机中电刷的代换方法

11.3 电动机绕组阻值的检测

电动机绕组阻值的测量主要是用来检查电动机绕组接头的焊接质量是否良好，绕组层、匝间有无短路，以及绕组或引出线有无折断等情况。

检测电动机绕组阻值可采用万用表粗略检测和万用电桥精确检测两种方法。

11.3.1 小型直流电动机绕组阻值的粗略检测方法

如图 11-17 所示，用万用表检测电动机绕组阻值是一种比较常用、简单易操作的测试方法。该方法可粗略检测出电动机内各相绕组的阻值，根据检测结果可大致判断出电动机绕组有无短路或断路故障。

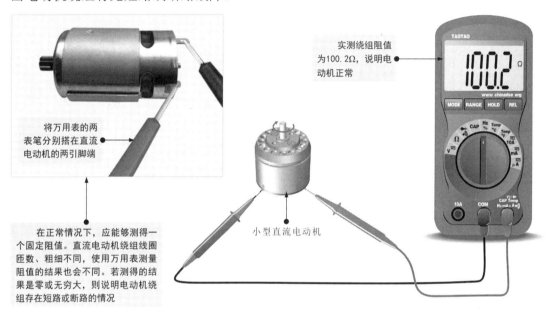

图 11-17　用万用表粗略检测直流电动机绕组的阻值

提示

如图 11-18 所示，检测直流电动机绕组的阻值相当于检测一个电感线圈的阻值，因此应能检测到一个固定的数值，当检测一些小功率直流电动机时，其因受万用表内电流的驱动而会旋转。

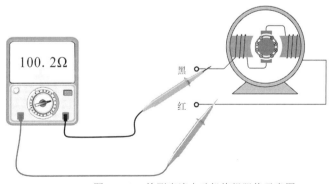

图 11-18　检测直流电动机绕组阻值示意图

11.3.2 单相交流电动机绕组阻值的粗略检测方法

如图 11-19 所示,单相交流电动机有三个接线端子,用万用表分别检测任意两个接线端子之间的阻值,然后对测量值进行比对,即可根据对照结果判断绕组的情况。

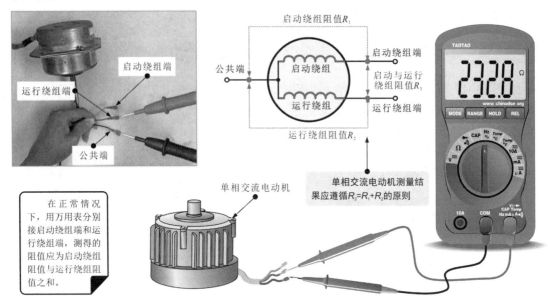

在正常情况下,用万用表分别接启动绕组端和运行绕组端,测得的阻值应为启动绕组阻值与运行绕组阻值之和。

单相交流电动机测量结果应遵循 $R_3=R_1+R_2$ 的原则

图 11-19 用万用表粗略检测单相交流电动机绕组的阻值

提示

如图 11-20 所示,用万用表检测三相交流电动机绕组阻值的操作与检测单相交流电动机的方法类似。三相交流电动机每两个引线端子的阻值测量结果应基本相同。若 R_1、R_2、R_3 任意一阻值为无穷大或零,则说明绕组内部存在断路或短路故障。

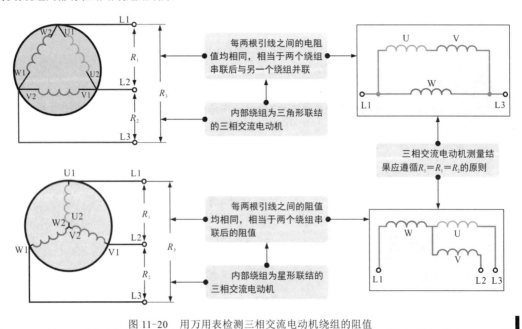

三相交流电动机测量结果应遵循 $R_3=R_1=R_2$ 的原则

图 11-20 用万用表检测三相交流电动机绕组的阻值

11.3.3 电动机绕组阻值的精确检测方法

如图 11-21 所示,用万用电桥检测电动机绕组的直流电阻,可以精确测量出每组绕组的直流电阻值,即使有微小偏差也能够被发现,是判断电动机制造工艺和性能是否良好的有效测试方法。

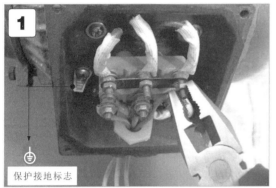

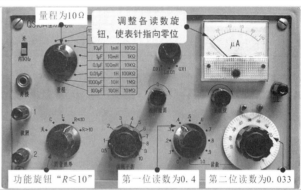
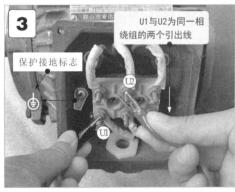
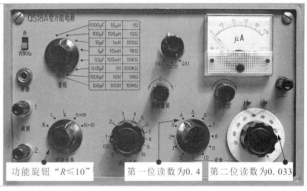

1 将连接端子的连接金属片拆下,使交流电动机的三组绕组互相分离(断开),以保证测量结果的准确性。

2 将万用电桥测试线上的鳄鱼夹夹在电动机一相绕组的两端引出线上检测阻值。本例中,万用电桥实测数值为0.433×10Ω=4.33Ω,属于正常范围。

3 使用相同的方法,将鳄鱼夹夹在电动机第二相绕组的两端引出线上检测阻值。本例中,万用电桥实测数值为0.433×10Ω=4.33Ω,属于正常范围。

图 11-21 用万用电桥精确测量电动机绕组的阻值

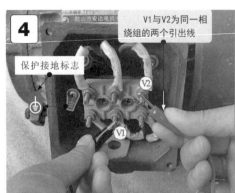

4 将万用电桥测试线上的鳄鱼夹夹在电动机第三相绕组的两端引出线上检测阻值。本例中,万用电桥实测数值为0.433×10Ω=4.33Ω,属于正常范围。

图11-21 用万用电桥精确测量电动机绕组的阻值(续)

提示

通过以上检测可知,在正常情况下,三相交流电动机每相绕组的阻值约为4.33Ω,若测得三组绕组的阻值不同,则绕组内可能有短路或断路情况。

若通过检测发现阻值出现较大的偏差,则表明电动机的绕组已损坏。

11.4 电动机绝缘电阻的检测

检测电动机绝缘电阻一般借助兆欧表实现。使用兆欧表测量电动机的绝缘电阻是检测设备绝缘状态最基本的方法。这种测量手段能有效的发现设备受潮、部件局部脏污、绝缘击穿、引线接外壳及老化等问题。

11.4.1 电动机绕组与外壳之间绝缘电阻的检测方法

如图11-22所示,借助兆欧表检测三相交流电动机绕组与外壳之间的绝缘阻值。

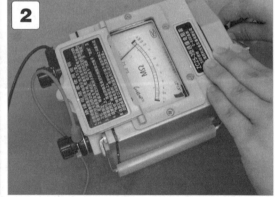

1 将黑色测试线接在三相交流电动机的接地端上,红色测试线接在其中一相绕组的出线端子上。

2 顺时针匀速转动兆欧表的手柄,观察兆欧表指针的摆动变化,兆欧表实测绝缘阻值大于1MΩ,正常。

图11-22 三相交流电动机绕组与外壳之间绝缘阻值的检测方法

> **提示**
>
> 使用兆欧表检测交流电动机绕组与外壳间的绝缘阻值时,应匀速转动兆欧表的手柄,并观察指针的摆动情况。本例中,实测绝缘阻值均大于1MΩ。
>
> 为确保测量值的准确度,需要待兆欧表的指针慢慢回到初始位置后再顺时针摇动兆欧表的手柄,检测其他绕组与外壳的绝缘阻值是否正常,若检测结果远小于1MΩ,则说明电动机绝缘性能不良或内部导电部分与外壳之间有漏电情况。

11.4.2 电动机绕组与绕组之间绝缘电阻的检测方法

如图11-23所示,借助兆欧表检测三相交流电动机绕组与绕组之间的绝缘阻值(三组绕组分别两两检测,即检测U—V、U—W、V—W之间的阻值)。

1 将鳄鱼夹分别夹在电动机不相连的两相绕组引线上。
2 匀速转动兆欧表的手柄,不相连的任意两相绕组之间的阻值应为500MΩ(绝缘)。

图11-23　三相交流电动机绕组与绕组之间绝缘阻值的检测方法

> **提示**
>
> 检测绕组间绝缘电阻时,需取下绕组间的接线片,即确保电动机绕组之间没有任何连接关系。若测得电动机绕组与绕组之间的绝缘阻值为零或阻值较小,则说明电动机绕组与绕组之间存在短路现象。

11.5　电动机空载电流的检测

11.5.1 电动机空载电流的检测方法

检测电动机的空载电流,即在电动机未带任何负载的情况下运行时检测绕组中的运行电流,多用于单相交流电动机和三相交流电动机的检测。

为方便检测,一般使用钳形表测量电动机的空载电流,如图11-24所示。

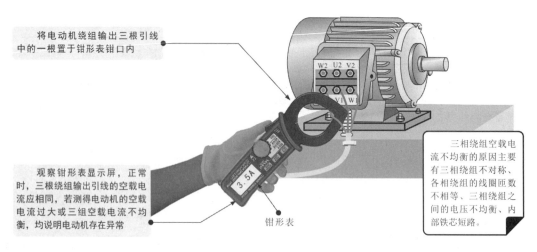

图 11-24　电动机空载电流的检测方法

11.5.2　电动机空载电流的实用检测案例

图 11-25 为借助钳形表检测电动机空载电流的案例。

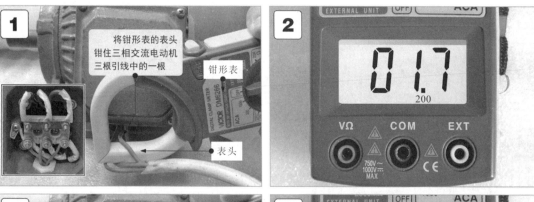

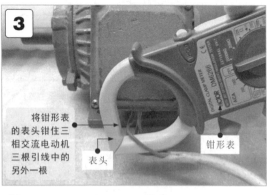
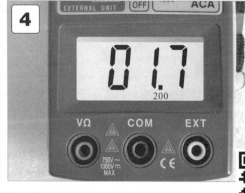

❶ 使用钳形表检测三相交流电动机中一根引线的空载电流值。
❷ 本例中，钳形表实际测得稳定后的空载电流为 1.7A。
❸ 使用钳形表检测三相交流电动机另外一根引线的空载电流值。
❹ 本例中，钳形表实际测得稳定后的空载电流为 1.7A。

图 11-25　电动机空载电流的检测案例

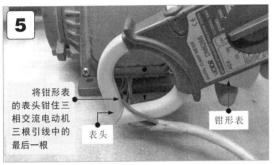 

5 使用钳形表检测三相交流电动机最后一根引线的空载电流值。
6 本例中,钳形表实际测得稳定后的空载电流为1.7A。

图 11-25　电动机空载电流的检测案例（续）

> **提示**
>
> 若测得的空载电流过大或三相空载电流不均衡,则说明电动机存在异常。一般情况下,空载电流过大的原因主要是电动机内部铁芯不良、电动机转子与定子之间的间隙过大、电动机线圈的匝数过少、电动机绕组连接错误。
>
> 在上述实际检测案例中,所测电动机为 2 极 1.5kW 容量的电动机（铭牌标识其额定电流为 3.5A）,空载电流约为额定电流的 40%～55%。

11.6　电动机转速的检测

电动机的转速是指电动机运行时每分钟旋转的转数。测试电动机的实际转速,并与铭牌上的额定转速进行比较,可检查电动机是否存在超速或堵转现象。

如图 11-26 所示,检测电动机的转速一般使用专用的电动机转速表。

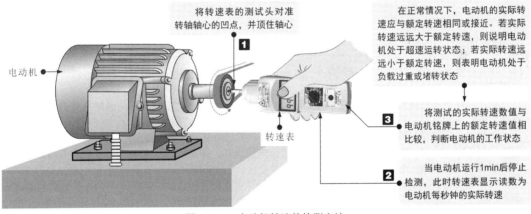

图 11-26　电动机转速的检测方法

> **提示**
>
> 检测没有铭牌的电动机时,应先确定其额定转速,通常可用指针万用表进行简单判断。首先将电动机各绕组之间的连接金属片取下,使各绕组之间保持绝缘,再将万用表的量程调至 0.05mA 挡,将红、黑表笔分别接在某一绕组的两端,匀速转动电动机主轴一周,观测一周内万用表指针左右摆动的次数。当万用表指针摆动一次时,表明电流正负变化一个周期,为 2 极电动机（2800r/min）;当万用表指针摆动两次时,则为 4 极电动机（1400r/min）。依此类推,三次则为 6 极电动机（900r/min）。

第12章 其他电器部件的功能与检测

12.1 开关的功能特点和检测方法

12.1.1 开关的功能特点

开关是一种控制电路闭合、断开的电气部件，主要用于对自动控制系统电路发出操作指令，从而实现对供配电线路、照明线路、电动机控制线路等实用电路的自动控制。

根据结构功能的不同，较常用的开关通常包含开启式负荷开关、按钮开关、位置检测开关及隔离开关等，如图12-1所示。

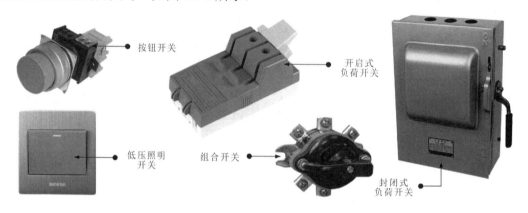

图12-1 常见开关的实物外形

提示

按钮开关是一种手动操作的电气开关，其触点允许通过的电流很小，因此，在一般情况下，按钮开关不直接控制主电路的通、断，通常应用于控制电路中作为控制开关使用。

低压照明开关主要用于照明线路中控制照明灯的亮、灭状态。低压照明开关通常将其相关的参数信息标注在开关的背面，可以通过这些相关的标识信息将其安装在合适的环境中。

开启式负荷开关又称胶盖闸刀开关，可作为低压电气照明电路、建筑工地供电、农用机械供电及分支电路的配电开关等，在带负荷状态下接通或切断电源电路。开启式负荷开关按其极数的不同，主要分为两极式（250V）和三极式（380V）两种。

封闭式负荷开关又称铁壳开关，是在开启式负荷开关基础上改进的一种手动开关，其操作性能和安全防护都优于开启式负荷开关。封闭式负荷开关通常用于额定电压小于500V、额定电流小于200A的电气设备中。封闭式负荷开关内部使用速断弹簧，可保证外壳在打开的状态下不能合闸，提高了封闭式负荷开关的安全防护能力。

组合开关又称转换开关，是由多组开关构成的，是一种转动式的闸刀开关，主要用于接通或切断电路。组合开关具有体积小、寿命长、结构简单、操作方便等优点，通常在机床设备或其他电气设备中应用比较广泛。

开关的主要功能就是通过自身触点的"闭合"与"断开"来控制所在线路的通、断状态。不同类型的开关，控制功能和原理基本相同，如图12-2所示。

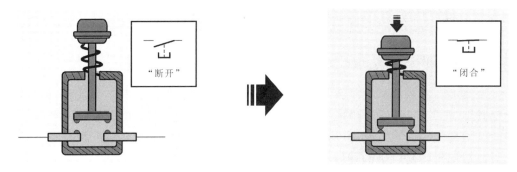

图 12-2　开关的功能示意图

12.1.2　开关的检测方法

检测开关时，可通过外观直接判断开关性能是否正常，还可以借助万用表对其本身的性能进行检测。下面以常见的常开按钮开关为例介绍检测的基本方法。

图 12-3 为常开按钮开关的检测和性能好坏判断方法。

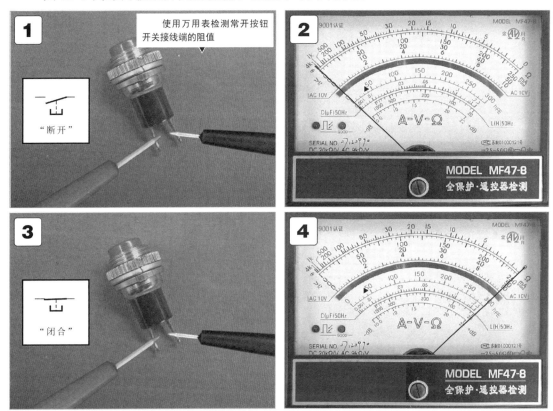

1　将万用表的红、黑表笔分别搭在常开按钮开关的两接线端上。
2　在正常情况下，按钮开关触点处于断开状态，万用表测得的阻值为无穷大。
3　万用表的表笔位置不动，按下常开按钮开关的按钮，再次检测。
4　万用表测得的阻值应为0Ω，若所测结果不符，则表明该常开按钮开关损坏。

图 12-3　常开按钮开关的检测和性能好坏判断方法

12.2 继电器的功能特点和检测方法

12.2.1 继电器的功能特点

继电器是一种根据外界输入量(电、磁、声、光、热)来控制电路"接通"或"断开"的电动控制器件,当输入量的变化达到规定要求时,在电气输出电路中,控制量发生预定的跃阶变化。其输入量可以是电压、电流等电量,也可是非电量,如温度、速度、压力等,输出量则是触头的动作。

常见的继电器主要有电磁继电器、热继电器、中间继电器、时间继电器、速度继电器、压力继电器、温度继电器、电压继电器、电流继电器等,如图12-4所示。

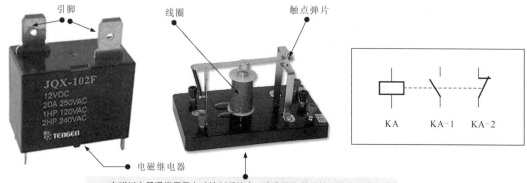

电磁继电器通常用于自动控制系统中。它实际上是用较小的电流或电压去控制较大电流或电压的一种自动开关,在电路中起到自动调节、保护和转换电路的作用

中间继电器实际上是一种动作值与释放值固定的电压继电器,是用来增加控制电路中信号数量或将信号放大的继电器,在电动机电路中常用来控制其他接触器或电气部件

中间继电器

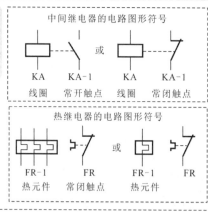

热继电器是一种过热保护元件,是利用电流的热效应来推动动作机构使触点闭合或断开的电气部件。由于热继电器发热元件具有热惯性,所以在电路中不能做瞬时过载保护,更不能做短路保护使用

热继电器

时间继电器收到控制信号,经过一段时间后,触点动作使输出电路产生跳跃式的改变。当该动作信号消失时,输出的部分也需要延时或限时动作

时间继电器

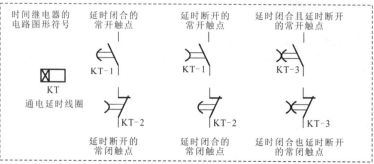

图 12-4 常见继电器的实物外形

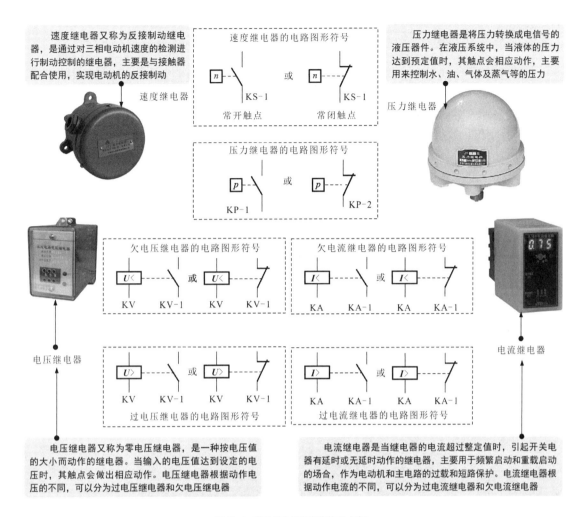

图 12-4　常见继电器的实物外形（续）

继电器是一种由弱电通过电磁线圈控制开关触点的器件，是由驱动线圈和开关触点两部分组成的。其电路图形符号一般包括线圈和开关触点两部分，开关触点的数量可以为多个，如图 12-5 所示。

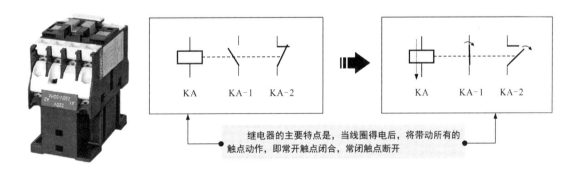

图 12-5　继电器的功能特点

12.2.2 继电器的检测方法

检测继电器一般可借助万用表检测继电器引脚间(包括线圈引脚间、触点引脚间)的阻值是否正常。

下面以典型的电磁继电器为例,借助万用表检测各引脚间的阻值来判断继电器性能的好坏,如图12-6所示。

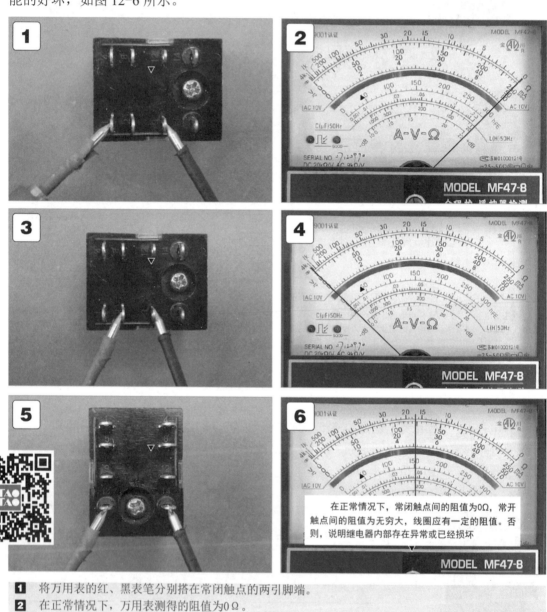

1. 将万用表的红、黑表笔分别搭在常闭触点的两引脚端。
2. 在正常情况下,万用表测得的阻值为0Ω。
3. 将万用表的红、黑表笔分别搭在常开触点的两引脚端。
4. 在正常情况下,万用表测得的阻值为无穷大。
5. 将万用表的红、黑表笔分别搭在线圈的两引脚端。
6. 在正常情况下,万用表应测得一定的阻值。

图12-6 电磁继电器的检测方法

12.3 接触器的功能特点和检测方法

12.3.1 接触器的功能特点

接触器是一种由电压控制的开关装置，适用于远距离频繁地接通和断开交直流电路的系统中。它属于一种控制类器件，是电力拖动系统、机床设备控制线路、自动控制系统中使用最广泛的低压电器之一。

根据触点通过电流的种类，接触器主要可分为交流接触器和直流接触器两类，如图12-7所示。

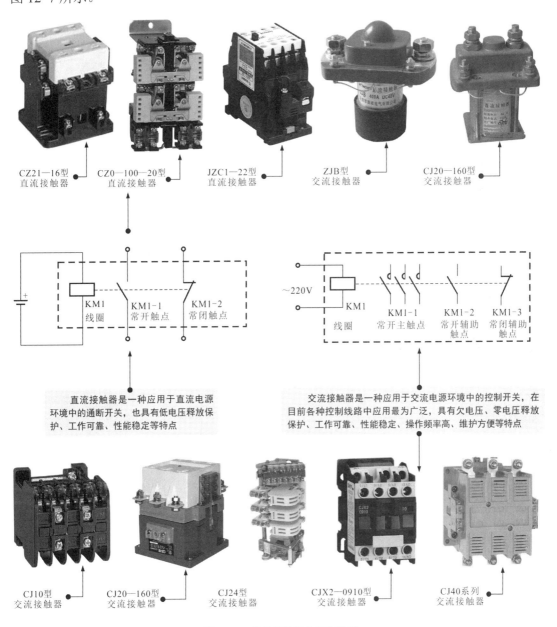

图 12-7　常见接触器的实物外形

接触器主要包括线圈、衔铁和触点几部分。工作时，核心过程即在线圈得电状态下，使上下两块衔铁磁化相互吸合，衔铁动作带动触点动作，如常开触点闭合、常闭触点断开，如图12-8所示。

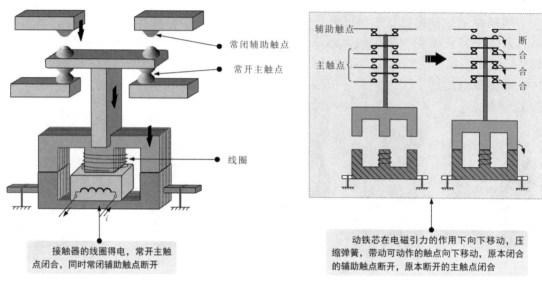

图12-8 接触器的工作特性

提示

如图12-9所示，在实际控制线路中，接触器一般利用主触点接通或分断主电路及其连接负载。用辅助触点执行控制指令。在水泵的启、停控制线路中，控制线路中的交流接触器KM主要是由线圈、一组常开主触点KM-1、两组常开辅助触点和一组常闭辅助触点构成的。

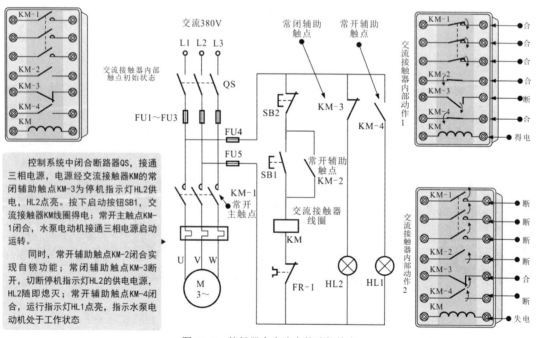

图12-9 接触器在电路中的功能特点

12.3.2 接触器的检测方法

检测接触器可参考继电器的检测方法，借助万用表检测接触器各引脚间（包括线圈间、常开触点间、常闭触点间）的阻值，或在路状态下，检测线圈未得电或得电状态下，触点所控制电路的通断状态来判断性能好坏。

图 12-10 为交流接触器的检测方法。

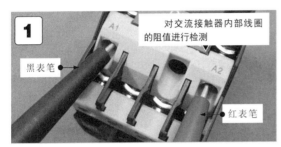

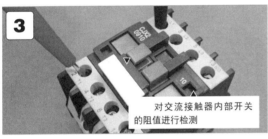
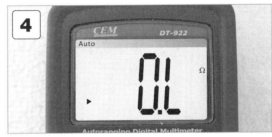

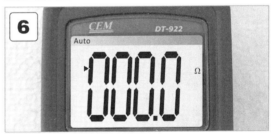

❶ 将万用表的两只表笔分别搭在交流接触器的A1和A2引脚处。
❷ 显示屏显示：测得的阻值为1.694kΩ。
❸ 将万用表的红、黑表笔分别搭在交流接触器的L1和T1引脚处。
❹ 显示屏显示：测得的阻值为无穷大。
❺ 将万用表的红、黑表笔保持不变，手动按动交流接触器上端的开关触点按键，使内部开关处于闭合状态。
❻ 显示屏显示：测得的阻值趋于零。

图 12-10　交流接触器的检测方法

> **提示**
>
> 使用同样的方法再将万用表的两表笔分别搭在 L2 和 T2、L3 和 T3、NO 端引脚处，对开关的闭合与断开状态进行检测。当交流接触器内部线圈通电时，会使内部开关触点吸合；当内部线圈断电时，内部触点断开。因此，对该交流接触器进行检测时，需依次对内部线圈阻值及内部开关在开启与闭合状态时的阻值进行检测。由于是断电检测交流接触器的好坏，因此需要按动交流接触器上端的开关触点按键，强制将触点闭合检测。

12.4 光电耦合器的功能特点和检测方法

12.4.1 光电耦合器的功能特点

光电耦合器是一种光电转换器件。其内部实际上是由一个光敏晶体管和一个发光二极管构成的，是一种以光电方式传递信号的器件。

光电耦合器有直射型和反射型两种。图 12-11 为常见光电耦合器的实物外形。

（a）直射型光电耦合器的实物外形

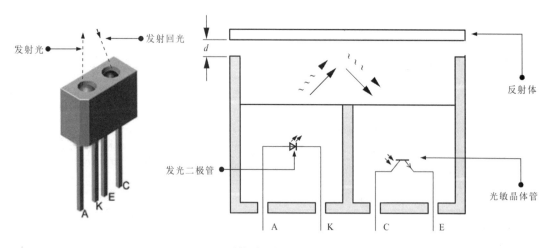

（b）反射型光电耦合器的实物外形

图 12-11　常见光电耦合器的实物外形

光电耦合器是将发光二极管和光敏二极管（或光敏晶体管）配合使用的传感器件。发光二极管所发射的光经光路照射到光敏器件上，如果光路被遮挡，则光敏器件会收不到光信号，这种传感器可被制成各种形状以便应用于各种场合，如图 12-12 所示。

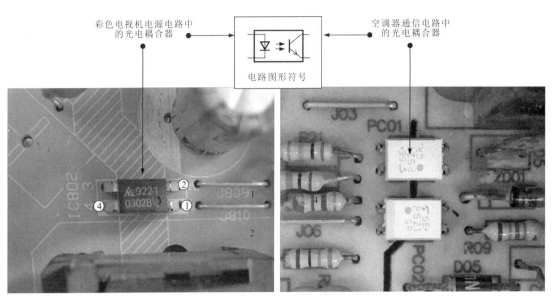

图 12-12　光电耦合器的功能应用

12.4.2　光电耦合器的检测方法

光电耦合器一般可通过检测引脚间阻值的方法进行好坏判断,即根据内部结构,分别检测二极管侧和光敏晶体管侧的正反向阻值,根据二极管和光敏晶体管的特性,判断光电耦合器内部是否存在击穿短路或断路情况。

图 12-13 为光电耦合器的检测方法。

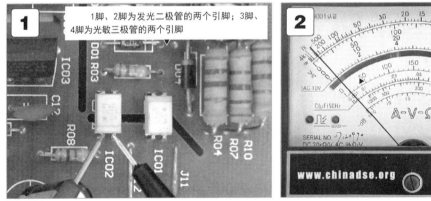

1 将万用表的红、黑表笔分别搭在光电耦合器的1脚和2脚,即检测内部发光二极管两个引脚间的正、反向阻值。

2 在正常情况下,可测得光电耦合器1脚和2脚之间的正向有一定阻值,反向阻值趋于无穷大。

图 12-13　光电耦合器的检测方法

提示

在正常情况下,排除外围元器件的影响(可将光电耦合器从电路板中取下)时,光电耦合器内发光二极管侧的正向应有一定的阻值,反向为无穷大;光敏晶体管侧的正、反向阻值都应为无穷大。

12.5 霍尔元件的功能特点和检测方法

12.5.1 霍尔元件的功能特点

霍尔元件是一种锑铟半导体器件，在外加偏压的条件下，受到磁场的作用会有电压输出，输出电压的极性和强度与外加磁场的极性和强度有关。用霍尔元件制作的磁场传感器被称为霍尔传感器，为了提高输出信号的幅度，通常将放大电路与霍尔元件集成在一起，这种电路被制成三端器件或四端器件，为实际应用提供了极大的方便。

图 12-14 是霍尔元件的电路图形符号和等效电路。

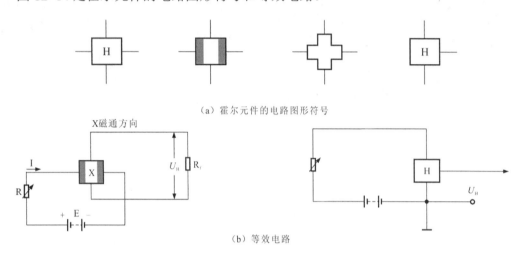

(a) 霍尔元件的电路图形符号

(b) 等效电路

图 12-14 霍尔元件的电路图形符号和等效电路

霍尔元件是一个磁电传感器，是将放大器、温度补偿电路及稳压电源集成到一个芯片上的器件，如图 12-15 所示。

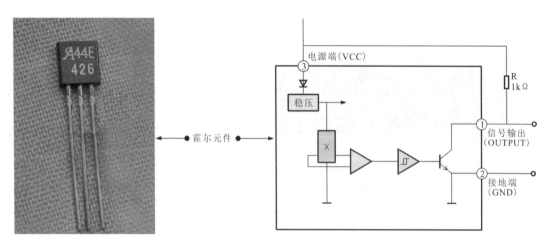

图 12-15 霍尔元件传感器

霍尔传感器（HST）常用的接口电路如图 12-16 所示。它可以与晶体管、晶闸管、二极管、TTL 电路和 MOS 电路配接，为霍尔传感器的应用提供了极大的便利。

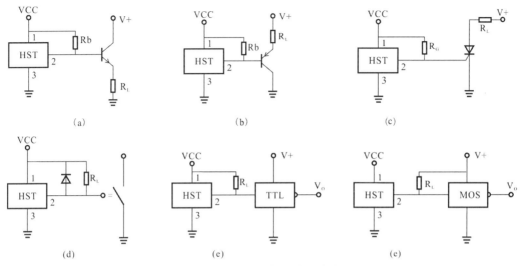

图 12-16 霍尔传感器的接口电路

霍尔元件是一种磁感应传感器，可以检测磁场的极性，将磁场的极性变成电信号的极性。霍尔元件主要应用于需要磁场检测的场合，如在电动自行车无刷电动机、调速转把中均有应用。

无刷电动机定子绕组必须根据转子磁极的方位切换其中的电流方向，才能使转子连续旋转，因此在无刷电动机内必须设置一个转子磁极位置的传感器，这种传感器通常采用霍尔元件。

图 12-17 为霍尔元件在电动自行车无刷电动机中的应用。

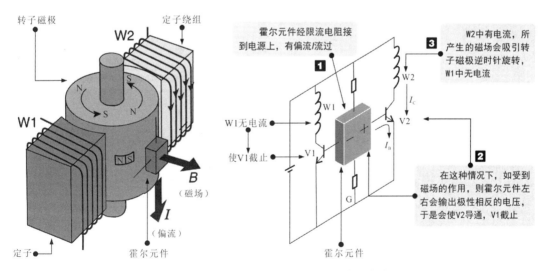

图 12-17 霍尔元件在电动自行车无刷电动机中的应用

图 12-18 为霍尔元件在电动自行车调速转把中的应用。电动自行车加电后，通过调速转把可以将控制信号送入控制器中，控制器根据信号的大小控制电动自行车中电动机的转速。

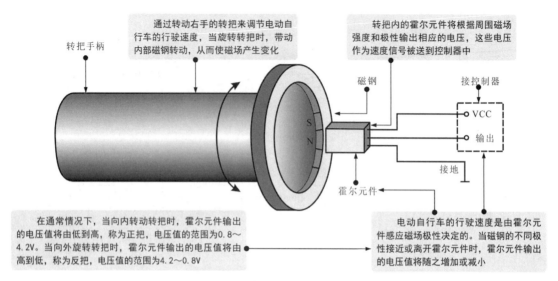

图 12-18　霍尔元件在电动自行车调速转把中的应用

12.5.2 霍尔元件的检测方法

判断霍尔元件是否正常时，可使用万用表分别检测霍尔元件引脚间的阻值。以电动自行车调速转把中的霍尔元件为例，检测方法如图 12-19 所示。

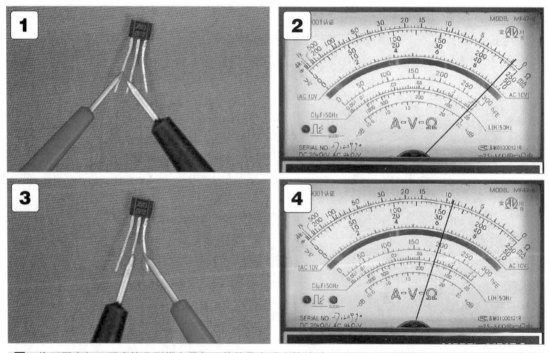

1. 将万用表红、黑表笔分别搭在霍尔元件的供电端和接地端。
2. 经检测，霍尔元件两引脚间的阻值为 0.9kΩ。
3. 保持万用表黑表笔位置不动，将红表笔搭在霍尔元件的输出端。
4. 经检测，霍尔元件两引脚间的阻值为 8.7kΩ。

图 12-19　霍尔元件的检测方法

12.6 晶振的功能特点和检测方法

12.6.1 晶振的功能特点

晶振的全称是石英晶体振荡器（Quartz Crystal Oscillator）。晶体是其中的谐振元件，是一种用于稳定频率和选择频率的电子器件，属于高精度和高稳定度的振荡器件。

晶振主要是由石英晶体和外围元件构成的。图12-20为晶振的外形、内部结构及等效电路示意图。

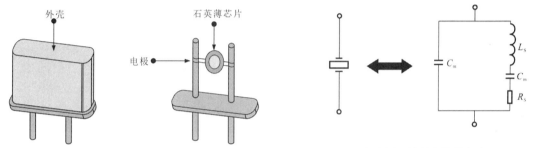

(a) 晶振的实物外形及内部构造　　　(b) 电路图形符号和等效电路

图 12-20　晶振的外形、内部结构及等效电路示意图

> **提示**
>
> 石英是一种自然界中天然形成的结晶物质，具有一种称为压电效应的特性。晶体受到机械应力的作用会发生振动，由此产生电压信号的频率等于机械振动的频率。当晶体两端施加交流电压时，会在输入电压频率的作用下振动，在晶体的自然谐振频率下会产生最强烈的振动现象。晶体的自然谐振频率由实体尺寸及切割方式来决定。

在电子产品电路中，晶振通常与微处理器芯片内部的振荡电路构成晶体振荡电路，用于为电路提供时钟信号，如图12-21所示。

(a) 应用于电磁炉控制电路中的晶振　　　(b) 应用于空调器遥控电路中的晶振

图 12-21　晶振的应用场合

12.6.2 晶振的检测方法

晶振的检测比较简单，一般使用示波器分别检测引脚的波形即可。在正常情况下，可测出与晶振频率相同的波形，如图 12-22 所示（以空调器遥控器中的晶振为例）。

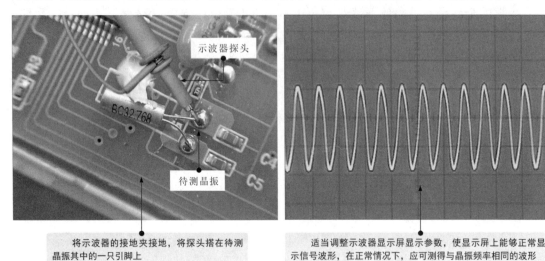

图 12-22　晶振引脚信号波形的检测方法

若实测无信号波形或信号波形异常，说明晶振电路未工作，可能晶振异常，也可能与之配合的振荡电路异常，需要将晶振从电路板上取下，用万用表检测晶振三个引脚之间的阻值，如图 12-23 所示。

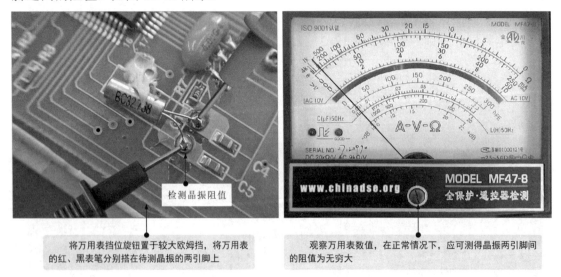

图 12-23　晶振引脚间阻值的检测方法

若可测得一定阻值，说明晶体损坏；若所测阻值为无穷大，也不可立刻判断晶振正常，因为晶振引脚间阻值在正常时应为无穷大，但若出现开路情况也会测得无穷大的结果，因此，一般需要采用替换法排查故障。

12.7 数码显示器的功能特点和检测方法

12.7.1 数码显示器的功能特点

数码显示器实际上是一种数字显示器件,又可称为 LED 数码管,是电子产品中常用的显示器件,如应用在电磁炉、微波炉操作面板上用来显示工作状态、运行时间等信息。图 12-24 为常见数码显示器的实物外形及典型应用。

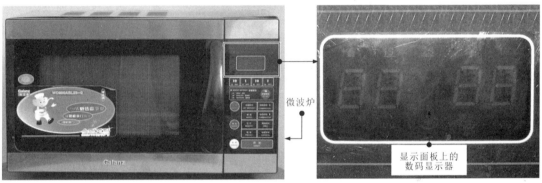

图 12-24 常见数码显示器的实物外形及典型应用

数码显示器是以发光二极管(LED)为基础,用多个发光二极管组成 a、b、c、d、e、f、g 七段组成的笔段,另用 DP 表示小数点,用笔段显示相应的数字或图像。

图 12-25 为典型数码显示器的实物外形、引脚功能及连接方式。

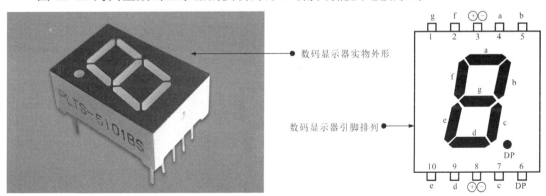

图 12-25 典型数码显示器的实物外形、引脚功能及连接方式

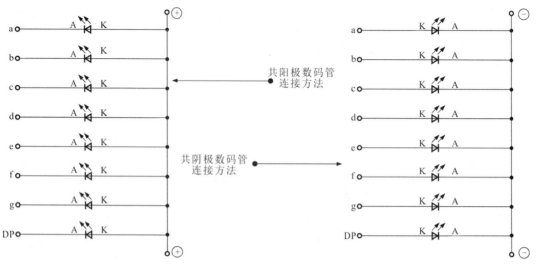

图 12-25 典型数码显示器的实物外形、引脚功能及连接方式（续）

> **提示**
>
> 数码显示器按照字符笔画段数的不同可以分为七段数码显示器和八段数码显示器两种。段是指数码显示器字符的笔画（a～g），八段数码显示器比七段数码显示器多一个发光二极管单元（多一个小数点显示 DP）。

12.7.2 数码显示器的检测方法

数码显示器一般可借助万用表检测。检测时，可通过检测相应笔段的阻值来判断数码显示器是否损坏。检测之前，应首先了解待测数码显示器各笔段所对应的引脚，为数码显示器的检测提供参照标准，如图 12-26 所示。

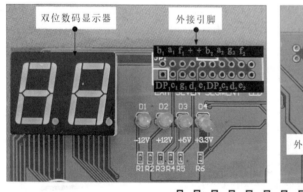
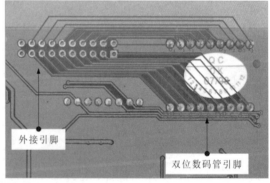
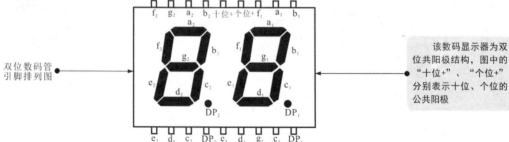

图 12-26 待测数码显示器实物外形及引脚排列

图 12-27 为数码显示器的检测方法。

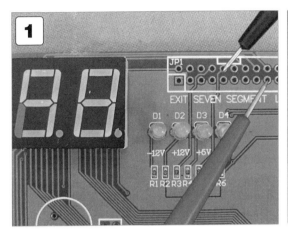

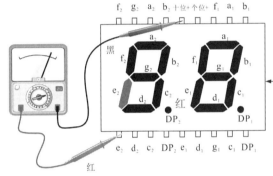

1. 黑表笔搭在待测数码显示器的公共阳极（十位+）端。
2. 红表笔搭在待测数码显示器十位脚上的笔段端（e_2）。
3. 数码显示器上相应的笔段（e_2）发光。
4. 结合挡位设置（"×1"欧姆挡），观察指针指示位置，识读当前测量值为$25×1Ω=25Ω$。

图 12-27 数码显示器的检测方法

提示

在正常情况下，检测相应笔段时，其相应笔段发光，且万用表显示一定的阻值；若检测时相应笔段不发光或万用表显示无穷大或零，均说明该笔段发光二极管已损坏。

另外需要注意的是，图 12-27 是采用共阳极结构的数码显示器，若采用共阴极结构的数码显示器，则在检测时，应将红表笔接触公共阴极，用黑表笔接触各个笔段引脚，相应的笔段才能正常发光。

12.8 扬声器的功能特点和检测方法

12.8.1 扬声器的功能特点

扬声器俗称喇叭，是音响系统中不可或缺的重要器材，所有的音乐都是通过扬声器发出声音传到人耳的，是一种能够将电信号转换为声波的电声器件。

图 12-28 为常见扬声器的实物外形及典型应用。

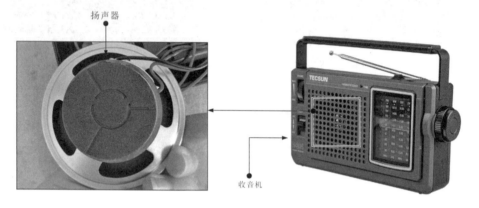

图 12-28 常见扬声器的实物外形及典型应用

扬声器主要是由磁路系统和振动系统组成的。磁路系统由环形磁铁、磁柱和导磁板组成；振动系统由纸盆、纸盆支架、音圈、音圈支架等部分组成，如图 12-29 所示。

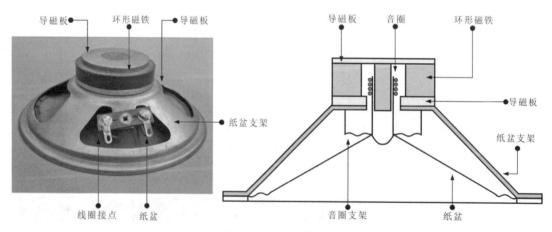

图 12-29 扬声器的结构

提示

音圈是用漆包线绕制成的，圈数很少（通常只有几十圈），故阻抗很小。音圈的引出线平贴着纸盆，用胶水粘在纸盆上。纸盆是由特制的模压纸制成的，在中心加有防尘罩，防止灰尘和杂物进入磁隙，影响振动效果。

提示

扬声器的工作原理是，当扬声器的音圈通入音频电流后，音圈在电流的作用下便产生一个交变的磁场，线圈在永久磁钢所形成的磁场中会形成振动。

由于音圈产生磁场的大小和方向随音频电信号的变化不断改变，因此两个磁场的相互作用使音圈做垂直于音圈的电流方向运动。由于音圈和振动膜相连，因此音圈带动振动膜振动，由振动膜振动引起空气的振动而发出声音。

在工作过程中，输给音圈的音频电信号电流越大，所受到磁场的作用力就越大，振动膜振动的幅度也就越大，声音则越响；反之，声音则越弱。扬声器可以发出高音的部分主要在振动膜的中央，扬声器发出低音的部分主要在振动膜的边缘。如果扬声器的振动膜边缘较为柔软且纸盆口径较大，则扬声器发出的低音效果较好。

12.8.2 扬声器的检测方法

使用万用表检测扬声器时，可通过检测扬声器的阻值来判断扬声器是否损坏。检测前，可先了解待测扬声器的标称交流阻抗值为检测提供参照标准，如图12-30所示。

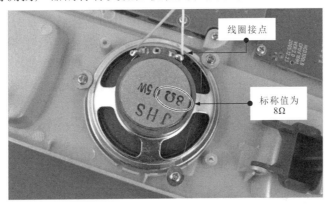

图 12-30　待测扬声器的参数标识

借助万用表测量扬声器两个输出引脚之间的阻值，根据检测结果判断好坏，如图12-31所示。

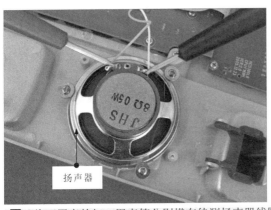
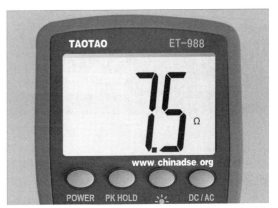

❶ 将万用表的红、黑表笔分别搭在待测扬声器线圈的两个接点上，检测线圈的直流电阻。
❷ 观察显示屏，识读当前测量值为7.5Ω（略小于标称交流阻抗，正常）。

图 12-31　用万用表测量扬声器的阻值

【301】

> **提示**
>
> 在正常情况下,扬声器线圈的直流电阻比标称的交流电阻要小一些。若所测阻值为零或者为无穷大,则说明扬声器已损坏,需要更换。
>
> 通常,如果扬声器性能良好,则在检测时,将万用表的一只表笔搭在扬声器的一个端子上,当另一只表笔触碰扬声器的另一个端子时,扬声器会发出"咔咔"声。如果扬声器损坏,则不会有声音发出。这一点在检测判别故障时十分有效。此外,扬声器出现线圈粘连或卡死、纸盆损坏等情况时用万用表是判别不出来的,必须通过试听音响效果才能判别。

12.9 蜂鸣器的功能特点和检测方法

12.9.1 蜂鸣器的功能特点

蜂鸣器从结构上分为压电式和电磁式两种。压电式蜂鸣器是由陶瓷材料制成的。电磁式蜂鸣器是由电磁线圈构成的。从工作原理上说,蜂鸣器可以分为无源蜂鸣器和有源蜂鸣器。无源蜂鸣器内部无振荡源,必须有驱动信号才能发声。有源蜂鸣器内部有振荡源,只要外加直流电压即可发声。

图 12-32 为常见蜂鸣器的实物外形。

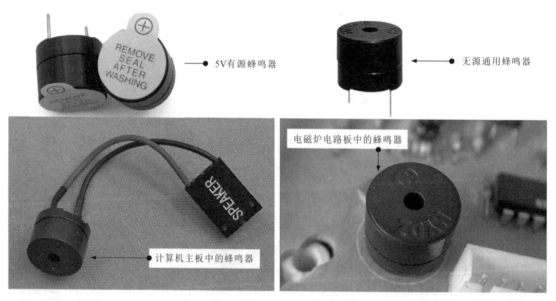

图 12-32 常见蜂鸣器的实物外形

蜂鸣器应用广泛,常应用于计算机、复印机、打印机、报警器、电子玩具、汽车电子设备、电话机、定时器等电子产品中,主要是作为发声器件。

图 12-33 为简易门窗防盗报警电路。该电路主要是由典型的振动传感器 CS01 及其外围元件构成的。在正常状态下,CS01 传感器的输出端为低电平信号输出,继电器不工作。当 CS01 受到撞击时,其内部将振动信号转化为电信号并由输出端输出高电平,使继电器 KA 吸合,控制蜂鸣器发出警示声音,引起人们的注意。

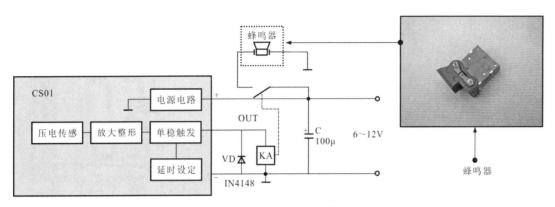

图 12-33　简易门窗防盗报警电路

图 12-34 为电动自行车防盗报警锁电路。该电路采用振动传感器件，当车被移动时，振动传感器会有信号送到 V1 晶体管的基极，经 V1 放大后，将放大的信号加到 IC1 的 1 脚，经 IC1 处理后由 4 脚输出，经 V2 驱动蜂鸣器发声，发出警示声音，引起车主的注意。

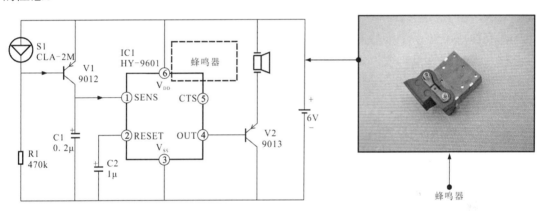

图 12-34　电动自行车防盗报警锁电路

12.9.2　蜂鸣器的检测方法

判断蜂鸣器的好坏可通过两种检测方法进行：一种是借助万用表检测阻值判断好坏，操作简单方便；一种是借助直流稳压电源供电听声响的方法判断好坏，准确可靠。

1　借助万用表检测蜂鸣器

检测蜂鸣器前，首先根据待测蜂鸣器上的标识识别出正负极引脚，为蜂鸣器的检测提供参照标准。下面使用数字万用表对蜂鸣器进行检测，数字万用表挡位旋钮置于 200 欧姆挡，检测方法如图 12-35 所示。

在正常情况下，蜂鸣器正负引脚间的阻值应有一个固定值（一般为 8Ω 或 16Ω），当表笔接触引脚的一瞬间或间断接触蜂鸣器引脚时，蜂鸣器会发出"吱吱"的声响。

若测得引脚间的阻值为无穷大、零或检测时未发出声响，则说明蜂鸣器已损坏。

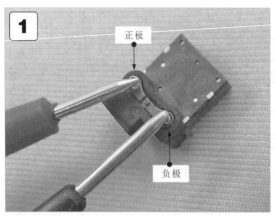 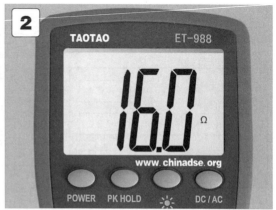

1 将万用表的黑表笔搭在待测蜂鸣器负极引脚上,红表笔搭在正极引脚上。
2 观察数字万用表显示屏的显示数值可知,实测蜂鸣器的阻值为16Ω。

图 12-35　借助数字万用表检测蜂鸣器

2　借助直流稳压电源检测蜂鸣器

直流稳压电源用于为蜂鸣器提供直流电压。首先将直流稳压电源的正极与蜂鸣器的正极(蜂鸣器长引脚端)连接,负极与蜂鸣器的负极(蜂鸣器短引脚端)连接,如图 12-36 所示,将直流稳压电源通电,然后从小到大调整直流稳压电源输出电压(不能超过蜂鸣器的额定电压)。

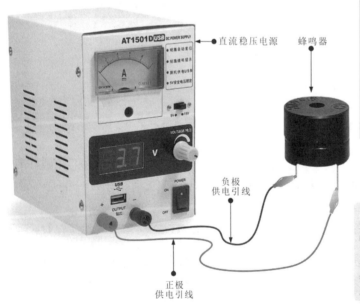 

蜂鸣器引脚有正负极之分,在使用直流稳压电源供电时需要区分正负极,否则蜂鸣器不响。

大多蜂鸣器会在标签上明确标识出正负极。若未标识,则可根据蜂鸣器引脚的长短进行判断。其中,长引脚端为正极,短引脚端为负极

图 12-36　借助直流稳压电源检测蜂鸣器

在正常情况下,蜂鸣器能发出声响,且随着供电电压的增大,声响变大;随电压的减小,声响减小。

第13章 电子元器件检测技能综合应用训练

13.1 电热水壶中电子元器件的检测综合训练

在对电热水壶进行故障检修时,重点要对加热盘、蒸汽式自动断电开关、温控器、热熔断器等电子元器件进行检测,如图 13-1 所示。如发现异常,需及时更换。

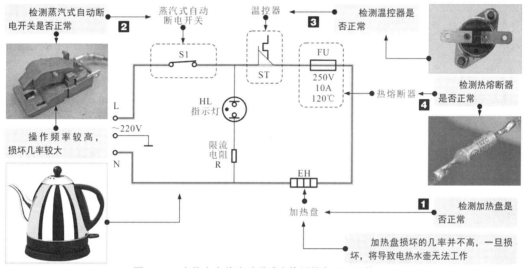

图 13-1 电热水壶故障时需重点检测的电子元器件

13.1.1 电热水壶加热盘的检测案例

加热盘是为电热水壶中的水加热的电热器件。加热盘不轻易损坏,若损坏后,会导致电热水壶无法正常加热。检查加热盘时,可以使用万用表检测加热盘阻值的方法判断其好坏。图 13-2 为加热盘的检测方法。

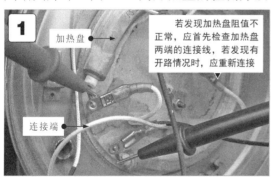

1 将万用表的挡位旋钮置于"×10"欧姆挡,红、黑表笔分别搭在加热盘供电引线两个连接端。
2 在正常情况下,可万用表测得加热盘的阻值为40Ω左右。

图 13-2 加热盘的检测方法

【305】

> **提示**
>
> 在正常情况下，使用万用表检测加热盘的阻值应为几十欧姆；若测得阻值为无穷大或零甚至几百至几千欧姆，均表示加热盘已经损坏。在检测过程中，加热器阻值出现无穷大，有可能是由于加热器的连接端断裂导致加热器阻值不正常，需检查加热器的连接端后，再次检测加热器的阻值，从而排除故障。

13.1.2 电热水壶蒸汽式自动断电开关的检测案例

蒸汽式自动断电开关是控制电热水壶自动断电的装置，如果损坏，可能会导致壶内的水长时间沸腾而无法自动断电，还有可能导致电热水壶无法加热。

检测时，可借助万用表检测蒸汽式自动断电开关能够实现正常的通、断控制状态，图 13-3 为蒸汽式自动断电开关的检测方法。

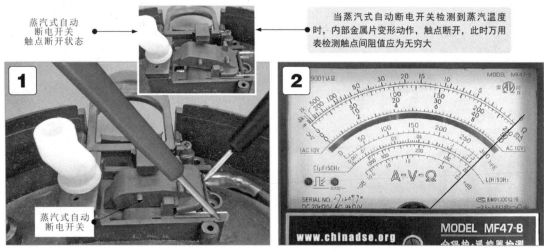

1 将万用表的挡位旋钮置于"×1"欧姆挡，红、黑表笔分别搭在蒸汽式断电开关的两个接线端子上。
2 开关被压下，处于闭合状态时，万用表测触点间阻值应为零。

图 13-3 蒸汽式自动断电开关的检测案例

13.1.3 电热水壶温控器的检测案例

温控器是电热水壶中关键的保护器件，用于防止蒸汽式自动断电开关损坏后水被烧干。如果温控器损坏，将会导致电热水壶加热完成后不能自动跳闸及无法加热故障，可使用万用表电阻挡检测在不同温度条件下两触点间的通、断情况来判断好坏。

图 13-4 为电热水壶中温控器的检测案例。

13.1.4 电热水壶热熔断器的检测案例

热熔断器是整机的过热保护器件。若该器件损坏，可能会导致电热水壶无法工作。判断热熔断器的好坏可使用万用表的电阻挡检测阻值。在正常情况下，热熔断器的阻值为零，若实测阻值为无穷大，说明热熔断器损坏。

图 13-5 为电热水壶中热熔断器的检测案例。

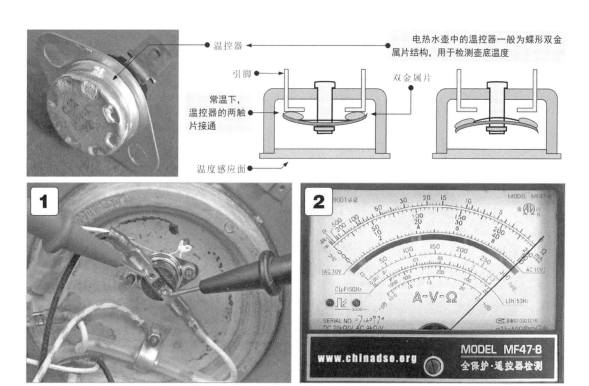

1 将万用表的挡位旋钮置于"×1"欧姆挡,红、黑表笔分别搭在温控器的两个接线端子上。
2 在常温状态下,温控器触点处于闭合状态,万用表测触点间阻值应为零。

在正常情况下,当温控器感温面感测温度过高时,触点断开,此时用万用表检测两触点之间的阻值应为无穷大。

图 13-4　电热水壶中温控器的检测案例

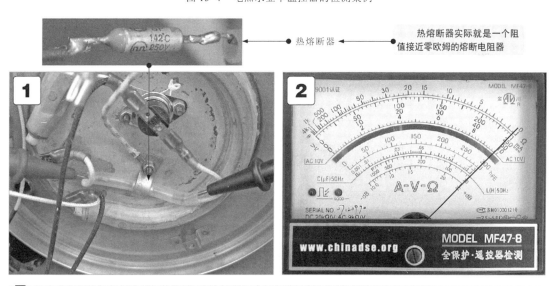

1 将万用表的挡位旋钮置于"×10"欧姆挡,红、黑表笔分别搭在热熔断器的两端。
2 在正常情况下,用万用表测热熔断器的阻值应为零。

图 13-5　电热水壶中热熔断器的检测案例

13.2 电磁炉中电子元器件的检测综合训练

在对电磁炉进行故障检修时,重点要对炉盘线圈、电源变压器、IGBT、阻尼二极管、谐振电容、操作按键、微处理器、电压比较器等电子元器件进行检测,如图 13-6 所示。如发现异常,需及时更换。

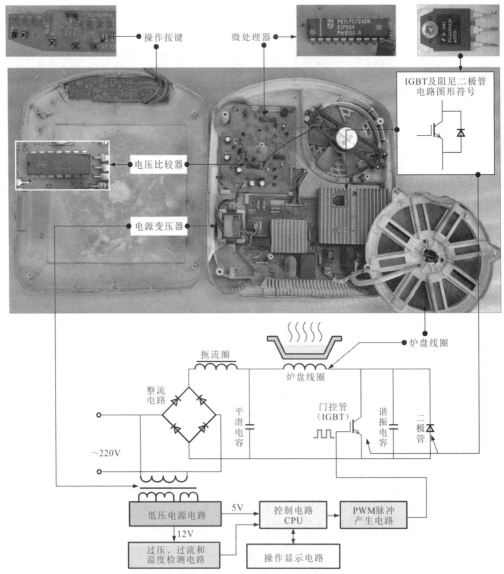

图 13-6 电磁炉故障时需重点检测的电子元器件

13.2.1 电磁炉炉盘线圈的检测案例

炉盘线圈是电磁炉中的电热部件,是实现电能转换成热能的关键器件。若炉盘线圈损坏,将直接导致电磁炉无法加热的故障。

怀疑炉盘线圈异常时,可借助万用表检测炉盘线圈的阻值来判断炉盘线圈是否损坏,如图 13-7 所示。

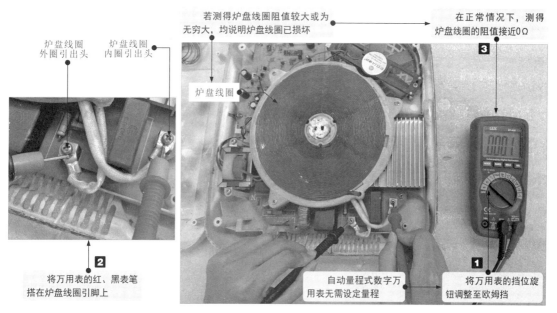

图 13-7 电磁炉中炉盘线圈阻值的检测方法

电磁炉的炉盘线圈实际是一个大的电感线圈。电磁炉常用的炉盘线圈有 28 圈、32 圈、33 圈、36 圈和 102 圈，电感量有 137μH、140μH、175μH、210μH 等，因此也可采用检测电感量的方法判断好坏，如图 13-8 所示。

图 13-8 电磁炉中炉盘线圈电感量的检测方法

提示

在检修实践中，炉盘线圈损坏的几率很小，但需要注意的是，炉盘线圈背部的磁条部分可能会出现裂痕或损坏，若磁条存在漏电短路情况，将无法修复，只能将其连同炉盘线圈整体更换。

根据检修经验，若代换炉盘线圈，最好将炉盘线圈配套的谐振电容一起更换，以保证炉盘线圈和谐振电容构成的 LC 谐振电路的谐振频率不变。

13.2.2 电磁炉电源变压器的检测案例

电源变压器是电磁炉中的电压变换元件,主要用于将交流 220V 电压降压,若电源变压器故障,将导致电磁炉不工作或加热不良等现象。

若怀疑电源变压器异常,则可在通电的状态下,借助万用表检测输入侧和输出侧的电压值判断好坏,如图 13-9 所示。

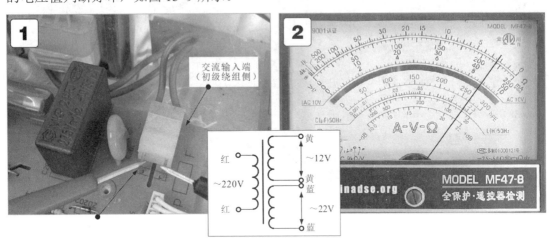

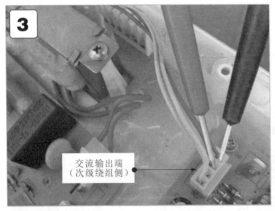

1 将万用表的挡位旋钮调至"交流250V"电压挡,红、黑表笔搭在电源变压器交流输入端插件上。

2 在正常情况下,可测得交流220V电压。

3 将万用表的挡位旋钮调至"交流50V"电压挡,将万用表的红、黑表笔搭在电源变压器交流输出端插件上。

4 在正常情况下,可测得交流22V电压。采用同样的方法,在输出插件另两个引脚上可测得交流12V电压,否则说明电源变压器不正常。

图 13-9 电磁炉中电源变压器的检测方法

提示

若怀疑电源变压器异常时,也可在断电的状态下,使用万用表检测初级绕组之间、次级绕组之间及初级绕组和次级绕组之间电阻值的方法判断好坏。

在正常情况下,初级绕组之间、次级绕组之间应均有一定阻值,初级绕组和次级绕组之间的阻值应为无穷大,否则说明电源变压器损坏。

13.2.3 电磁炉 IGBT 的检测案例

在功率输出电路中，IGBT（门控管）是十分关键的部件。IGBT 用于控制炉盘线圈的电流，即在高频脉冲信号的驱动下使流过炉盘线圈的电流形成高速开关电流，并使炉盘线圈与并联电容形成高压谐振。由于工作环境特性，IGBT 是损坏几率最高的元件之一。若 IGBT 损坏，将引起电磁炉出现开机跳闸、烧保险、无法开机或不加热等故障。

若怀疑 IGBT 异常，则可借助万用表检测 IGBT 各引脚间的正、反向阻值来判断好坏，如图 13-10 所示。

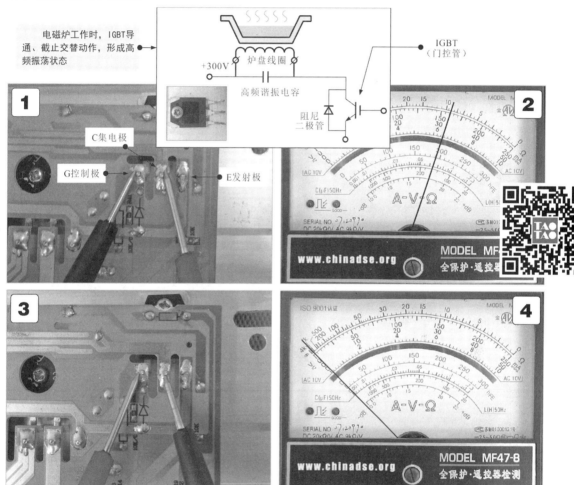

1 将万用表的挡位旋钮调至"×1k"欧姆挡，黑表笔搭在IGBT的控制极G引脚端，红表笔搭在IGBT的集电极C引脚端，对控制极与集电极之间正向阻值进行检测。

2 实测G-C引脚间阻值为9×1kΩ=9kΩ。

3 调换万用表的表笔，将万用表的红表笔搭在IGBT的控制极G引脚端，黑表笔搭在IGBT的集电极C引脚端，对控制极与集电极之间反向阻值进行检测。

4 观察万用表表盘读出实测数值为无穷大。使用同样的方法对IGBT控制极G与发射极E之间的正、反向阻值进行检测。实测控制极与发射极之间正向阻值为3kΩ、反向阻值为5kΩ左右。

图 13-10 电磁炉中 IGBT 的检测方法

> **提示**
>
> 在实测样机中，IGBT 在路检测时，控制极与集电极之间正向阻值为 9kΩ 左右，反向阻值为无穷大；控制极与发射极之间正向阻值为 3kΩ，反向阻值为 5kΩ 左右。若实际检测时，检测值与正常值有很大差异，则说明 IGBT 损坏。
>
> 另外，有些 IGBT 内部集成有阻尼二极管，因此检测集电极与发射极之间的阻值受内部阻尼二极管的影响，发射极与集电极之间二极管的正向阻值为 3kΩ（样机数值），反向阻值为无穷大。单独 IGBT 集电极与发射极之间的正、反向阻值均为无穷大。

13.2.4 电磁炉阻尼二极管的检测案例

在设有独立阻尼二极管的功率输出电路中，若阻尼二极管损坏，极易引起 IGBT 击穿损坏，因此在检测过程中，对阻尼二极管进行检测是十分重要的环节。电磁炉中阻尼二极管的检测方法如图 13-11 所示。

1 将万用表的黑表笔搭在阻尼二极管的正极，将万用表的红表笔搭在阻尼二极管的负极。

2 在正常情况下，阻尼二极管的正向阻值有一固定值（实测为 14kΩ）。调换表笔检测阻尼二极管的反向阻值，正常应为无穷大。若检测阻尼二极管不满足正向导通反向截止的特性，则多为阻尼二极管损坏。

图 13-11 电磁炉中阻尼二极管的检测方法

> **提示**
>
> 阻尼二极管是保护 IGBT（门控管）在高反压情况下不被击穿损坏的保护元器件，阻尼二极管损坏后，IGBT（门控管）很容易损坏。如发现阻尼二极管损坏，则必须及时更换，且当发现 IGBT 损坏后，在排除故障时，还应检测阻尼二极管是否损坏。若损坏，需要同时更换，否则即使更换 IGBT 后，也很容易再次损坏，引发故障。

13.2.5 电磁炉谐振电容的检测案例

谐振电容与炉盘线圈构成 LC 谐振电路，若谐振电容损坏，电磁炉无法形成振荡回路，将引起电磁炉出现加热功率低、不加热、击穿 IGBT 等故障。

怀疑谐振电容时，一般可借助数字万用表的电容量测量挡检测电容量，将实测电容量与标称值相比较来判断好坏，如图 13-12 所示。

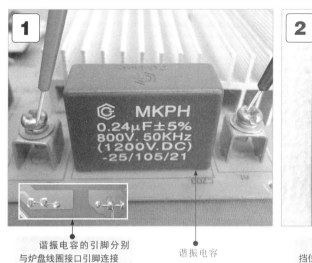
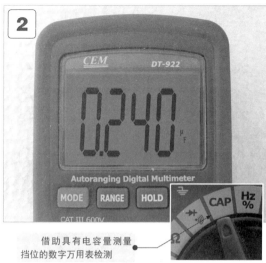

谐振电容的引脚分别与炉盘线圈接口引脚连接　　谐振电容　　借助具有电容量测量挡位的数字万用表检测

1 将万用表的量程调整至"CAP"电容挡，红、黑表笔分别搭在谐振电容的两个引脚端。
2 万用表实测电容量为0.24μF，属于正常范围。

图 13-12　电磁炉中谐振电容的检测方法

13.2.6　电磁炉操作按键的检测案例

操作按键损坏经常会引起电磁炉控制失灵的故障，检修时，可借助万用表检测操作按键的通、断情况来判断操作按键是否损坏，如图 13-13 所示。

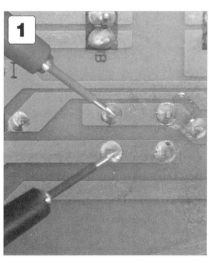
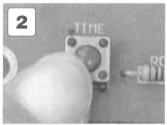

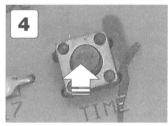

1 将万用表的红、黑表笔分别搭在操作按键的两个引脚端。
2 按下操作按键时，检测操作按键两引脚间的阻值。
3 正常时按下操作按键，操作按键处于导通状态，阻值为0Ω。
4 松开操作按键时，检测操作按键两引脚间的阻值。
5 松开操作按键，操作按键处于断开状态，阻值为无穷大。

图 13-13　电磁炉中操作按键的检测方法

13.2.7 电磁炉微处理器的检测案例

微处理器是非常重要的器件。若微处理器损坏,将直接导致电磁炉不开机、控制失常等故障。

怀疑微处理器异常时,可使用万用表对其基本工作条件进行检测,即检测供电电压、复位电压和时钟信号,如图 13-14 所示。在三大工作条件均满足的前提下,微处理器不工作,则多为微处理器本身损坏。

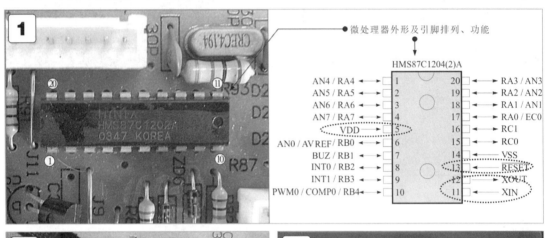

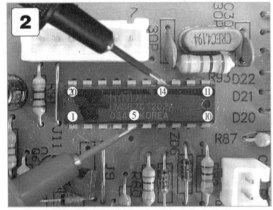

1 根据微处理器型号标识找到对应引脚功能图,明确各引脚功能。

2 将万用表的挡位旋钮调到"直流10V"电压挡。黑表笔搭在微处理器接地端(14脚),红表笔搭在微处理器5V供电端(5脚),检测微处理器供电端电压。

3 在正常情况下,可测得5V的供电电压。采用同样的方法在复位端、时钟信号端检测电压值,正常时复位端有5V复位电压,时钟信号端有0.2V振荡电压。

图 13-14 电磁炉中微处理器的检测方法

13.2.8 电磁炉电压比较器的检测案例

电压比较器是电磁炉中的关键元件之一,在电磁炉中多采用 LM339,是电磁炉炉盘线圈正常工作的基本条件元件,电磁炉中许多检测信号的比较、判断及产生都是由该芯片完成的,若该芯片异常,将引起电磁炉不加热或加热异常的故障。

当怀疑电压比较器异常时，通常可在断电条件下用万用表检测各引脚对地阻值的方法判断好坏，如图13-15所示。

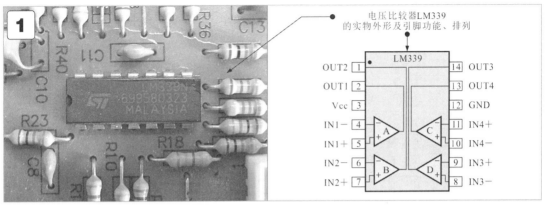

1 根据电压比较器型号标识找到对应引脚功能图，明确各引脚功能。

2 将万用表的挡位旋钮调至"×1k"欧姆挡，黑表笔搭在微处理器接地端（12脚），红表笔依次搭在微处理器的各引脚上（以3脚为例）。

3 在正常情况下，可测得3脚正向对地阻值为2.9kΩ，调换表笔，采用同样的方法检测电压比较器各引脚的反向对地阻值。

图 13-15　电磁炉中电压比较器的检测方法

提示

将实测结果与正常结果相比较，若偏差较大，则多为电压比较器内部损坏。一般情况下，若电压比较器引脚对地阻值未出现多组数值为零或为无穷大的情况，基本属于正常。

电压比较器 LM339 各引脚对地阻值见表 13-1，可作为参数数据对照判断。

表13-1　电压比较器LM339各引脚对地阻值

引脚	对地阻值（kΩ）	引脚	对地阻值（kΩ）	引脚	对地阻值（kΩ）	引脚	对地阻值（kΩ）
1	7.4	5	7.4	9	4.5	13	5.2
2	3	6	1.7	10	8.5	14	5.4
3	2.9	7	4.5	11	7.4	—	—
4	5.5	8	9.4	12	0	—	—

13.3 电话机中电子元器件的检测综合训练

在对电话机进行故障检修时，重点要对听筒、话筒、扬声器、叉簧开关、拨号芯片等电子元器件进行检测，如图 3-16 所示。如发现异常，需及时更换。

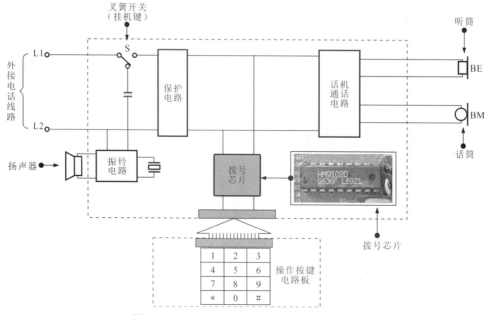

图 13-16 电话机故障时需重点检测的电子元器件

13.3.1 电话机听筒的检测案例

电话机中的听筒作为电话机的声音输出设备，可将电信号还原成声音信号，当听筒出现故障时，会引起电话机出现受话不良的故障。

一般可通过万用表检测听筒阻值的方法来判断好坏，如图 13-17 所示。

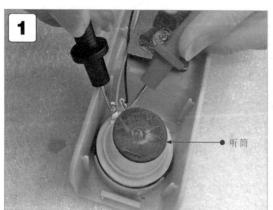

1 将万用表的挡位旋钮调至"×10"欧姆挡，红、黑表笔搭在听筒的引脚焊点上。
2 在正常情况下，测得听筒的阻值为 12×10=120Ω。

图 13-17 电话机中听筒的检测方法

13.3.2　电话机话筒的检测案例

话机中的话筒作为电话机的声音输入设备，可将声音信号变成电信号，送到电话机的内部电路，经内部电路处理后送往外线。当话筒出现故障时，会引起电话机出现送话不良的故障。

一般可通过万用表检测话筒阻值的方法来判断好坏，如图13-18所示。

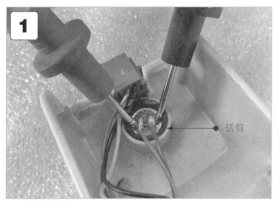

❶ 将万用表的挡位旋钮调至"×100"欧姆挡，红、黑表笔搭在话筒的引脚焊点上。
❷ 在正常情况下，测得话筒的阻值为10×100=1000Ω。

图13-18　电话机中话筒的检测方法

13.3.3　电话机扬声器的检测案例

扬声器作为一个独立的部件，通常用两根细小的引线分别焊接在扬声器端和电路板端，在拆机过程中很容易引起断裂，因此，在对扬声器进行检修前，应首先检查连接引线是否开焊或断裂。

检测扬声器时，一般使用万用表电阻挡检测两个电极间的阻值来判断好坏，如图13-19所示。

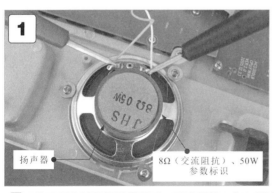
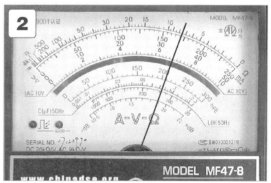

❶ 将万用表挡位旋钮调至"×1"欧姆挡，红、黑表笔搭在扬声器的两个接线端子上。
❷ 在正常情况下，实测阻值接近7.5Ω（直流阻值，一般略小于标称的交流阻值），若实测值与标称值相差较大，则多为扬声器性能不良。

图13-19　电话机中扬声器的检测方法

13.3.4　电话机叉簧开关的检测案例

叉簧开关作为一种机械开关，是用于实现通话电路和振铃电路与外线的接通、断开转换功能的器件。若叉簧开关损坏，将会引起电话机出现无法接通或总处于占线状态。

一般可借助万用表检测叉簧开关通、断状态下的阻值来判断叉簧开关是否损坏，如图13-20所示。

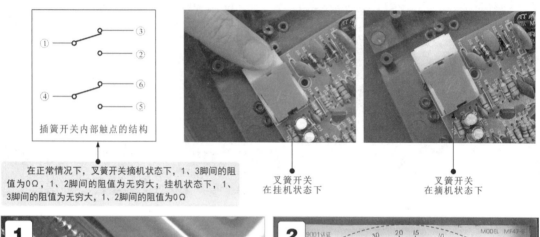

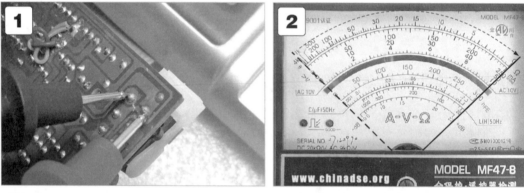

1. 将万用表挡位旋钮调至"×1"欧姆挡，红、黑表笔搭在叉簧开关的一对触点端。
2. 叉簧开关在挂机状态下，触点处于断开状态，阻值应为无穷大；叉簧开关在摘机状态下，触点处于闭合状态，阻值应为零。

图13-20　电话机中叉簧开关的检测方法

13.3.5　电话机拨号芯片的检测案例

检测拨号芯片时，首先需要了解拨号芯片各引脚的功能，图13-21为拨号芯片各引脚的功能。

检测拨号芯片时主要是在通电状态下检测关键引脚的参数值，如供电端电压、启动端的高低电平变化、振荡器是否振荡、脉冲输出端是否有脉冲输出等。

图13-22为电话机中拨号芯片供电端电压的检测方法。

在正常情况下，检测拨号芯片供电端时，应有4.2V左右的电压。若电压值偏差较大或为零时，说明拨号芯片损坏。

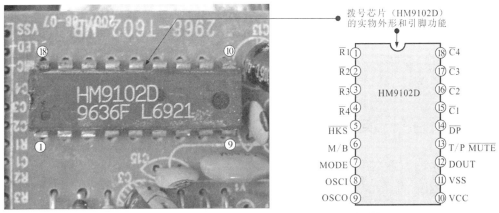

图 13-21　典型电话机中拨号芯片各引脚的功能

1 将万用表的红表笔搭在供电端（10脚），黑表笔搭在接地端（11脚），使用万用表检测拨号芯片供电端的供电电压。

2 在正常情况下，可测得实际电压值为4.2V。

图 13-22　电话机中拨号芯片供电端电压的检测方法

图 13-23 为电话机中拨号芯片 5 脚启动端高低电平的检测方法。在正常情况下，挂机时为低电平，摘机后为高电平。

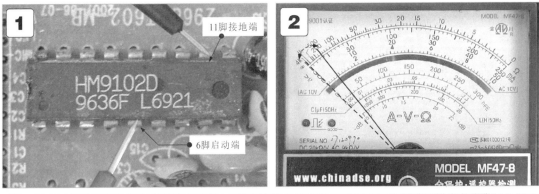

1 将万用表的红表笔搭在启动端（6脚），黑表笔搭在接地端（11脚），检测拨号芯片启动端。

2 在正常情况下，挂机时为低电平，摘机后为高电平。

图 13-23　电话机中拨号芯片 5 脚启动端高低电平的检测方法

图 13-24 为电话机中拨号芯片晶振信号（8、9 脚）的检测方法。在正常情况下，8、9 脚上应能测得信号波形。若信号波形不正常，则应选择同规格、同型号的晶体进行更换。

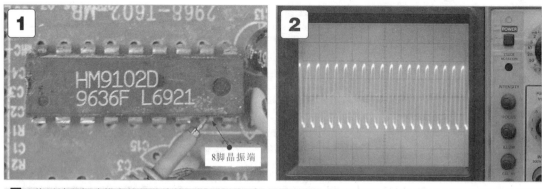

1. 将示波器探头搭在拨号芯片的晶振信号端（8、9 脚）。
2. 在正常情况下，应能测得拨号芯片振荡器输出的晶振信号波形。

图 13-24　电话机中拨号芯片晶振信号（8、9 脚）的检测方法

图 13-25 为摘机后拨号芯片脉冲输出端（12 脚）信号波形的检测。在正常情况下，摘机后，忙音状态下和按动拨号键时都应检测到各自的信号波形。

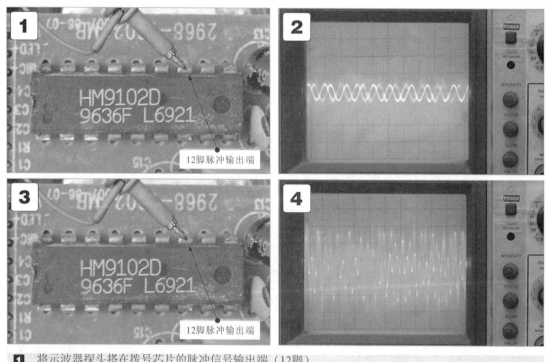

1. 将示波器探头搭在拨号芯片的脉冲信号输出端（12 脚）。
2. 在正常情况下，应可测得摘机后忙音状态下输出端（12 脚）的信号波形。
3. 保持示波器探头搭在拨号芯片的脉冲输出端（12 脚）位置不变。
4. 摘机后按动拨号键时，可实测到输出端（12 脚）的拨号信号波形。

图 13-25　摘机后拨号芯片脉冲输出端（12 脚）信号波形的检测方法

> **提示**
>
> 若拨号芯片正常，应满足以下条件：
> ① 拨号芯片 HM9102D 供电端 11 脚（VCC）的电压为 2～5.5 V；
> ② 启动端在挂机时为低电平，摘机时为高电平；
> ③ 拨号芯片 8、9 脚为晶振信号端，在正常情况下，用示波器可测得晶振信号波形；
> ④ 拨号芯片 12 脚为脉冲信号输出端，在正常情况下，摘机后，电话为忙音状态，此时测得信号波形类似一个正弦信号波形；拨号时，在按下数字键瞬间，波形应发生变化。

13.3.6 电话机电路板中晶振的检测案例

在电话机主机中，拨号芯片需要在时钟晶振的配合下工作，若时钟晶振不正常，则拨号芯片也无法正常工作，从而导致电话机拨号功能失常的故障。

通常，可用万用表检测时钟晶振引脚对地电压的方法判断晶振是否启振，如图 13-26 所示。

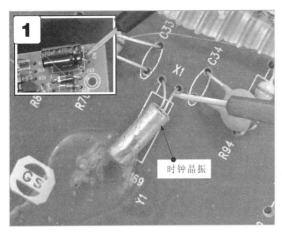

1 将万用表挡位旋钮调至"直流2.5V"电压挡，黑表笔搭在电路的接地端（电解电容负极接地），红表笔搭在时钟晶振的一只引脚上。

2 测得实际电压值为1.1V，正常。用同样的方法检测时钟晶振另外一只引脚的对地电压也为1.1V。

图 13-26　典型电话机拨号芯片时钟晶振的检测方法

> **提示**
>
> 时钟晶振在电话机中多为定时元器件，可取代集成电路外围 RC 分离元器件构成的振荡器。检测晶振时，一般可以用万用表在路检测晶振两个引脚的电压，正常时，电压为拨号芯片工作电压的一半。
> 另外，在检测时，用金属物轻轻碰触晶振的另一只引脚，所测电压有较明显的变化，也可表明晶振正常。

13.4 空调器中电子元器件的检测综合训练

在对空调器进行故障检修时，重点要对贯流风扇电动机、保护继电器、三端稳压器、温度传感器、遥控器、光电耦合器等电子元器件进行检测。如发现异常，需及时更换。

13.4.1 空调器贯流风扇电动机的实用检测案例

贯流风扇驱动电动机不转或转速异常，可借助万用表检测贯流风扇电动机绕组的阻值及内部霍尔元件间的阻值，以判断贯流风扇电动机是否出现故障，如图13-27、图13-28所示。

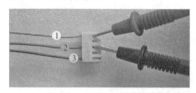

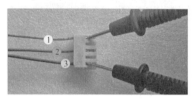
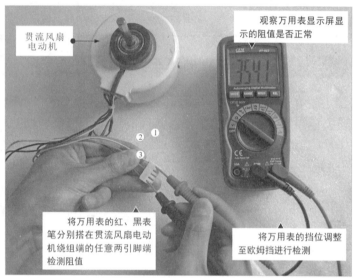

图13-27　空调器中贯流风扇电动机绕组阻值的检测方法

> **提示**
>
> 使用同样的检测方法分别对电动机内各绕组的阻值进行检测：
> 将红、黑表笔分别搭在贯流风扇电动机绕组连接插件的1脚和2脚，可测得阻值为0.730Ω；搭在2脚和3脚，可测得阻值为0.375kΩ；搭在1脚和3脚，可测得阻值为354.1Ω。
> 在检测贯流风扇电动机时，若发现阻值与正常值偏差较大，则说明贯流风扇电动机内的绕组可能存在异常，应更换贯流风扇电动机。

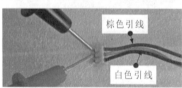

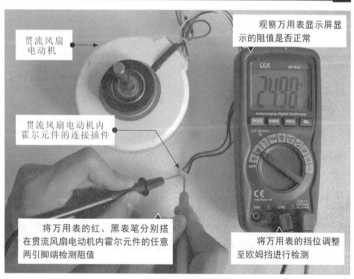

图13-28　空调器中贯流风扇电动机霍尔元件的检测方法

> **提示**
>
> 根据以上的检测方法分别对贯流风扇电动机其他霍尔元件间的阻值进行检测:
>
> 将红、黑表笔分别搭在贯流风扇电动机内霍尔元件的白色和棕色连接引线端,可测得阻值为 25.9kΩ;搭在白色和黑色连接引线端,可测得阻值为 20.3Ω。正常情况下,各连接引线端之间应有一定的阻值,若发现阻值与正常值偏差较大,则说明贯流风扇电动机内霍尔元件可能存在异常,应对贯流风扇电动机进行更换。

13.4.2 空调器保护继电器的实用检测案例

根据保护继电器的功能特点,检测保护继电器时,可分别在室温和人为对保护继电器感温面升温的条件下,借助万用表对保护继电器两引线端子间的阻值进行检测,如图 13-29 所示。

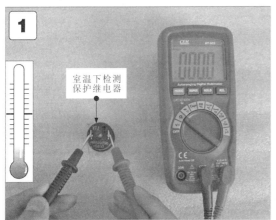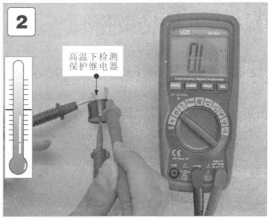

1 将万用表挡位旋钮调至电阻挡,红、黑表笔分别搭在保护继电器的两接线端上。在室温状态下,保护继电器金属片触点处于接通状态,用万用表检测接线端子的阻值应接近零。

2 保持万用表的挡位和表笔位置不变,在高温状态下,保护继电器金属片变形断开,用万用表检测接线端子的阻值应为无穷大。若测得的阻值不正常,则说明保护继电器已损坏,应更换。

图 13-29 空调器中保护继电器的检测方法

13.4.3 空调器三端稳压器的实用检测案例

在空调器电源电路中,三端稳压器用于将电路输出端的电压稳定在某一特定值上。例如,实际电路中三端稳压器输入 +12V 电压,输出 +5V 电压,可借助万用表检测三端稳压器输入和输出端的电压判断好坏。

空调器中三端稳压器的检测方法如图 13-30 所示。

> **提示**
>
> 若实际检测三端稳压器无输入电压,则表明前级电路中的主要元器件出现故障;若输入电压正常,无输出电压,则在确保负载无短路的情况下(若负载出现对地短路故障,也会导致三端稳压器输出端为零的情况),表明三端稳压器损坏。

1. 将万用表挡位调整至"直流50V"电压挡,黑表笔搭在电源电路板的接地端。
2. 将万用表的红表笔搭在三端稳压器的+12V输入端。
3. 正常时,可检测到+12V的直流低压。

图 13-30　空调器中三端稳压器的检测方法

13.4.4　空调器遥控器的实用检测案例

遥控器是显示及控制电路中重要的部件之一。若该器件损坏,则操作人员无法通过遥控器直接控制空调器,因此检测遥控器是非常有必要的。检测遥控器是否正常时,可检测供电、红外发光二极管等检测点。

图 13-31 为空调器遥控器供电电压的检测方法。

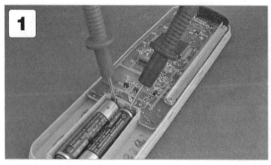

1. 将万用表的挡位调整至"直流10V"电压挡,黑表笔搭在电池输出端的负极(-)上,红表笔搭在电池输出端的正极(+)上。
2. 在正常情况下,万用表可测得的电压为直流3V。

图 13-31　空调器遥控器供电电压的检测方法

红外发光二极管的好坏直接影响遥控器信号是否发送成功,因此要保持红外发光二极管能正常工作。

判断红外发光二极管是否正常,一般可用万用表检测其正、反向阻值。在正常情况下,红外发光二极管应满足正向有一定阻值、反向阻值无穷大,即正向导通、反向截止的特性,如图13-32所示。

1 将万用表的挡位调整至"×10k"欧姆挡,黑表笔搭在红外发光二极管的正极,红表笔搭在负极。
2 万用表指针摆动到40kΩ左右的位置。将万用表的红、黑表笔对换后,测得阻值应为无穷大。

图13-32 空调器遥控器中红外发光二极管的检测方法

13.4.5 空调器光电耦合器的实用检测案例

空调器通信电路中的光电耦合器(简称通信光耦)是通信电路中的主要通信器件。该器件损坏会造成室外机压缩机不工作、风扇电动机不运转等故障。

检测通信光耦是否正常时,可检测其引脚间阻值的方法进行判断,如图13-33所示。

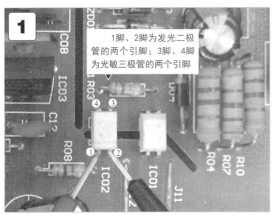

1 将红、黑表笔分别搭在通信光耦的1脚和2脚或3脚和4脚检测阻值。
2 在正常时,可检测到通信光耦1脚和2脚之间的反向阻值趋于无穷大;3脚和4脚正、反向均有一定阻值,若检测阻值不正常,则需要及时更换。

图13-33 空调器中光电耦合器的检测方法